高等职业教育系列教材

# 数控多轴加工编程与仿真


主　编　陈小红　凌旭峰

副主编　郭伟强　葛乐清

参　编　陈阳东　许向华

机 械 工 业 出 版 社

本书是按照《教育部关于以就业为导向深化高等职业教育改革的若干意见》的精神，结合数控多轴加工岗位的实际需求，由企业实践经验丰富并有多年教学经验的双师型教师编写的。全书通俗易懂，案例典型丰富，并可用官方演示版软件仿真学习。

本书以海德汉系统为基础，系统地介绍了多轴加工编程的基本理论与操作技能。全书共分9章，内容主要包括：多轴加工概述与海德汉系统编程操作、海德汉系统编程基础、轮廓编程、极坐标编程、循环编程、子程序与程序块编程、FK自由轮廓编程、倾斜面加工编程及UG NX 8.5五轴加工中心应用实例。

本书不仅可作为高职和技师学院等机械类专业数控多轴加工的入门教材，也可作为企业多轴加工的培训教材及从事数控加工的工程技术人员与数控加工爱好者的参考用书。

本书配有授课电子课件，需要的教师可登录机械工业出版社教育服务网www.cmpedu.com免费注册后下载，或联系编辑索取。（QQ：1239258369，电话：010-88379739）

**图书在版编目(CIP)数据**

数控多轴加工编程与仿真/陈小红，凌旭峰主编．—北京：机械工业出版社，2016.8(2023.8重印)
高等职业教育系列教材
ISBN 978-7-111-54416-6

Ⅰ.①数… Ⅱ.①陈… ②凌… Ⅲ.①数控机床-程序设计-高等职业教育-教材 ②数控机床-计算机仿真-高等职业教育-教材 Ⅳ.①TG659

中国版本图书馆CIP数据核字(2016)第174577号

机械工业出版社(北京市百万庄大街22号 邮政编码100037)
责任编辑：曹帅鹏 武 晋 责任校对：张艳霞
责任印制：单爱军
北京虎彩文化传播有限公司印刷

2023年8月第1版·第3次印刷
184mm×260mm·11印张·262千字
标准书号：ISBN 978-7-111-54416-6
定价：39.00元

电话服务
客服电话：010-88361066
010-88379833
010-68326294

网络服务
机工官网：www.cmpbook.com
机工官博：weibo.com/cmp1952
金书网：www.golden-book.com
机工教育服务网：www.cmpedu.com

# 高等职业教育系列教材机电专业
# 编委会成员名单

# 出版说明

《国务院关于加快发展现代职业教育的决定》指出：到2020年，形成适应发展需求、产教深度融合、中职高职衔接、职业教育与普通教育相互沟通，体现终身教育理念，具有中国特色、世界水平的现代职业教育体系，推进人才培养模式创新，坚持校企合作、工学结合，强化教学、学习、实训相融合的教育教学活动，推行项目教学、案例教学、工作过程导向教学等教学模式，引导社会力量参与教学过程，共同开发课程和教材等教育资源。机械工业出版社组织全国60余所职业院校（其中大部分是示范性院校和骨干院校）的骨干教师共同策划、编写并出版的“高等职业教育系列教材”，已历经十余年的积淀和发展，今后将更加紧密地结合国家职业教育文件精神，致力于建设符合现代职业教育教学需求的教材体系，打造充分适应现代职业教育教学模式的、体现工学结合特点的新型精品化教材。

在系列教材策划和编写的过程中，主编院校通过编委会平台充分调研相关院校的专业课程体系，认真讨论课程教学大纲，积极听取相关专家意见，并融合教学中的实践经验，吸收职业教育改革成果，寻求企业合作，针对不同的课程性质采取差异化的编写策略。其中，核心基础课程的教材在保持扎实的理论基础的同时，增加实训和习题以及相关的多媒体配套资源；实践性较强的课程则强调理论与实训紧密结合，采用理实一体的编写模式；涉及实用技术的课程则在教材中引入了最新的知识、技术、工艺和方法，同时重视企业参与，吸纳来自企业的真实案例。此外，根据实际教学的需要对部分课程进行了整合和优化。

归纳起来，本系列教材具有以下特点：

1）围绕培养学生的职业技能这条主线来设计教材的结构、内容和形式。

2）合理安排基础知识和实践知识的比例。基础知识以“必需、够用”为度，强调专业技术应用能力的训练，适当增加实训环节。

3）符合高职学生的学习特点和认知规律。对基本理论和方法的论述容易理解、清晰简洁，多用图表来表达信息；增加相关技术在生产中的应用实例，引导学生主动学习。

4）教材内容紧随技术和经济的发展而更新，及时将新知识、新技术、新工艺和新案例等引入教材。同时注重吸收最新的教学理念，并积极支持新专业的教材建设。

5）注重立体化教材建设。通过主教材、电子教案、配套素材光盘、实训指导和习题及解答等教学资源的有机结合，提高教学服务水平，为高素质技能型人才的培养创造良好的条件。

由于我国高等职业教育改革和发展的速度很快，加之我们的水平和经验有限，因此在教材的编写和出版过程中难免出现问题和疏漏。我们恳请使用这套教材的师生及时向我们反馈质量信息，以利于我们今后不断提高教材的出版质量，为广大师生提供更多、更适用的教材。

机械工业出版社

# 前　言

随着数控技术的快速发展，多轴机床已逐渐普及，特别是五轴机床，在机械加工行业已得到广泛应用。为了适应社会发展，培养数控编程加工高技能人才，借浙江省优势专业建设之机，以国际领先的 HEIDENHAIN TNC 数控系统为基础，编写了这本教材。

HEIDENHAIN TNC 系统是海德汉公司生产的数控钻床、数控镗床、数控铣床和加工中心专用的多功能轮廓加工数控系统，具备简易对话格式的编程语言，具有针对多轴高速加工的硬件设计、强大的数据处理能力、倾斜加工功能、内置动态碰撞监控、自适应控制等创新功能。系统稳定性高，拥有友好的操作界面，便捷的编程界面，集成了多功能程序验证、高速加工和五轴加工等特性，广泛应用于高端数控机床及多轴机床。

本书遵循高等职业教育发展规律，以学生为主体、教师为主导，以职业岗位需求为教材设计的逻辑起点，以职业能力培养为重点，在几次教学培训教材的基础上进行编写，案例多来源于实践。全书共分 9 章，第 1 章介绍了海德汉系统的编程操作，第 2 章为海德汉系统编程基础，第 3 ~9 章系统地介绍了各种编程方法技巧及应用。为表达方便，系统面板按键/按钮（均简称为“键”，操作动作为“按”）表示为“【名称】”，显示屏上显示的按键/按钮称为软键，表示为“[名称]”，操作动作为“单击”。例如，程序段结束键 END□ 表示为【END□】，接近/离开轮廓功能键 APPR DEP 表示为【APPR/DEP】；按【APPR/DEP】键在屏幕底部弹出的软键，如直线相切接近轮廓的软键表示为[APPR/LT]。

本书由校企联合编写，作者均为实践经验丰富的高级工程师或高级技师。本书由浙江机电职业技术学院高级工程师陈小红、数控高级技师凌旭峰任主编，浙江机电职业技术学院郭伟强、大庆职业学院葛乐清任副主编。第 1 ~7 章由陈小红编写，第 8 章由凌旭峰编写，第 9 章由郭伟强编写。全书由葛乐清负责工艺审查；许向华、陈阳东提供了部分案例。本书在编写过程中得到了 DMG 上海公司、杭州汽轮机股份公司、杭州松源机械厂、杭州川宙精密机械公司等单位友人及同事的支持与帮助，朱成涛绘制了大部分用图，在此深表谢意。由于编者水平有限，欠妥之处在所难免，敬请各位读者批评指正。

编　者

# 目　录

# 第1章　多轴加工概述与海德汉系统编程操作

## 1.1　多轴加工概述

数控加工技术是现代机械制造技术的基础，与传统加工技术相比，无论在加工工艺、加工过程控制，还是加工设备与工艺装备等方面均有显著不同。一般的数控机床有 *X*、*Y*、*Z* 三个直线坐标轴，多轴指在一台机床上至少具备第 4 个轴，如 *A*、*B* 或 *C* 旋转轴。通常所说的多轴数控加工是指四轴以上的数控加工，其中具有代表性的是五轴数控加工。多轴数控加工能同时控制 4 个以上坐标轴的联动，将数控铣、数控镗、数控钻等功能组合在一起，工件在一次装夹后，可以对加工面进行铣、镗、钻等多工序加工，从而有效地避免了由于多次装夹造成的定位误差，缩短了生产周期，提高了加工精度。

加工中心一般分为立式和卧式加工中心。三轴立式加工中心最有效的加工面仅为工件的顶面，卧式加工中心借助回转工作台，也只能完成工件的 4 个侧面加工。多轴数控加工中心具有高效率、高精度的特点，工件在一次装夹后能完成 5 个面的加工。如果配置五轴联动的高档数控系统，还可以对复杂的空间曲面进行高精度加工，非常适合加工汽车零部件、飞机结构件等的成形模具。根据回转轴形式，多轴加工中心可分为以下两种：

1）工作台回转轴。这种设置方式的多轴数控加工机床主轴结构简单，刚性好，机床制造成本低。但一般工作台不能设计太大，承重也较小。

2）立式主轴头回转。这种设置方式的多轴数控加工机床主轴加工灵活，工作台也可以设计得非常大，并可提高曲面的表面加工质量。

多轴数控机床常用海德汉、西门子、发那科等数控系统，HEIDENHAIN TNC 是海德汉公司生产的数控钻床、铣床、镗床和加工中心专用的多功能轮廓加工数控系统。

多轴加工具有如下特点：

1）体现工序集中，减少定位基准转换，提高加工精度。

2）减少工装夹具数量和占地面积。

3）缩短生产过程链，简化生产管理。

## 1.2　海德汉系统编程操作

海德汉系统操作分为编程操作与加工操作，本章主要介绍编程操作。

### 1.2.1　系统简介

海德汉系统适用于数控铣床、钻床、镗床和加工中心，有对话、自由轮廓编程

smarT. NC 和 ISO 编程等格式。对话格式的编程方式可实现人机交互，智能提示，并可及时显示程序段走刀轨迹，使编程非常方便；自由轮廓编程功能通过 FK 指令生成轮廓轨迹后自动生成程序；smarT. NC 采用向导式编程，用户只需根据每一步的内容填入相应的数据，便可自动生成程序。另外，海德汉系统也支持用 ISO 格式或 DNC 模式编程。程序编制完成后，可通过试运行对其进行检验，模拟的加工过程可以 2D 或者 3D 方式显示。

HEIDENHAIN TNC 数控系统最多可控制 13 个轴，提供了 26 GB 的用户存储空间，具有很强大的处理能力。位置控制环时间为 0. 2 ms，具有角加速度优化功能，使机床在短直线加工中的抖动现象明显减少，加工速度快，工件表面质量高。同时，高达 1024 段程序的预读能力及单程序段处理时间仅为 0. 5 ms，系统在加工过程中遇到拐角等加减速大的部位时，能够预先判断，保证加减速更均匀地进行，无等待延迟现象，从而更好地保证零件的几何精度。

总之，HEIDENHAIN TNC 系统稳定性高，拥有友好的操作界面，方便、快捷的编程界面，集成了多功能程序验证、高速加工和强大的五轴加工等特性，广泛应用于高端的数控机床与多轴数控机床。

### 1. 2. 2 软件下载与安装

海德汉公司为了推广其系统，免费提供了 iTNC 530 系统演示版软件，为我们学习多轴加工的编程技术提供了方便。

**1. 软件下载**

海德汉官网→ Software→“PC Software”→“Programming Station”→“iTNC530 Programming Station 340494 008 0 02”，进行软件下载。

**2. 软件安装**

软件安装步骤如下：

1）打开下载的文件，双击运行“Setup. exe”，弹出图 1-1 所示对话框。

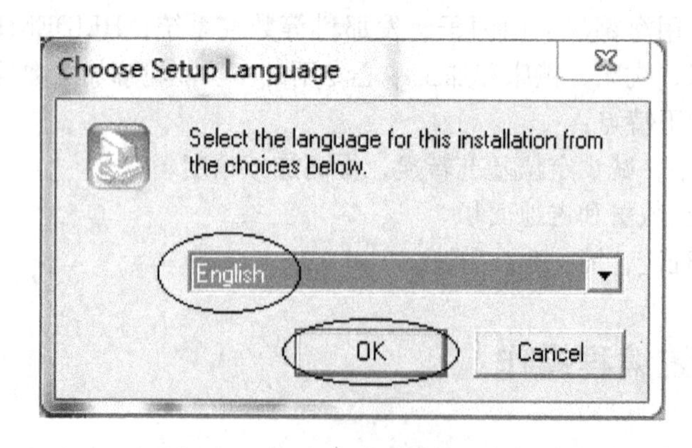


图 1-1 “选择安装语言”对话框

2）选安装语言“English”，单击［OK］按钮，弹出图 1-2 所示对话框。

3）单击图 1-2 中的[Next]按钮，弹出图 1-3 所示对话框。

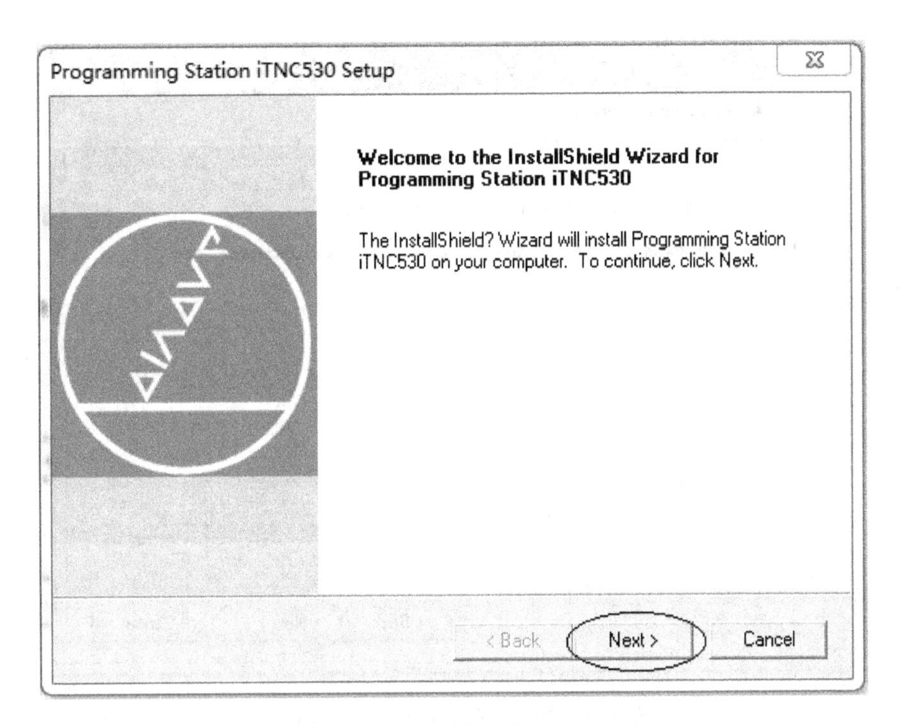


图 1-2 “系统欢迎安装”对话框

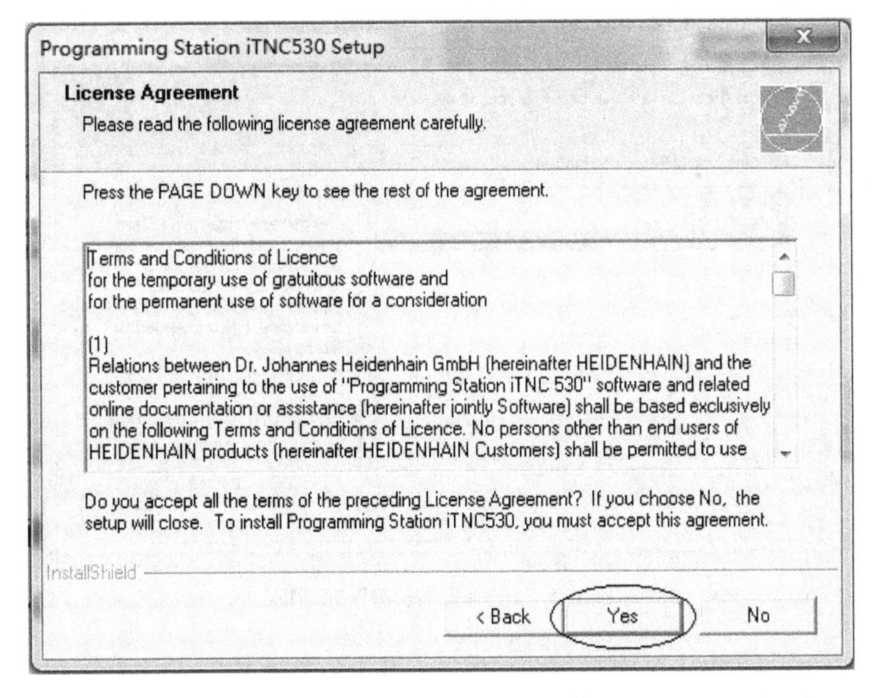


图 1-3 “许可证协议”对话框

4）单击图 1-3 中的［Yes］按钮，弹出图 1-4 所示对话框，选择软件安装目录路径。

5）如用默认的目录路径，单击图 1-4 中的［Next］按钮，弹出图 1-5 所示对话框。

6）一般选择图 1-5 中的“Typical”（典型的），单击［Next］按钮，弹出图 1-6 所示对

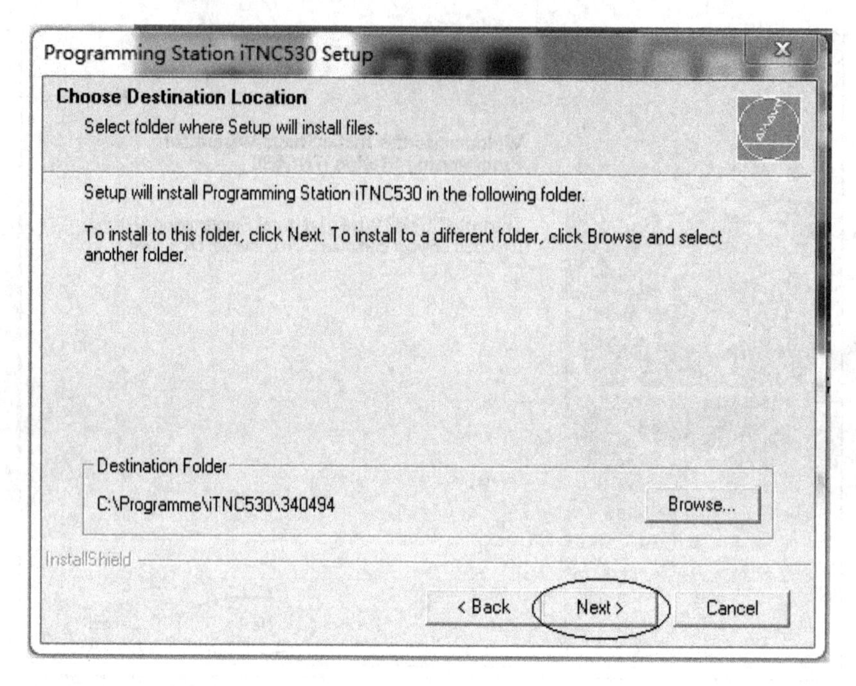


图 1-4 “选择安装目录路径”对话框

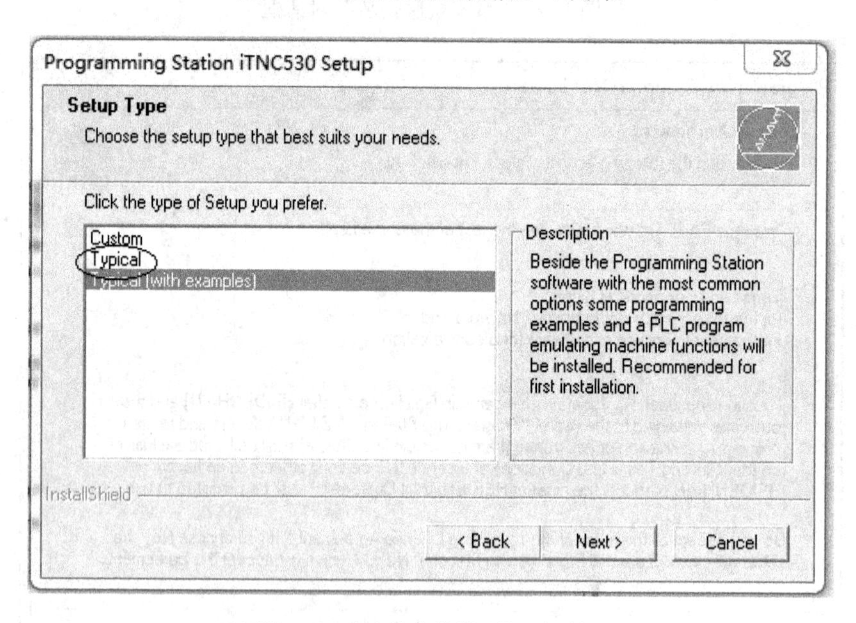


图 1-5 “选择安装类型”对话框

话框。

7）选择安装文件夹，单击图 1-6 中的[Next]按钮，弹出图 1-7 所示对话框。

8）单击图 1-7 中的[Finish]按钮，完成软件安装。

**3. 英文汉化**

软件安装完后，系统显示的操作界面是英文的，如要把英文的操作界面改为中文，设置的步骤如下：

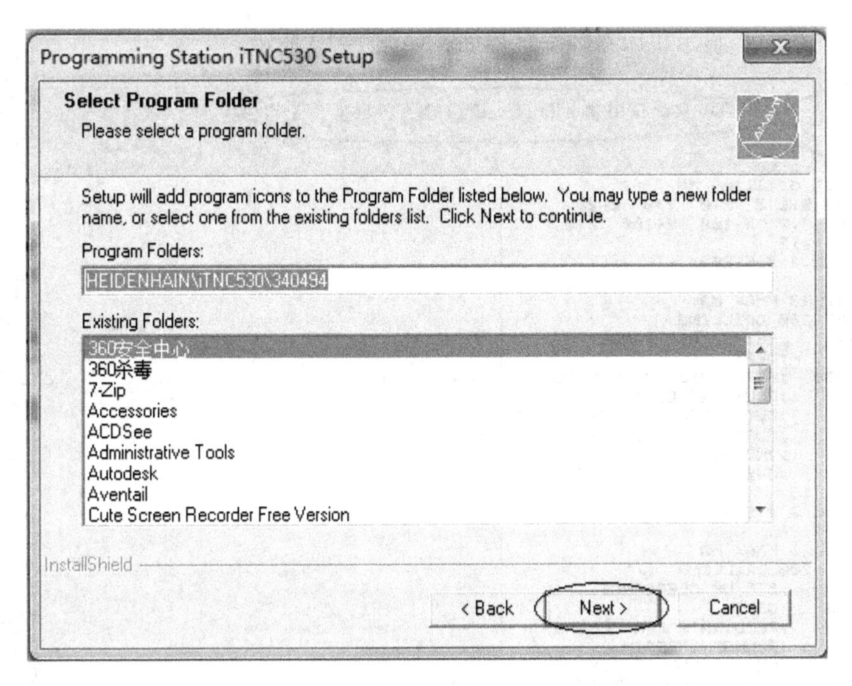


图 1-6 “选择安装文件夹”对话框

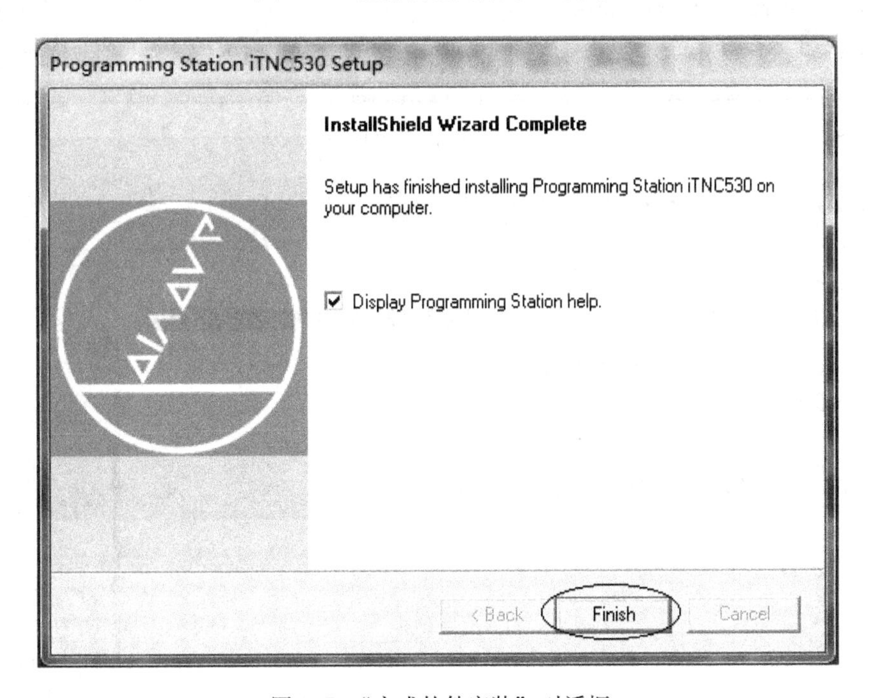


图 1-7 “完成软件安装”对话框

1）运行软件，如有错误提示或红色文字显示，按清除键CE，直至清除所有错误。

2）按模式切换键，进入程序编辑界面，上方的信息提示区显示“Programming and editing”，短框中显示“Manual operation”，如图 1-8 所示。

3）按MOD键，屏幕界面显示“Code number”项，如图 1-9 所示，输入编号“95148”，按【ENT】键确认，显示机床参数编辑界面，如图 1-10 所示。

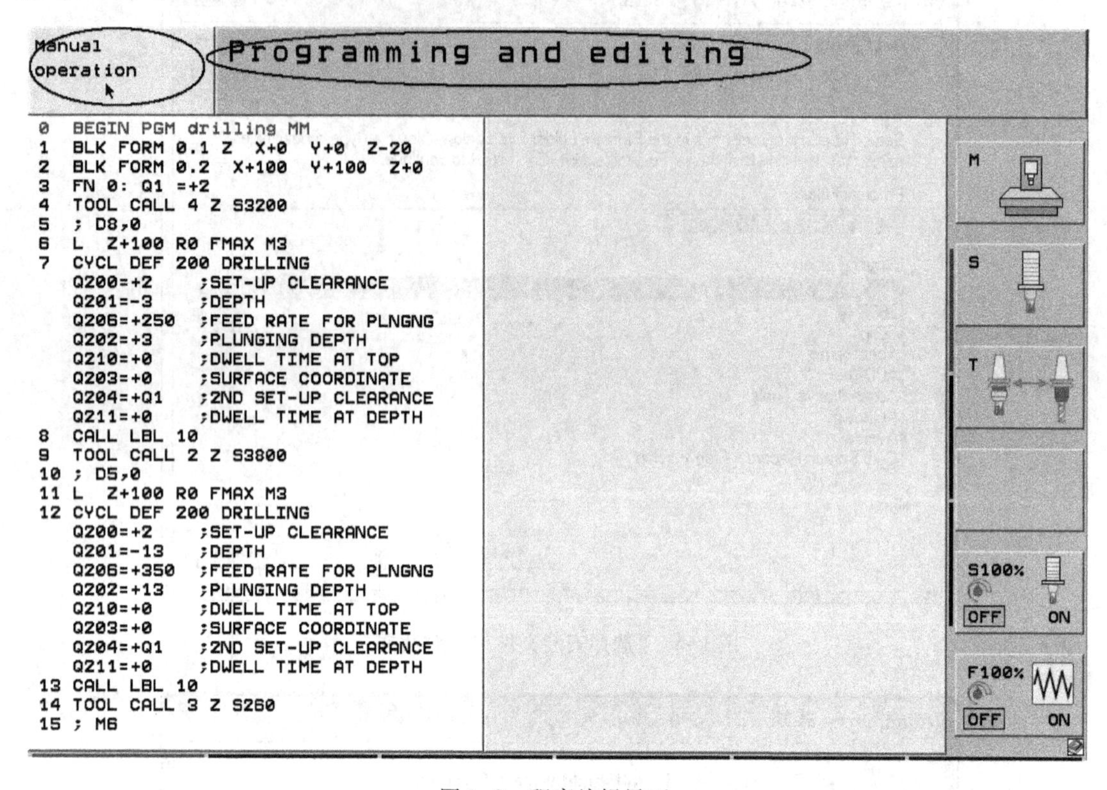


图 1-8 程序编辑界面

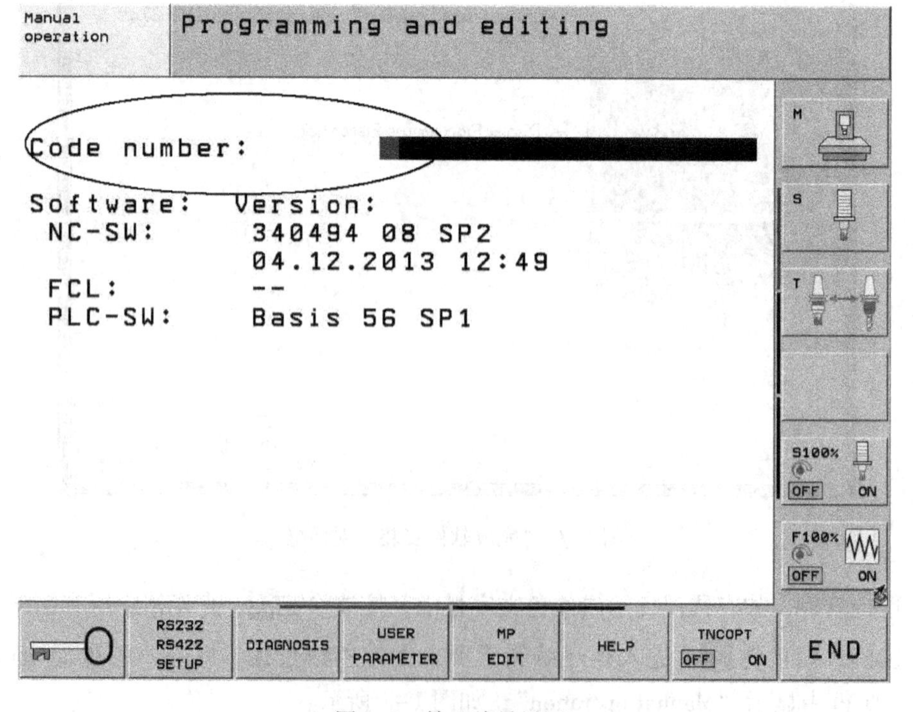


图 1-9 输入编号界面

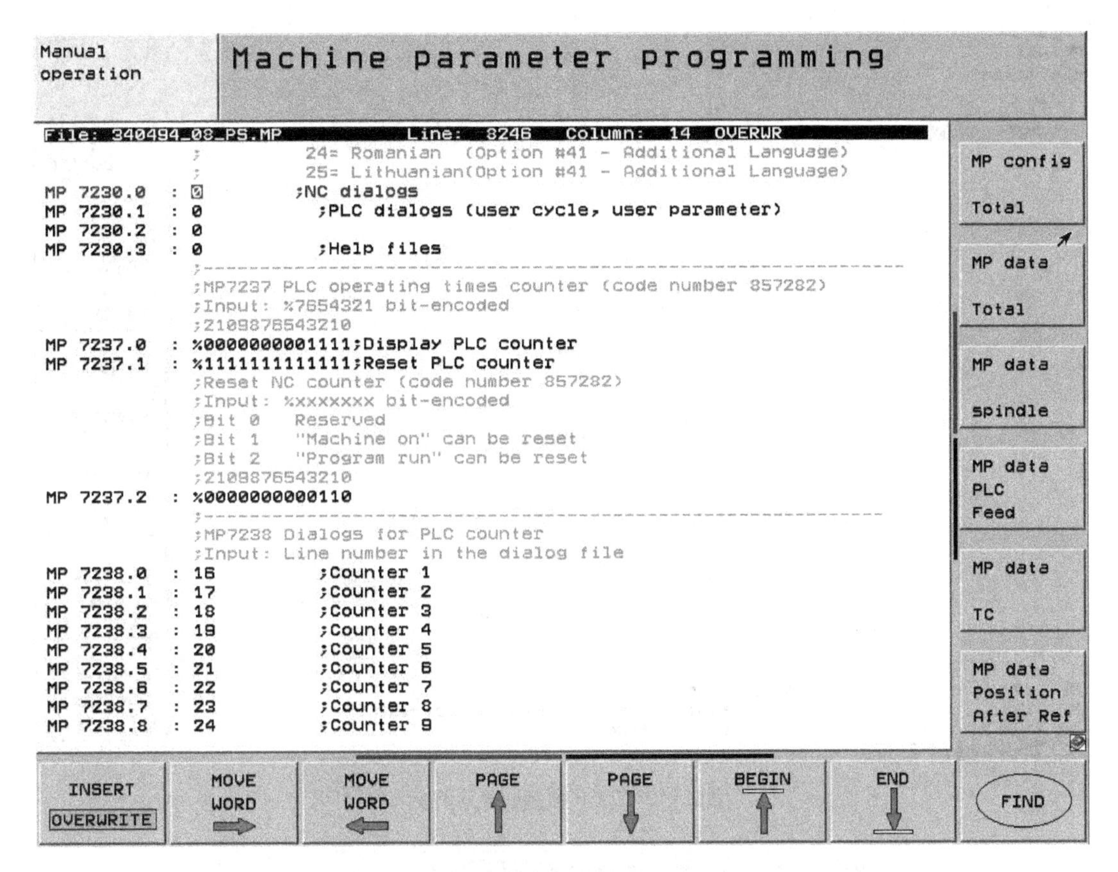


图 1-10　机床参数编辑界面

4）在“机床参数编辑”内容中查找 7230 项参数。单击底部软键区［FIND］软键，首行“Machine parameter programming”下方显示“Find text：”提示信息，如图 1-11 所示，输入“7230”，按【ENT】键确认，显示图 1-12 所示界面。

Manual operation
Machine parameter programming
Find text :

图 1-11　查找 7230 项参数

5）将 7230 项参数值“0”改为“15”。将光标移到要更改的参数值“0”处，把参数值“0”改为“15”。

6）按END键返回中文显示的编程操作界面。

## 1.2.3　操作面板与显示单元

### 1. 操作面板分区

HEIDENHAIN iTNC 530 系统操作面板分为七个区，如图 1-13 所示。注意演示版软件的七个区布局位置相对实际机床有变动。

1）字母键盘。用于文本和文件名输入。

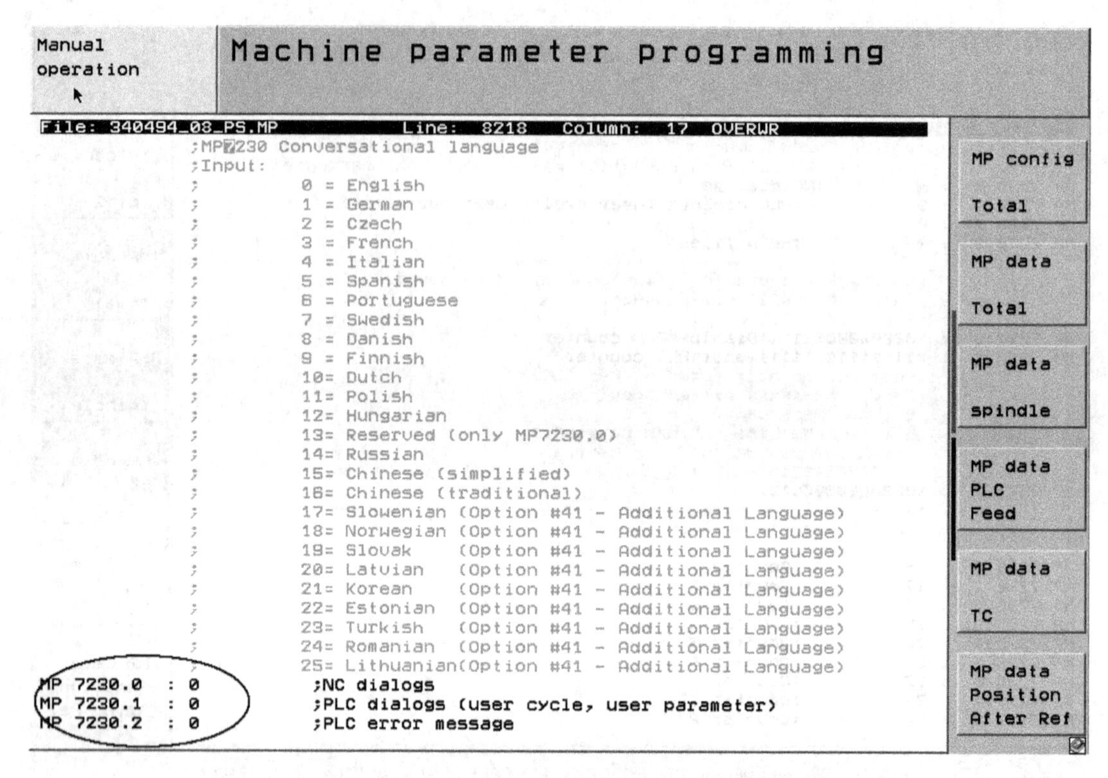


图 1-12 7230 项参数显示界面

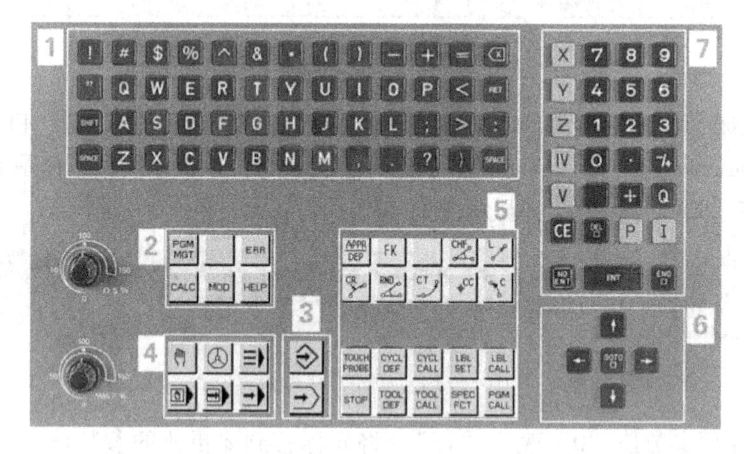


图 1-13 iTNC 530 系统操作面板分区

2）文件管理器/计算器/MOD 功能和 HELP（帮助）功能。

3）编程与试运行模式。

4）机床操作模式。

5）编程指令区。

6）方向键和【GOTO □】键。

7）坐标轴与数字。

**2. 显示单元**

HEIDENHAIN iTNC 530 系统的显示单元布局如图 1-14 所示，演示版没有软键选择键，操作时只要直接单击软键即可。

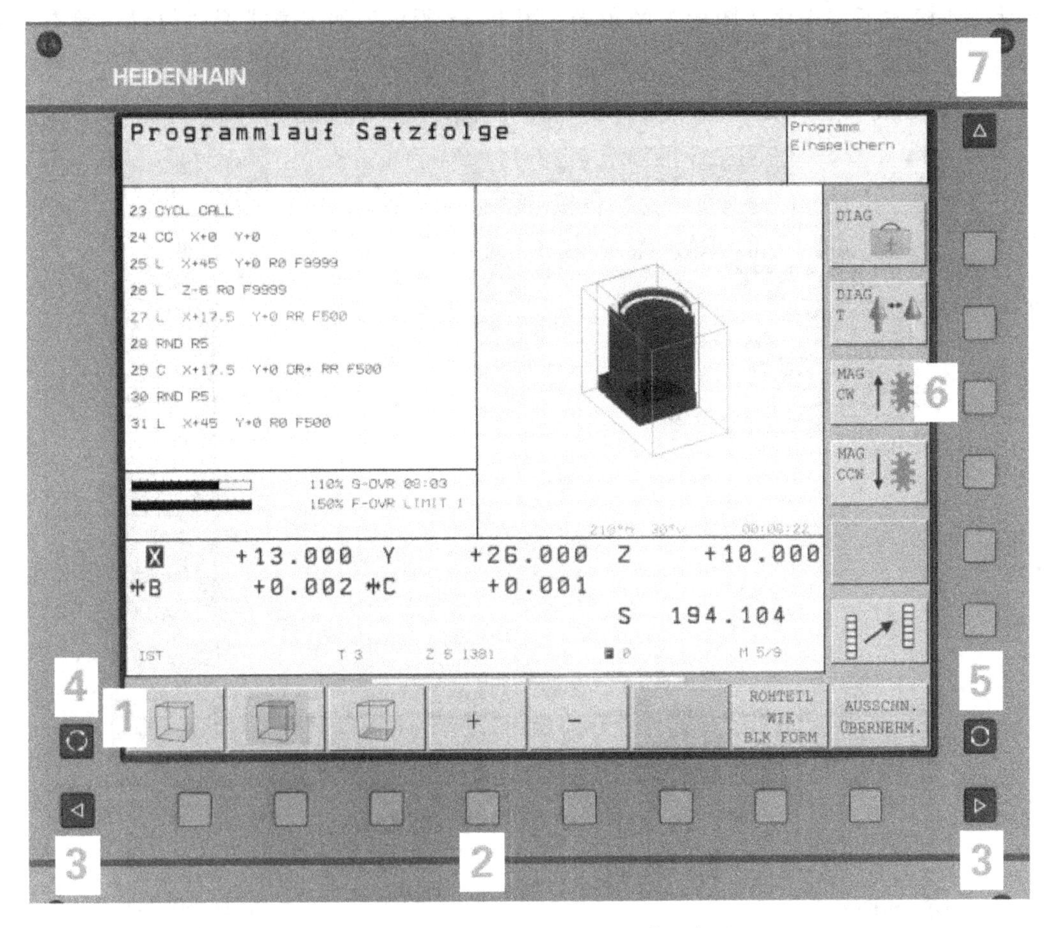


图 1-14　iTNC 530 系统的显示单元布局

1）软键区。

2）软键选择键。

3）软键行切换键。

4）屏幕布局切换键。

5）操作模式切换键（加工模式/编程模式）。

6）预留给机床生产商的软键选择键。

7）预留给机床生产商的软键行切换键。

**3. 屏幕布局与操作模式**

海德汉 TNC 系统操作模式分为加工模式与编程模式。加工模式用于加工零件的操作，如机床轴移动、工件加工原点设置等；编程模式用于编程的操作，如程序编制、程序试运行等。两种模式通过模式切换键进行切换。模式提示显示于屏幕上方信息提示区，左侧显示“手动操作”，为机床加工模式，右侧显示“程序编辑”，为编程模式。当前模式（前台）显示在长框中。如图 1-15所示，“程序编辑”显示在灰色的长框中，表示当前模式为编程模式，“手动操作”显示在白色的短框中，表示加工模式为后台模式。在加工模式或编程模式下可选择各种屏幕布局。选择屏幕布局时，先按布局切换键◙，再在软键区选择所需的布局类型。图 1-15 所示为编程模式下“程序 + 图形”的布局；图 1-16 所示为加工模式下“位置 + 状态”的布局。

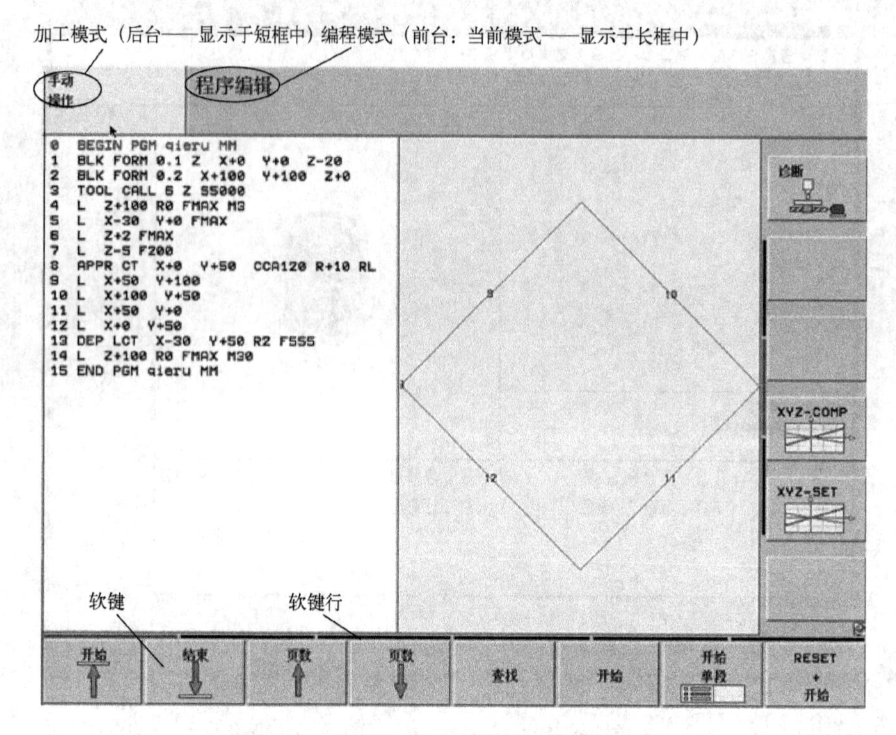


图 1-15　编程模式下“程序 + 图形”布局

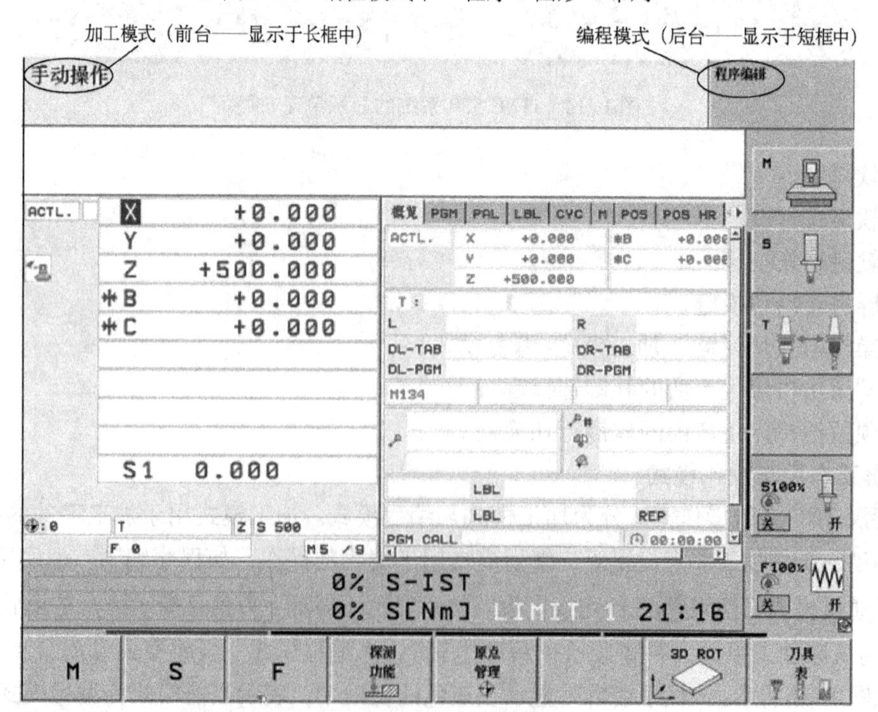


图 1-16　操作模式下“位置 + 状态”布局

## 1.2.4 编程基本操作

### 1. 创建新目录

为了便于程序文件管理，应在 TNC 系统中建立新目录，步骤如下：

1）按模式切换键，进入编程模式；按程序编辑键，进入编程状态。

2）按程序管理键 PGM MGT，弹出文件管理界面，如图 1-17 所示。

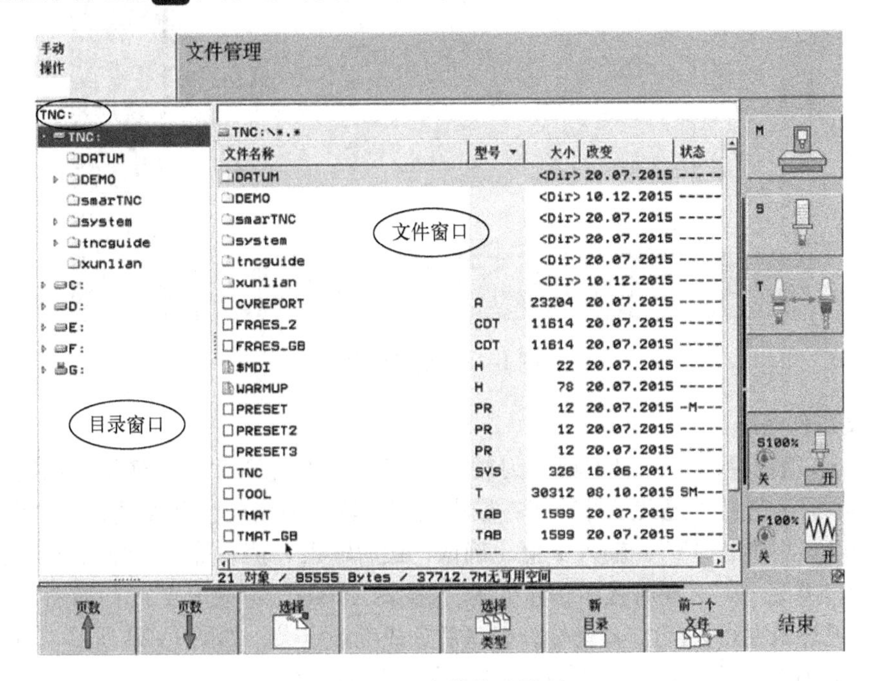


图 1-17 文件管理界面

3）按方向键，把文件名上的高亮条移到左侧目录窗口的驱动器“TNC:”上，单击软键[新目录]，在弹出的新目录小框中输入新的目录名（最多 16 个字节），如“Training”，选择“是”或按【ENT】键确认，目录创建完成。

### 2. 创建新文件

1）在新创建的当前目录下（高亮条在新目录上），按右方向键把高亮条移到右侧文件窗口。

2）单击软键[新文件]，在弹出的新文件小框中输入新文件名，如“TEST. H”（最多 25 个字节，不能有“ * ”“ \ ”“/”“„”“?”“ < ”“ > ”等符号，文件名的扩展名必须为“. H”），选择“是”或按【ENT】键确认。

3）选“MM”（毫米）单位，进入编程界面，并自动生成如下内容：

```
0  BEGIN  PGM  TEST  MM
*1  BLK  FORM  0.1 Z
1  END  PGM  TEST  MM
```

光标自动停在 Z 处，并在信息提示区“程序编辑”下弹出对话信息“主轴?”，如图 1-18 所示。

图 1-18　编程界面

**3. 定义工件毛坯**

在图 1-18 编程界面中，如主轴（刀轴）为 *Z* 轴，按【ENT】键确认，系统自动弹出“X”，并显示提示信息“定义工件毛坯：最小点?”，输入毛坯最小点 *X* 值，如“0”，确认，生成“X+0”，并弹出“Y”，输入 *Y* 值，确认；最后输入 *Z* 值，确认，弹出下一行“＊2 BLK　FORM　0.2　X”，同时提示信息变为“定义工件毛坯：最大点?”，如图 1-19 所示。同样，输入毛坯最大点 *X*、*Y*、*Z* 坐标，确认后完成毛坯定义，如图 1-20 所示。其中 0.1 表示输入毛坯最小点坐标，0.2 表示输入毛坯最大点坐标。

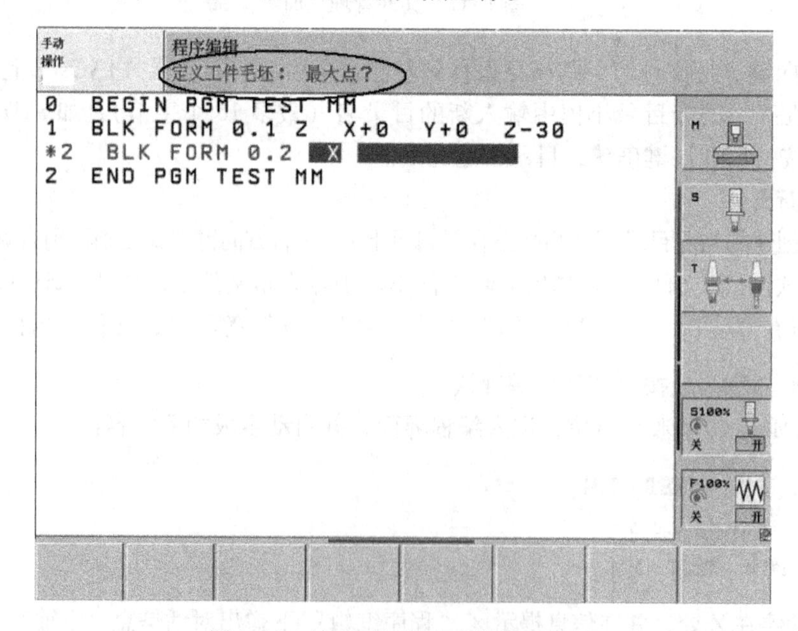


图 1-19　输入毛坯最大点的编程界面

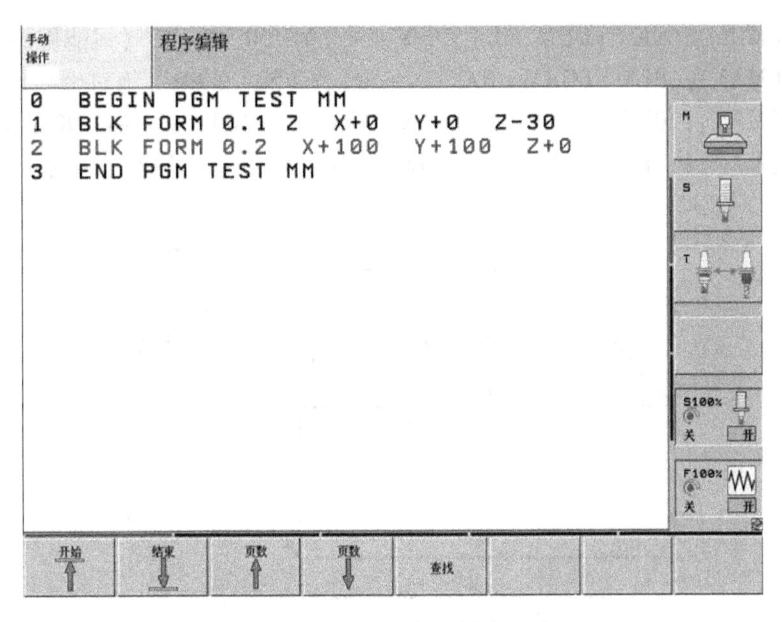


图 1-20　完成毛坯定义的编程界面

定义的毛坯为长方形，毛坯的各边分别与 *X*、*Y* 和 *Z* 轴平行，通过毛坯上的两个最值点坐标来定义，最小点在毛坯的左前下方，最大点在毛坯的右后上方。坐标值以工件坐标系为基准。最小点只能用 *X*、*Y* 和 *Z* 的绝对坐标表示，最大点可用绝对坐标或增量坐标表示，增量坐标为相对于最小点的值。采用图 1-21 所示工件坐标系时，定义毛坯的程序段如下：

最小点（MIN）：BLK　FORM　0.1　**Z**　X+0　Y+0　Z-40（只能用绝对坐标）

最大点（MAX）：BLK　FORM　0.2　X+100　Y+100　Z+0（绝对坐标）

最大点（MAX）：BLK　FORM　0.2　IX+100　IY+100　IZ+40（增量坐标）

最大点（MAX）：BLK　FORM　0.2　IX+100　IY+100　Z+0（混合坐标）

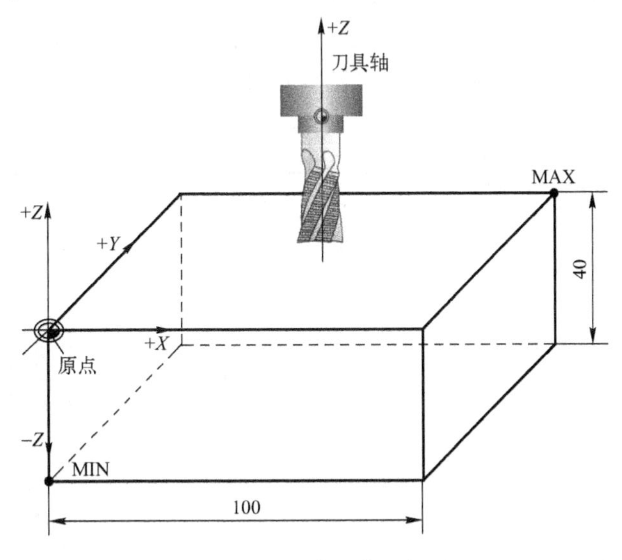


图 1-21　毛坯定义与工件坐标系（一）

采用图 1-22 所示工件坐标系时，定义毛坯的程序段为：

最小点（MIN）：BLK　FORM　0.1 Z　X-50　Y-50　Z-40（只能用绝对坐标）
最大点（MAX）：BLK　FORM　0.2　X+50　Y+50　Z+0（绝对坐标）
最大点（MAX）：BLK　FORM　0.2　IX+100　IY+100　IZ+40（增量坐标）
最大点（MAX）：BLK　FORM　0.2　IX+100　IY+100　Z+0（混合坐标）

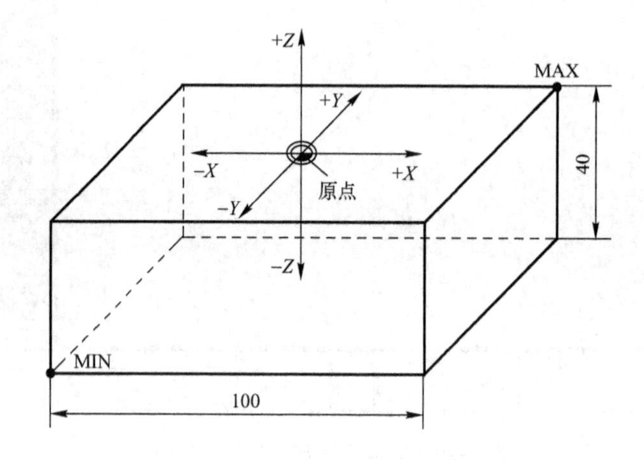


图 1-22　毛坯定义与工件坐标系（二）

定义了工件毛坯，就可以在程序试运行时，进行仿真加工测试；如在稍后定义毛坯，可在编程界面按软键行切换键▷，进入第六软键行（或直接单击底部软键区上方的第六条横线），单击软键［程序默认值］，然后再单击软键［BLK FORM］（毛坯形状）进行定义。

**4. 刀具调用和定义**

（1）刀具调用　编程时，完成毛坯定义后，一般就可以调用刀具了。例如要调用 3 号刀具 T3，按编程指令区【TOOL CALL】键，编程界面显示“TOOL CALL”（信息提示区显示“调用刀具”），输入刀具编号 3，按【ENT】键确认；弹出“Z”（信息提示区显示“主轴?”），确认；弹出“S”（信息提示区显示“主轴转速 S=?”），输入转速 3000。按程序段结束键【END □】结束程序段输入，界面显示如图 1-23 所示。

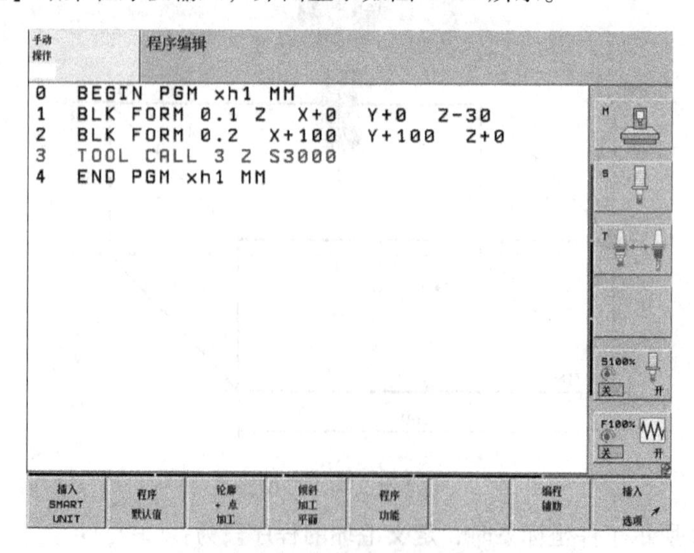


图 1-23　刀具调用编程界面

【TOOL CALL】调用刀具的程序段中，通常输入上述参数即可。全部参数为：

① 刀具编号。输入刀具编号或名称。输入的刀具必须在【TOOL DEF】程序段或刀具表中已定义。

② 主轴 X、Y、Z。输入刀轴坐标轴。

③ 主轴转速 S。

④ 进给率 F。

⑤ 刀具长度差值 DL。输入刀具长度方向的偏移量/补偿值。

⑥ 刀具半径差值 DR。输入刀具半径方向的偏移量/补偿值。

⑦ 刀具半径差值 DR2。输入刀具圆弧半径的差值/补偿值。

例如"TOOL CALL　5　Z　S2500　F350　DL+0.2　DR-1　DR2：+0.05"程序段，表示调用 5 号刀具，刀轴为 Z，主轴转速为 2500 r/min，进给率为 350 mm/min，刀具长度补偿值为 0.2 mm，刀具半径补偿值为 -1 mm，刀具圆弧半径补偿值为 0.05 mm。常用的输入形式为"TOOL　CALL 5　Z　S2500"。

☞ DL 表示刀具长度方向偏移量，DR 表示刀具半径方向的偏移量，与所加工轮廓的大小有关。如零件粗加工（留有加工余量），在【TOOL CALL】程序段中输入 DL 或 DR 正值，则刀具正向偏移，留出加工余量。在刀具表中输入 DL 或 DR 负值表示刀具的磨损量。

☞ 模拟显示时，【TOOL CALL】程序段的差值改变工件的显示尺寸，刀具尺寸不变；刀具表中的差值影响刀具的图形显示，工件的图形显示不变。

刀具编号用整数 0~32767 标识，如 3 号刀具标记为 T3。其中 T0 定义为标准刀具，其长度 $L=0$，半径 $R=0$。如果使用刀具表，可以输入刀具名称，刀具名最多可由 12 个字符组成。刀具在调用前必须先定义。

（2）刀具定义

1）刀具表中定义刀具/输入刀具数据。编程时可以按手动操作模式键或屏幕模式切换键进入加工操作模式，单击软键[刀具表]，将软键[编辑 OFF ON]置于 ON 位（开启），就能输入或编辑刀具数据了。演示版软件中已经定义了部分刀具参数，加工中可以再编辑或定义刀具参数。刀具表中常用代号含义见表 1-1。

**表 1-1　刀具表中常用代号含义**

| 代　号 | 含　义 | 信息对话 |
|---|---|---|
| T | 程序中调用的刀具编号 | |
| NAME | 程序中调用的刀具名称（≤12 字符，大写，无空格） | 刀具名称? |
| L | 刀具长度 $L$ 的补偿值（与标准刀具比较） | 刀具长度 ? |
| R | 刀具半径 $R$ 的补偿值 | 刀具半径 ? |
| R2 | 圆角铣刀圆角半径 $R2$ 补偿值 | 刀具半径 2? |
| DL | 刀具长度 $L$ 的差值（偏置量） | 刀具过长? |
| DR | 刀具半径 $R$ 的差值（偏置量） | 刀具半径过大? |
| DR2 | 刀具圆角半径 $R2$ 的差值 | 刀具半径 2 过大? |
| LCUTS | 刀具的切削刃长度（用于循环 22） | 刀具轴方向的刀刃长? |

（续）

| 代　号 | 含　义 | 信息对话 |
|---|---|---|
| ANGLE | 往复切入加工时刀具的最大切入角（用于循环 22 和 208） | 最大切入角度? |
| DOC | 刀具注释（最多 16 个字符） | 刀具描述 |
| T-ANGLE | 刀尖角（用于定位循环 240） | 钻头角 |

☞ 刀具表中 L、R、R2 用于定义刀具基本尺寸；DL、DR、DR2 用于定义刀具磨损值（刀具实际尺寸变化）。

☞ 当编辑刀具参数的软键切换到［EDIT OFF］（编辑关闭）时或退出刀具表前，修改的刀具参数不生效；如果修改了当前刀具的参数，修改的数据在下一个【TOOL CALL】后生效。

2）在程序中定义刀具/输入刀具数据。如在程序中输入刀具数据，按【TOOL DEF】键，输入刀具编号后，可以输入刀具长度 *L* 方向偏移量与刀具半径 *R* 方向偏移量等。如定义 5 号刀具，刀具长度方向的偏移量为 0.5 mm，半径方向的偏移量为 0.3 mm，输入程序段为“TOOL　DEF　5　L+0.5　R+0.3”。DL、DR 等一般不在程序中定义，而在刀具表中进行定义。

**5. 程序输入、编辑与编程界面选取**

（1）程序输入与编辑　TNC 系统中用对话编程方式进行编程时，先按【轨迹功能】键启动程序段编写，然后按照提示信息进行编程；用方向键【→】启动程序段修改。用于程序输入及编辑的键详见表 1-2。

**表 1-2　程序输入、编辑键含义及功能**

| 功 能 键 | WORD 表达 | 含　义 | 功　能 |
|---|---|---|---|
| ENT | 【ENT】 | 程序字确认/是 | 确认输入信息并继续对话 |
| NO ENT | 【NO ENT】 | 忽略/不输入/否 | 忽略对话提问并删除程序字 |
| CE | 【CE】 | 清除 | ① 清除程序字的数字<br>② 清除 TNC 出错信息 |
| END □ | 【END □】 | 程序段结束 | ① 确认/结束程序段<br>② 结束输入 |
| DEL □ | 【DEL □】 | 程序段删除 | ① 删除程序段<br>② 结束对话 |
| → | 【→】 | 右方向键 | ① 启动程序段修改或编辑<br>② 向右移动光标或高亮条 |
| GOTO □ | 【GOTO □】 | 光标定位 | 光标定位至要编辑的程序段 |

注：可通过上、下方向键移动光标进行定位。

例如在某程序段后输入“L　X+10　Y-20　R0　F200　M3”程序段，步骤见表 1-3。

**表 1-3　程序段输入示例**

| 按　键 | 功　能 | 程序显示 | 提示/对话信息 | 输入参数 |
|---|---|---|---|---|
| ⇨ | 进入编程界面 | | | |
| GOTO □ | 光标定位到该程序段 | | 弹出“GOTO block number”小框 | “该程序段”的段号 |

（续）

| 按　　键 | 功　　能 | 程序显示 | 提示/对话信息 | 输入参数 |
|---|---|---|---|---|
| L | 启动直线路径或轨迹 | L X | 坐标? | 10 |
| → | 前移光标 | L X +10 Y | 坐标? | -20 |
| → | 前移光标 | L X +10 Y -20 Z | 坐标? | |
| NO ENT | 程序字不输入或删除 | L X +10 Y -20 R0 | 刀具半径补偿：左/右/无 | 单击［R0］软键 |
| ［R0］ | 无刀具半径补偿 | L X +10 Y -20 R0 F | 进给率 F = ? | 200 |
| → | 前移光标 | L X +10 Y -20 R0 F200 M | 辅助功能 M? | 3 |
| END | 结束程序段输入 | L X +10 Y -20 R0 F200 M3 | | |

☞ 坐标字输入：输完 *X* 坐标字后，可按光标键【→】，自动弹出 Y，或直接按【Y】键继续，输完一个点的所有坐标后再用【ENT】键确认。

☞ 程序修改：用【GOTO】键或光标键把高亮条移到要修改的程序段，按向左或向右光标键，进入编辑状态。

☞ 系统程序输入方式灵活多样，有智能性，应关注信息提示区的提示信息；一般不输入提示的地址符按【NO ENT】键，删除输入的数值按【CE】键。

（2）编程界面选取　在编程模式下，按屏幕切换键，弹出图 1-24 界面，在底部的软键区可选取各种屏幕布局方式，一般选［程序 + 图形］，以便编程过程中及时查看走刀轨迹。

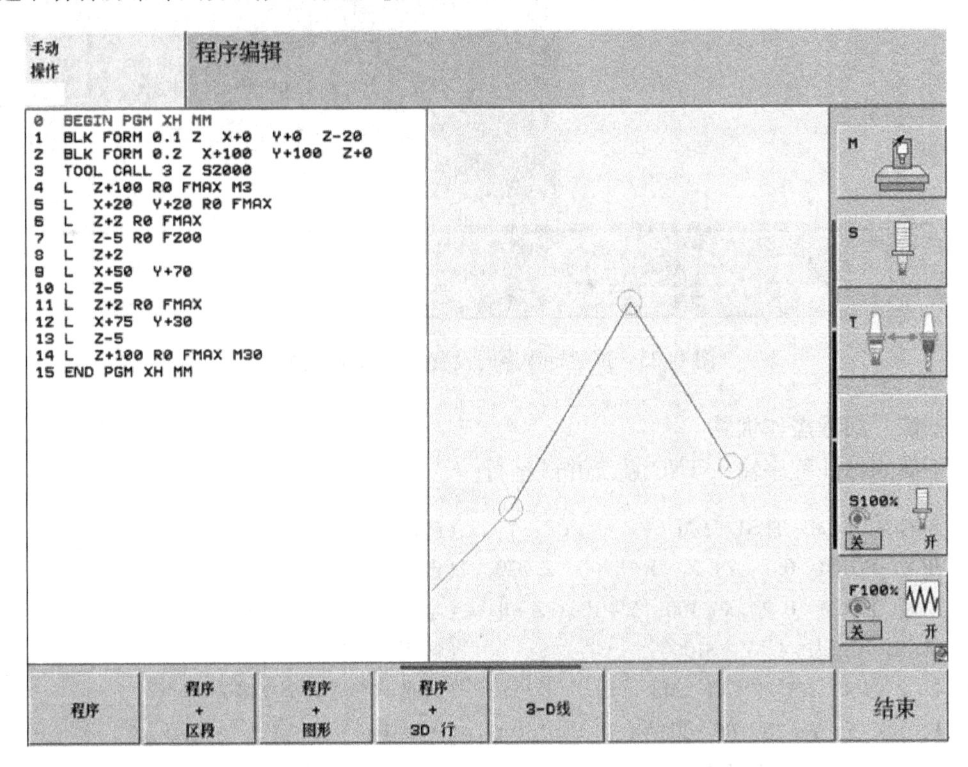


图 1-24　编程模式下选取屏幕布局方式

### 6. 程序测试运行

在编程模式下的编程界面，按测试运行键，进入程序试运行屏幕界面；再按程序管理键，弹出文件管理界面，选择要测试运行的程序文件，按【ENT】确认，返回试运行界面；单击第一软键行［开始］或［RESET + 开始］软键，开始程序试运行。

为了增强仿真效果，在仿真运行前可以进行一些仿真设置。在第三软键行可设置刀具显示，在第四软键行可设置仿真速度、图形大小等，如图 1-25 所示。

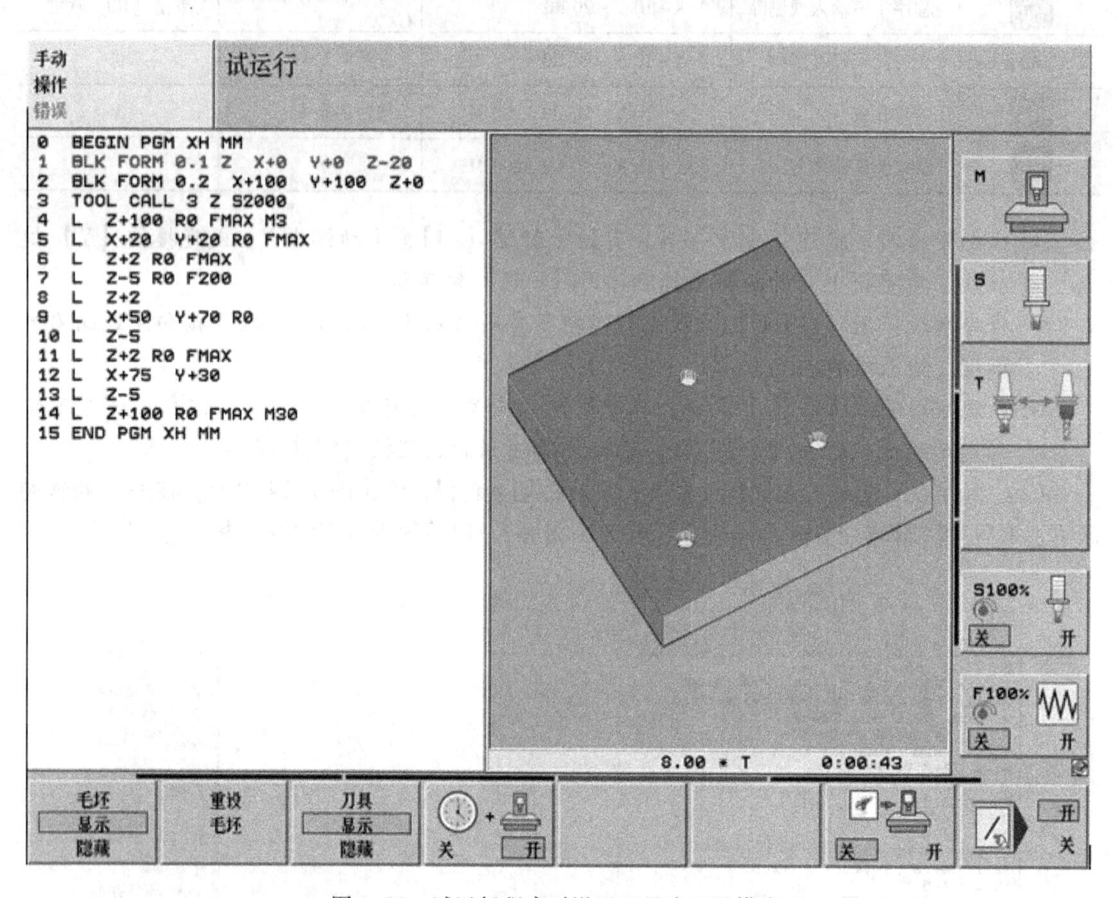


图 1-25　试运行程序时设置刀具为显示模式

### 练一练　编程操作训练

将下面的钻孔程序输入 TNC 系统并试运行。

| | |
|---|---|
| 0　BEGIN　PGM　TEST　MM | （程序开始） |
| 1　BLK　FORM　0.1　Z　X + 0　Y + 0　Z - 20 | （定义毛坯最小点坐标） |
| 2　BLK　FORM　0.2　X + 100　Y + 100　Z + 0 | （定义毛坯最大点坐标） |
| 3　TOOL　CALL　4　Z　S1000 | （调用刀具） |
| 4　L　Z + 100　R0　FMAX　M3 | （刀具至第二安全高度） |
| 5　L　X + 15　Y + 25　R0　FMAX | （孔 1 定位） |
| 6　L　Z + 2　R0　FMAX | （刀具至第一安全高度） |
| 7　L　Z - 6　R0　F50 | （钻孔 1） |

```
8   L   Z+2    R0    FMAX                 (抬刀至R平面)
9   L   X+75    R0    FMAX                (孔2定位)
10   L   Z-6                              (钻孔2)
11   L   Z+2    R0    FMAX                (抬刀至R平面)
12   L   X+60   Y+80    R0 FMAX           (孔3定位)
13   L   Z-6                              (钻孔3)
14   L   Z+100    R0    FMAX    M30       (沿Z轴退刀,程序结束)
15   END   PGM   TEST   MM                (程序结束说明)
```

# 第2章　海德汉系统编程基础

## 2.1　编程基本理论

数控加工程序的编制均基于刀具相对工件运动的基本原则，以右手笛卡儿直角坐标系作为标准定位系统，这两点是编程的基础与指导思想。

### 2.1.1　相对运动理论与坐标系

在零件成形的切削加工过程中，刀具与工件都可能是运动的，如车削成形主要是工件运动，铣削成形主要是刀具运动，因此，在机械加工过程中零件成形运动的对象是不确定的。为了简化编程，在加工过程中无论是刀具运动，还是工件运动，按相对运动理论，都把工件看作静止，刀具看作运动，即刀具相对“静止”的工件运动。这样编程时就可以“抛开”机床实际成形运动的状况，只描述刀具的相对运动，使编程简化易行。

描述刀具运动，需要定位系统，以确定刀具运动的准确位置。现代数控系统采用的标准定位系统为右手笛卡儿直角坐标系。该坐标系必须符合右手定则：伸出右手，张开大拇指、食指和中指，并使三个手指相互垂直，则大拇指代表 *X* 轴，食指代表 *Y* 轴，中指代表 *Z* 轴；三个手指的指向代表线性轴的正方向。*A*、*B*、*C* 为旋转轴，按右手螺旋法则确定，大拇指指向 *X*、*Y*、*Z* 轴正方向，其余四指弯曲，指向对应旋转轴 *A*、*B*、*C* 的正方向；*U*、*V*、*W* 为平行线性轴，分别平行于 *X*、*Y*、*Z* 轴，如图 2-1 所示。

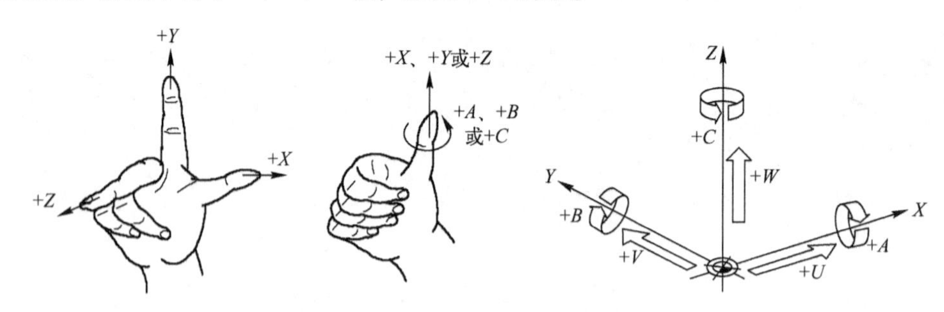


图 2-1　右手定则与右手螺旋法则

右手笛卡儿直角坐标系在不同的使用场合，分别称为编程坐标系、工件坐标系、机床坐标系等。编程时在图样上建立的右手笛卡儿直角坐标系为编程坐标系，加工时通过对刀在工件上设定的右手笛卡儿直角坐标系为工件坐标系，机床本身具有的右手笛卡儿直角坐标系为机床坐标系。

### 2.1.2　机床坐标系

在机床上加工零件，机床的动作是由数控系统发出的指令来控制的。为了确定机床的运动方向和移动距离，就要在机床上设置坐标系，这种坐标系就是机床坐标系。机床坐标系用于确定刀具的运动位置，由机床生产厂家调试时设定。在数控机床显示屏上显示的“机械坐标”为机床坐标系的坐标值。机床上常见的坐标轴有九个：*X*、*Y*、*Z* 为三个基本线性轴，*A*、*B*、*C* 为三个旋转轴，*U*、*V*、*W* 为三个平行线性轴。且三者有对应关系，如绕 *X* 轴旋转的轴为 *A* 轴，平行于 *X* 轴的线性轴为 *U* 轴。坐标系线性轴的正方向规定为“刀具远离工件的方向为正方向”。*A*、*B*、*C* 旋转轴的正方向按右手螺旋法则，旋进的方向为正方向。

要知道具体机床坐标轴的布设方式，首先要明确坐标轴判定次序，其次要明确判定方法。一般先确定 *Z* 轴，其次确定 *X* 轴，再按右手定则确定 *Y* 轴，最后确定其他坐标轴。确定 *Z* 轴：观察机床主轴，与主轴轴线平行的坐标轴为 *Z* 轴，在数控加工设备中，钻、铣或镗入工件的方向为 *Z* 轴的负方向；当机床有几个主轴时，选一个与工件装夹面垂直的主轴为 *Z* 轴；当机床无主轴时，选与工件装夹面垂直的方向为 *Z* 轴。确定 *X* 轴：操作机床正位，观察工作台，平行于工作台长边的为 *X* 轴，且相对 *Y* 轴而言，*X* 轴具有水平性，即水平面有一个 *Z* 轴，则另一个必为 *X* 轴。对立式铣床，以操作位置为准，*X* 轴的正方向向右。对于卧式机床，*Z*、*X* 轴水平布置，*X* 轴正方向向左，*Y* 轴上下设置，向上为正方向。图 2-2 ~ 图 2-6 所示为常用机床的坐标系。

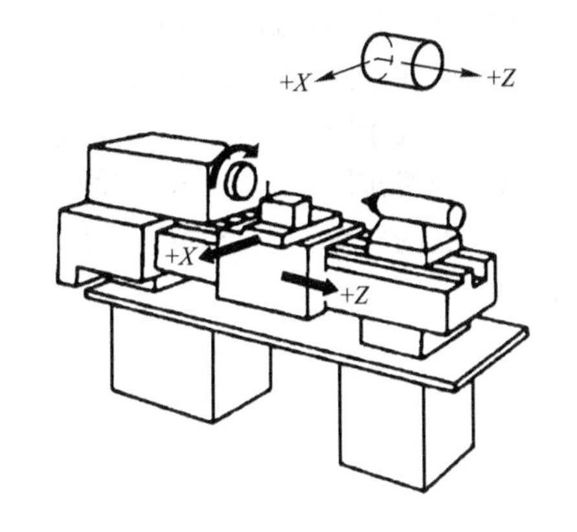


图 2-2　卧式车床的坐标系

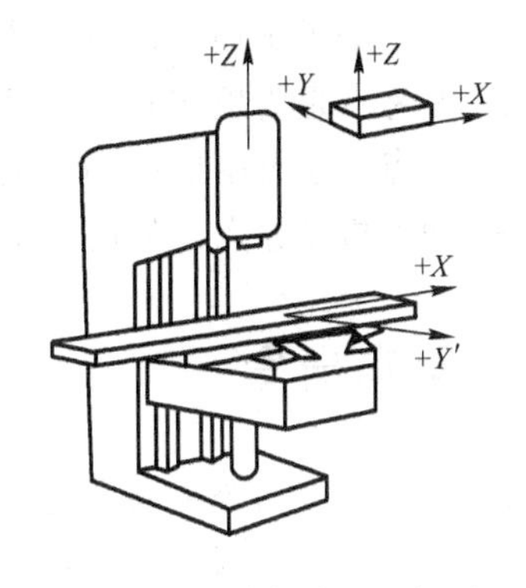


图 2-3　立式铣床的坐标系

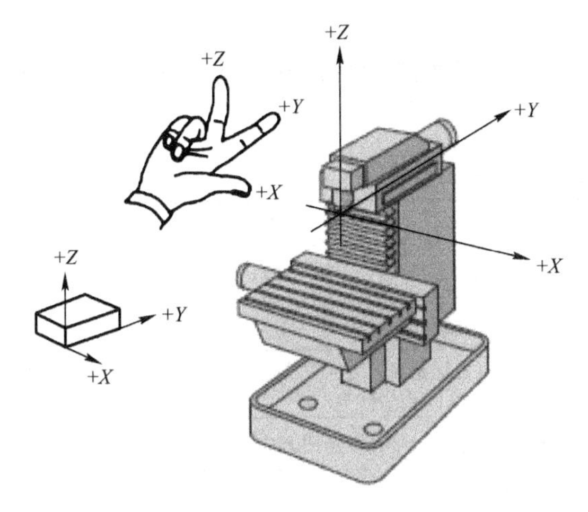


图 2-4　刨床坐标系

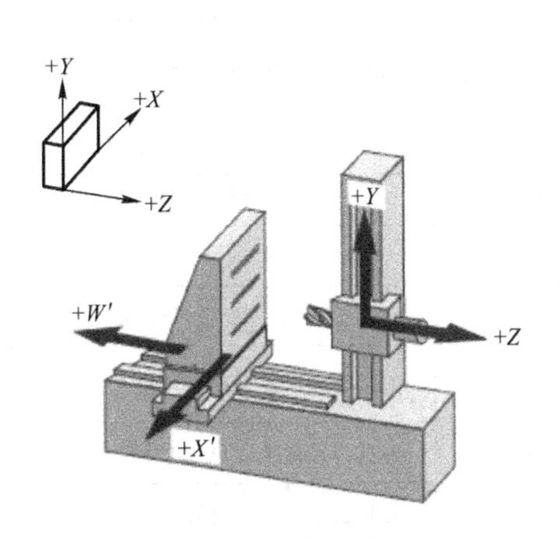


图 2-5　镗床坐标系

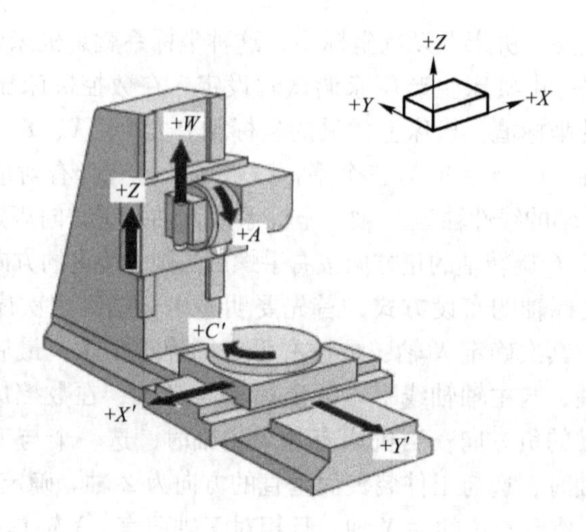


图 2-6　多轴机床坐标系

☞ 带符号“′”的轴代号，如 $+C'$ 表示工件运动的正方向，与刀具相对工件的运动的正方向（机床坐标系轴的方向）相反。

机床坐标系的原点，简称机床原点，也称机床零点，是机床进行加工运动的基准点，也是机床上设置的一个固定点，在机床装配调试时以机床参考点为基准来确定，一般不允许用户更改。机床参考点是为检测和控制机床原点而设定的处于行程极限位置的固定点，又称机械原点或机械零点，位置由机械挡块确定；机床原点与机械原点有完全确定的位置关系。机床回零实质是回到机械原点，从而确定机床坐标系原点的位置，以建立机床坐标系。

## 2.2　编程基本指令

TNC 系统编程基本指令主要是走刀指令与辅助功能指令，另外有 F（进给率）、S（主轴转速）、T（刀具）、N（程序段号）及坐标指令。

### 2.2.1　走刀指令

走刀指令用于描述刀具运动轨迹，在操作面板的编程指令区用轨迹功能键输入。轨迹功能键的功能及输入参数见表 2-1。

表 2-1　轨迹功能键功能及输入参数

| 功能键 | 功　能 | 输入参数 |
|---|---|---|
| L | 刀具直线运动 | 终点坐标 |
| CC | 定义圆弧圆心/极坐标极点 | 圆心/极点坐标 |
| C | 刀具圆弧运动（已知圆心） | 圆弧终点坐标及走刀方向（顺/逆时针）<br>要先定义圆心 |
| CR | 刀具圆弧运动（已知半径） | 圆弧终点坐标、半径及走刀方向（顺/逆时针） |
| CT | 刀具圆弧运动（已知起点为切点） | 圆弧终点坐标 |
| RND | 倒圆角 | 倒圆角半径及刀具进给率 |

（续）

| 功能键 | 功　能 | 输入参数 |
| --- | --- | --- |
| CHF | 倒角 | 倒角边长及刀具进给率 |
| APPR DEP | 刀具切入/切出（接近/离开）轮廓 | 取决于所选功能 |
| FK | 自由轮廓编程 | 已知信息 |

## 2.2.2 辅助功能指令

常用辅助功能指令及功能见表2-2。

表2-2　辅助功能指令及功能

| 指令 | 控制对象 | 功　能 | 包含指令 |
| --- | --- | --- | --- |
| M00 | 程序、主轴、切削液 | 程序运行暂停、主轴停转、切削液关闭 | M05、M09 |
| M01 | 程序 | 选择性程序暂停，与操作面板暂停键配合使用 | |
| M02<br>M30 | 程序、主轴、切削液 | 程序结束并复位（光标返回程序头）、主轴停转、切削液关闭 | M05、M09 |
| M03 | 主轴 | 主轴正转 | |
| M04 | 主轴 | 主轴反转 | |
| M05 | 主轴 | 主轴停转 | |
| M06 | 刀具、主轴、切削液 | 换刀、主轴停转、切削液关闭 | M05、M09 |
| M08 | 切削液 | 切削液打开 | |
| M09 | 切削液 | 切削液关闭 | |
| M13 | 主轴、切削液 | 主轴正转、切削液打开 | M03、M08 |
| M14 | 主轴、切削液 | 主轴反转、切削液打开 | M04、M08 |

注：与FANUC系统比较，指令使用更加简便，减少了编程工作量。例如M06换刀指令，包含了换刀前准备工作指令M05和M09等。

# 2.3 程序和程序段格式

TNC系统对话编程的程序格式如下：

BEGIN　PGM　×××　MM　（程序开始,“×××”为程序名）

BLK　FORM　0.1　X_ Y_ Z_　（定义毛坯最小点坐标）

BLK　FORM　0.2　X_ Y_ Z_　（定义毛坯最大点坐标）

TOOL　CALL_ S_　（调用刀具,设定转速）

L　Z+100　R0　FMAX　M3　（刀具至第二安全高度,设定主轴正转）

...

L　X_　Y_　F_　（沿轮廓编程）

...

L　Z+100　R0　FMAX　M30　（沿Z轴退刀,程序结束）

END　PGM　×××　MM　（程序结束说明）

☞ FMAX：仅在本程序段有效，为非模态指令。

程序的每一行称为程序段，基本程序段格式示例及含义如下：

N L X+10 Y+30 R0 F100 M03

① N：程序段号，程序段的编号，用正整数表示。

② L：轨迹功能，并启动程序段编写（L 表示线性轨迹，C 表示圆弧）。

③ X、Y：终点坐标。

④ R：刀具半径补偿（RL 表示刀具半径左补偿，RR 表示刀具半径右补偿，R0 表示无刀具半径补偿）。

⑤ F：进给率，铣削常用单位 mm/min。

⑥ M：辅助功能。

**练一练**

1. 指出图 2-7 所示镗铣床坐标轴的布设方式与各轴的正方向。
2. 指出图 2-8 所示加工中心坐标轴的布设方式与各轴的正方向。

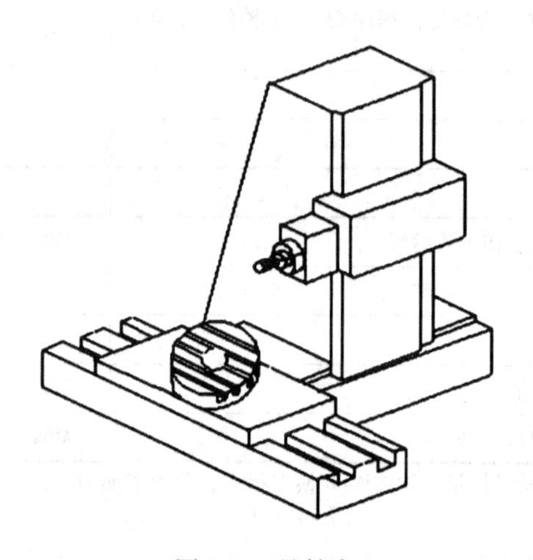

图 2-7 镗铣床

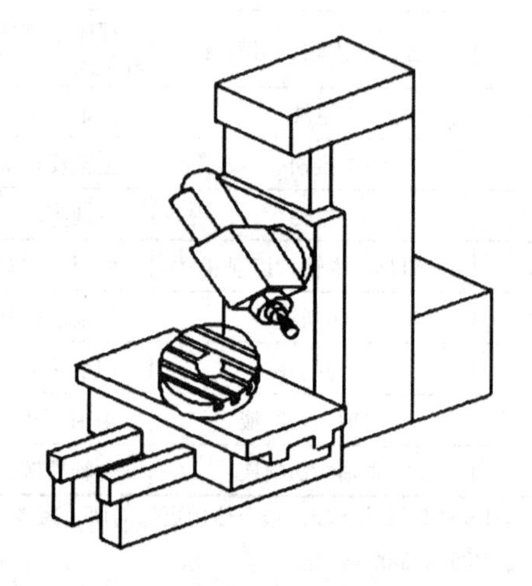

图 2-8 加工中心

# 第3章　轮廓编程

## 3.1　刀具半径补偿功能

现代数控系统都有刀具半径补偿功能。在轮廓编程时，为了编程方便，总是把工件看作静止，刀具看作运动，即“刀具相对工件运动”；同时，把刀具假想为一个点，即刀位点，这样轮廓的形状就是编程的轨迹了。但实际上刀具是有大小的，按轮廓编程会引起工件多切一个刀具半径值的量，为了解决多切问题，数控系统中引入了刀具半径补偿功能，通过激活此功能，使刀具自动偏离轮廓一个刀具半径，从而避免多切，加工出符合图样要求的轮廓。如图3-1所示，用$\phi$10 mm立铣刀铣削一个$\phi$40 mm凸台，按轮廓编程时，如果没有激活刀具半径补偿功能，加工出来的凸台直径为$\phi$30 mm；如果执行刀具半径补偿功能，就能加工出$\phi$40 mm凸台，如图3-2所示；具有刀具半径补偿功能的数控系统，能够根据编程轨迹及刀具半径（广义为刀具半径补偿值），自动计算出偏离编程轨迹一个刀具半径值（广义为刀具半径补偿值）的刀具运动轨迹，所以能加工出符合要求的轮廓。

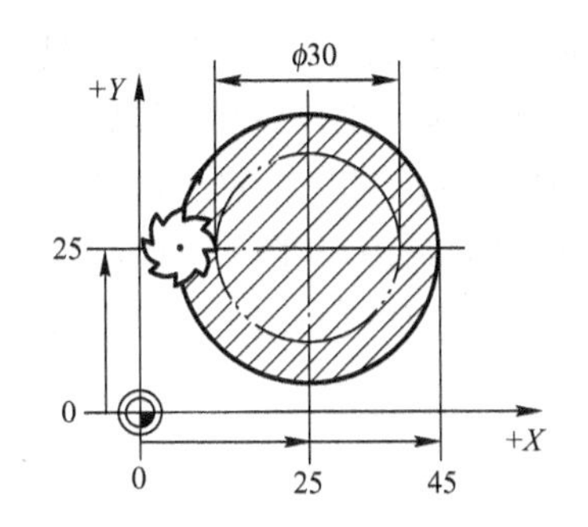

图3-1　未激活刀具半径补偿功能

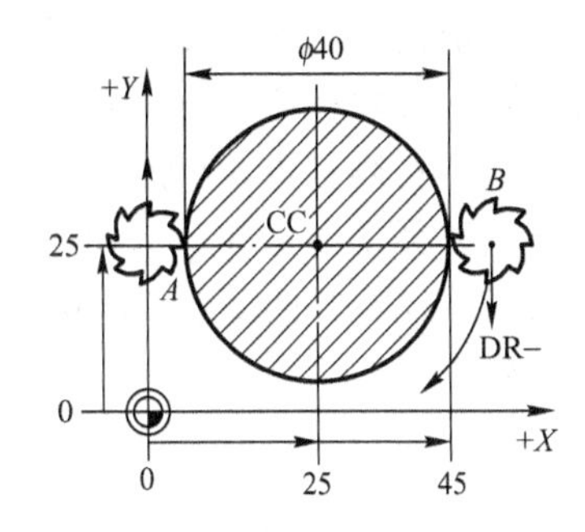

图3-2　激活刀具半径补偿功能

刀具半径补偿分为左补偿（RL）与右补偿（RR）。以刀具半径左补偿方式加工时，刀具在对应加工轮廓的左侧；以刀具半径右补偿方式加工时，刀具在对应加工轮廓的右侧。刀具半径补偿类型的判定要考虑三个因素：首先，人的站位与朝向。人的站位与朝向以加工该轮廓点时，刀具的运动方向为准，视线的方向与刀具在加工该点的运动方向一致。其次，判定左右的基准。以所选的轮廓点为基准，该点可以是轮廓上的任意点，以方便判定为原则。最后，刀具的位置。根据所选的轮廓点，明确加工该轮廓点时，刀具所在的位置。如图3-2所示，加工$\phi$40 mm凸台轮廓，选轮廓上的$A$点为基准，顺时针走刀铣削时，在$A$点刀具向前运动，则人站在轴的X5处（近原点）往$A$点看，刀具在$A$点左侧，所以为左补偿。同理，若选$B$点为基准，也可判定仍是左补偿，只是人站在$\phi$40 mm右尺寸界线处判定。如逆时针走刀，按上述规则判定，则为右补偿。两种补偿方法都可以加工出$\phi$40 mm凸台，但走刀方向相反。所以，同一轮廓可以用左补偿编程，也可以用右补偿编程。但从工件表面质量考虑，通常采用左补偿编程。

应用刀具半径补偿功能编程有三个过程：刀具半径补偿功能的激活、执行和取消。刀具半径补偿功能的激活过程是刀具发生偏移的过程，如图3-3所示，刀具从1点移到2点为刀具半径补偿功能激活的过程，刀具中心从与编程点（1点）重合过渡到与编程点（2点）偏离一个偏置量。激活了刀具半径补偿功能，就可以把刀具看作一个点，按工件的轮廓进行编程。一般在切入轮廓之前激活刀具半径补偿功能，切出轮廓之后取消该功能，且尽量切向切入（接近）或切出（离开）工件轮廓表面，以营造良好的工艺条件，保证轮廓表面的质量。

激活或取消刀具半径补偿功能应选取合适的时机。一般在下刀之后切入轮廓之前激活刀具半径补偿功能，刀具离开轮廓之后再取消该功能，且抬刀之后取消更安全可靠。不允许在轮廓加工的过程中激活或取消刀具半径补偿功能。如图3-3所示，加工 *OABCO* 轮廓，选轮廓第一个切入点为 *O*，则在切入点 *O* 之前必须把刀具半径补偿功能激活，加工完轮廓后再取消刀具半径补偿功能。比较方便的方法为在 *O* 点旁边取一辅助点 *S*，即激活与取消刀具半径补偿功能的程序如下：

L $X_S$ $Y_S$ R0 （未激活刀具半径补偿功能）
L $X_O$ $Y_O$ RL （激活）
… （执行）
L $X_S$ $Y_S$ R0 （取消刀具半径补偿功能）

辅助点 *S* 选取是成功激活刀具半径补偿功能的关键，选取原则为：启用刀具半径左补偿功能编程时，点 *S* 应取在切入第一轮廓线的左侧；启用刀具半径右补偿功能编程时，点 *S* 应取在第一轮廓线的右侧；且 *SO* 距离应大于刀具半径补偿值；同时，激活刀具半径补偿功能的程序段只能用路径功能 L 走刀，即刀具在线性移动时激活刀具半径补偿功能。如图3-4所示，启用刀具半径左补偿功能 RL 编程时，起点 *S* 应取在 *OA* 轮廓所在的直线左侧，否则易损坏工件的轮廓。

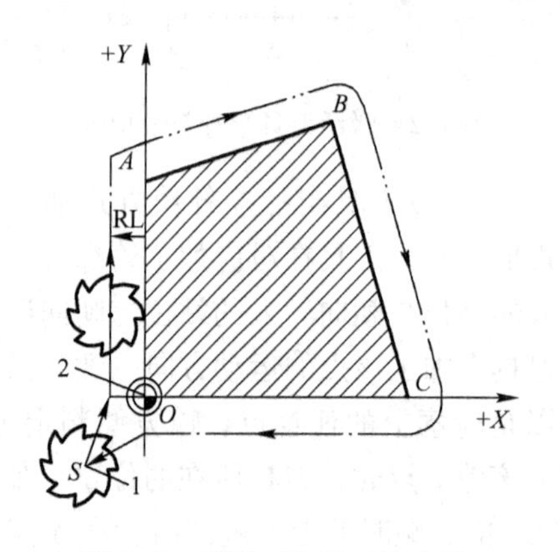

图3-3 激活或取消刀具半径补偿功能过程

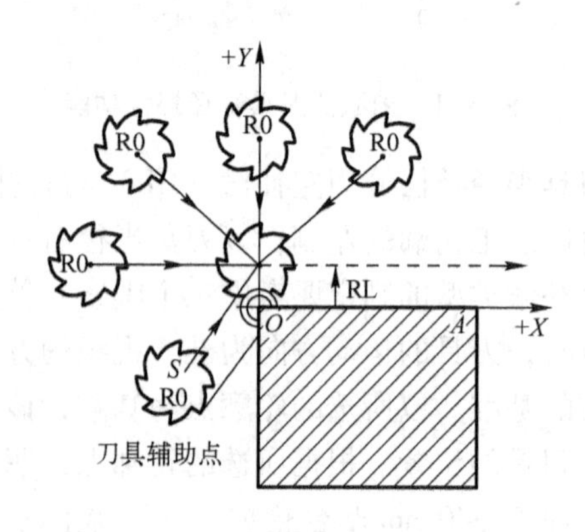

图3-4 合理选取辅助点

## 3.2 轮廓编程基本格式

采用按轮廓编程时，程序的基本格式见表 3-1。

表 3-1 按轮廓编程程序的基本格式

| 程序段号 | 程 序 | 说 明 |
|---|---|---|
| 0 | BEGIN PGM （文件名） MM | 程序开始 |
| 1 | BLK FORM 0.1 （刀轴） X_ Y_ Z_ | 定义毛坯最小点坐标 |
| 2 | BLK FORM 0.2 X_ Y_ Z_ | 定义毛坯最大点坐标 |
| 3 | TOOL CALL （刀具编号） （刀轴） S_ | 调用刀具 |
| 4 | L Z+_ R0 FMAX M_ | 刀具移至第二安全高度或初始平面 |
| 5 | L X_ Y_ R0 FMAX | 刀具水平定位于辅助点 |
| 6 | L Z+_ R0 FMAX | 刀具至安全高度或 R 平面 |
| 7 | L Z-_ F_ | 下刀 |
| 8 | L X_ Y_ RL/RR | 激活刀具半径补偿功能 |
| 9 | L X_ Y_ | 切入轮廓 |
|  | ... | 按轮廓编程 |
|  | L X_ Y_ | 切出轮廓 |
|  | L X_ Y_ R0 | 取消刀具半径补偿功能 |
|  | L Z+_ R0 FMAX M30 | 沿 Z 轴退刀，程序结束 |
|  | END PGM （文件名） MM | 程序结束说明 |

【训练】编写如图 3-5 所示正方形轮廓的铣削程序，毛坯尺寸为 100 mm × 100 mm × 20 mm。

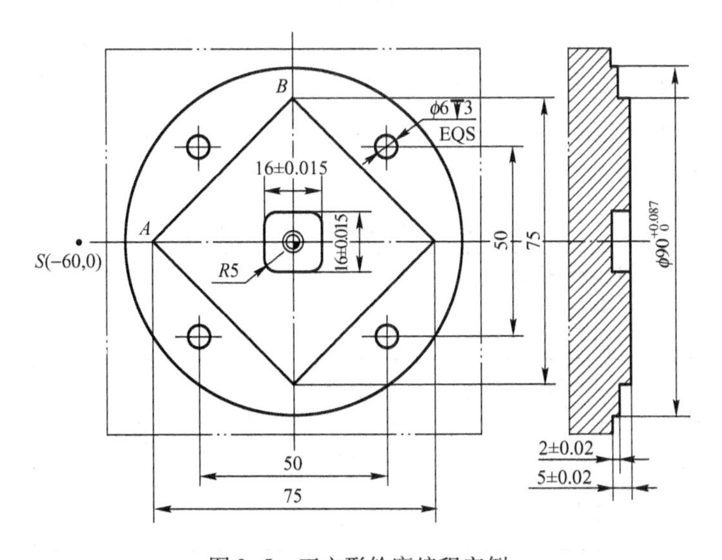


图 3-5 正方形轮廓编程实例

+ 选 *AB* 为首先铣削的正方形轮廓，下刀点取在 *AB* 直线的左侧，辅助点为 *S*，*AS* 长度大于刀具半径补偿值。

**参考程序：**

```
0  BEGIN  PGM  ZFX  MM  （程序开始）
1  BLK  FORM  0.1  Z  X-50  Y-50  Z-20  （定义毛坯）
2  BLK  FORM  0.2  X+50  Y+50  Z+0
3  TOOL  CALL  8  Z  S2000  （调用刀具）
4  L  Z+100  R0  FMAX  M3  （刀具移至第二安全高度）
5  L  X-60  Y+0  R0  FMAX  （刀具水平移至辅助点或下刀点 S）
6  L  Z+2  R0  FMAX  （刀具至安全高度）
7  L  Z-3  R0  F200  （下刀）
8  L  X-37.5  Y+0  RL  F350  （刀具至轮廓起点 A，激活刀具半径补偿功能 RL）
9  L  X+0  Y+37.5  （刀具至轮廓点 B）
10  L  X+37.5  Y+0
11  L  X+0  Y-37.5
12  L  X-37.5  Y+0  （轮廓终点 A）
13  L  X-60  R0  FMAX  （回辅助点 S，取消刀具半径补偿功能）
14  L  Z+100  R0  FMAX  M30  （沿 Z 轴退刀，程序结束）
15  END  PGM  ZFX  MM  （程序结束说明）
```

## 3.3 切入/切出轮廓（接近/离开轮廓）编程

按轮廓编程时，应注意刀具接近或离开工件轮廓的方式。为了保护轮廓表面的质量，应尽量沿轮廓的切线方向接近或离开（切入或切出）轮廓，避免法向切入或切出。在普通数控系统中，下刀之后一般先激活刀具半径补偿功能，再切入轮廓，需两个程序段完成这两个动作。在海德汉 TNC 系统中，则可用一个程序段完成刀具半径补偿功能激活及刀具切入轮廓。这就需要启用接近/离开轮廓的功能键【APPR/DEP】，在软键区选择合适的切入方式。刀具离开轮廓的处理方法类似于接近轮廓。表 3-2 是 TNC 系统提供的切入/切出轮廓的方式，供编程时选用。

**表 3-2　轮廓切入/切出方式**

| 切入/切出方式 | 切入功能软键 | WORD 表达 | 切出功能软键 | WORD 表达 |
|---|---|---|---|---|
| 相切直线 | APPR LT | [APPR LT] | DEP LT | [DEP LT] |
| 法向直线 | APPR LN | [APPR LN] | DEP LN | [DEP LN] |
| 相切圆弧 | APPR CT | [APPR CT] | DEP CT | [DEP CT] |
| 双相切圆弧 | APPR LCT | [APPR LCT] | DEP LCT | [DEP LCT] |

注：应用【APPR/DEP】功能，将产生两个动作：刀具走直线激活刀具半径补偿功能，再走直线或圆弧切入轮廓。双相切圆弧方式两段轨迹线为相切关系，其他方式的两轨迹线为相交关系。

接近/离开轮廓的功能软键中各字母代号含义见表3-3。

**表3-3　接近、离开轮廓功能软键中各字母含义**

| 字母代号 | 英　语 | 含　义 | 注　释 |
|---|---|---|---|
| APPR | Approach | 接近 | 切入轮廓 |
| DEP | Departure | 离开 | 切出轮廓 |
| L | Line | 线段 | 刀具沿直线运动 |
| C | Circle | 圆弧 | 刀具沿圆弧运动 |
| T | Tangency | 相切 | 切入/切出轨迹与轮廓相切，平滑过渡 |
| N | Normal | 法向 | 切入/切出轨迹与轮廓垂直 |

下面是接近/离开工件轮廓的具体编程方法。

**1. 接近工件轮廓编程**

按照接近轮廓轨迹是线段还是圆弧，切入轨迹与工件第一轮廓是相切还是垂直，分下列四种类型。

（1）直线相切切入　直线相切切入方式接近工件轮廓的走刀轨迹为折线，刀具先从起点 $P_S$运动到辅助点 $P_H$，且在此过程中激活刀具半径补偿功能；再从 $P_H$切向切入第一个轮廓点 $P_A$，如图3-6所示。编程时需要确定的参数有：起点 $P_S$的坐标、轮廓切入点 $P_A$的坐标、切入轮廓的线段长度 $P_HP_A$（LEN值）及刀具半径补偿类型等。两线段轨迹的拐点 $P_H$坐标不需要编程人员考虑，由系统自动确定。编程步骤如下：

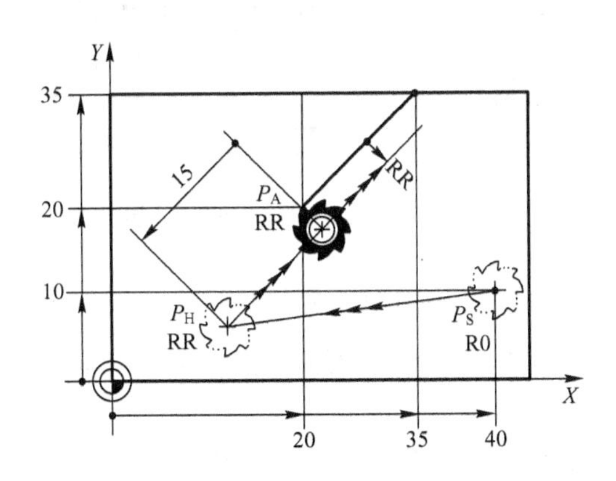


图3-6　直线相切接近轮廓示例

1）确定起点 $P_S$。

2）用【APPR/DEP】键和软键［APPR LT］启动对话。

① 输入第一轮廓点 $P_A$坐标。

② 输入切入线段的路径长度LEN值，即 $P_HP_A$线段长度。

③ 确定半径补偿类型RL或RR。

④ 选取进给率F值。

图3-6所示直线相切接近工件轮廓的程序为：

17　L　X+40　Y+10　R0　FMAX　（输入起点 $P_S$坐标）

18　APPR　LT　X+20　Y+20　LEN15　RR　F100　（输入切入点 $P_A$ 坐标、切入线段长 $P_HP_A$ 和刀具半径补偿类型 RR）

19　L　X+35　Y+35　（输入第一轮廓元素终点坐标）

☞ 使用【APPR/DEP】键编程时，点的名称说明：$P_S$ 为起点，$P_A$ 为轮廓切入点或轮廓起点，$P_H$ 为辅助点，$P_E$ 为轮廓切出点或轮廓终点（图 3-10），$P_N$ 为终点。

☞ 一般起点与终点取同一点；切入点与切出点取同一点，并在轮廓上。

（2）直线法向切入 APPR LN 直线法向切入方式与直线相切切入方式的区别为切入轨迹 $P_HP_A$ 垂直于工件第一条轮廓线，$P_A$ 为垂足。法向切入路径一般不采用，会影响工件表面质量。

图 3-7 所示直线法向接近工件轮廓的程序为：

17　L　X+40　Y+10　R0　FMAX　（输入起点 $P_S$ 坐标）

18　APPR　LN　X+10　Y+20　LEN15　RR　F100　（输入第一轮廓起点 $P_A$ 坐标、切入线段长 $P_HP_A$ 和刀具半径补偿类型 RR）

19　L　X+20　Y+35　（输入第一轮廓元素终点坐标）

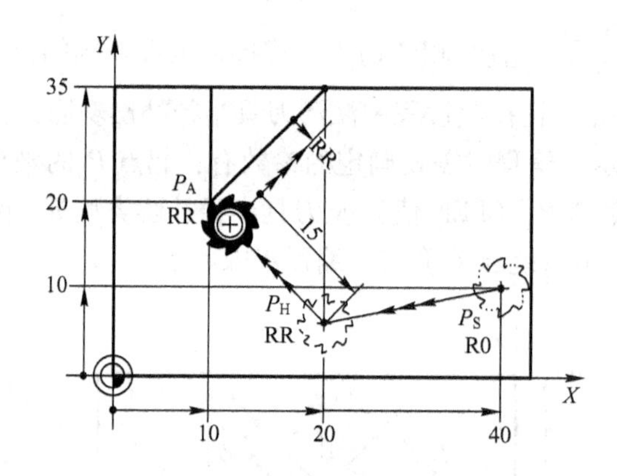


图 3-7　直线法向接近轮廓示例

（3）圆弧相切切入 APPR CT 圆弧相切切入方式与直线相切切入方式的区别为切入段轨迹 $P_HP_A$ 由线段变为圆弧，辅助点 $P_H$ 为直线与圆弧交点，编程步骤为：

1）确定起点 $P_S$。

2）用【APPR/DEP】键和软键［APPR CT］启动对话。

① 输入第一轮廓起点 $P_A$ 坐标。

② 输入圆弧半径 R 值。

③ 输入圆弧的圆心角 CCA（CCA 为正值，≤360°）。

④ 确定半径补偿类型 RL 或 RR。

⑤ 确定进给率 F 值。

☞ 圆弧半径 R 有正负之分，确定方法为：如果刀具沿半径补偿的方向接近工件，R 取正值；如果刀具沿半径补偿相反的方向接近工件，R 取负值。

图 3-8 所示圆弧相切接近工件轮廓的程序为：

17　L　X+40　Y+10　R0　FMAX　（输入起点 $P_S$ 坐标）

18 APPR CT X+10 Y+20 CCA180 R+10 RR F100 （输入轮廓切入点 $P_A$ 坐标、圆心角 CCA、半径 R 和刀具半径补偿类型 RR）

19 L X+20 Y+35 （输入第一轮廓元素终点坐标）

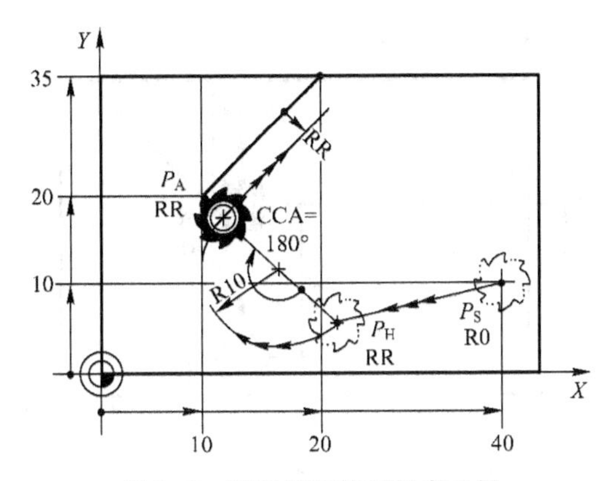


图 3-8 圆弧相切接近轮廓示例

☞ $P_H$ 到 $P_A$ 的圆弧由半径 R 和圆心角 CCA 决定。圆弧旋转方向由第一轮廓元素的刀具路径自动计算得到。

（4）双相切圆弧切入 APPR LCT 双相切圆弧切入方式与圆弧相切切入方式相似，不同的是辅助点 $P_H$ 从交点变为切点。图 3-9 所示，采用圆弧双相切接近工件轮廓的程序为：

17 L X+40 Y+10 R0 FMAX （输入起点 $P_S$ 坐标）

18 APPR LCT X+10 Y+20 R10 RR F100 （输入切入点 $P_A$ 坐标、半径 R 和刀具半径补偿类型 RR）

19 L X+20 Y+35 （输入第一轮廓元素终点坐标）

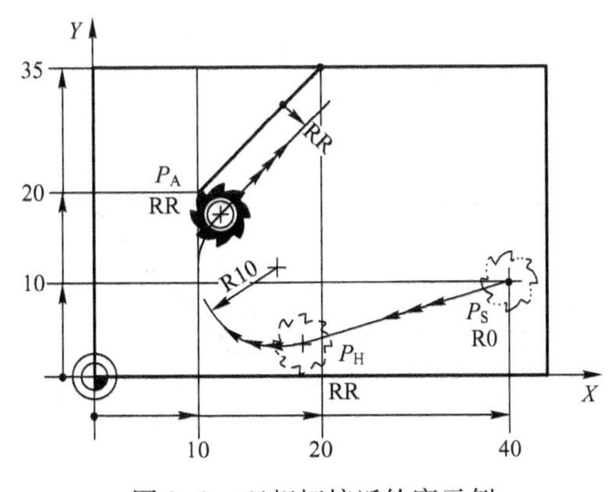


图 3-9 双相切接近轮廓示例

**2. 离开工件轮廓编程**

刀具离开工件轮廓的方式比接近工件轮廓的方式简单，有单线段切向或法向切出，单圆弧切出及双相切圆弧切出。与切入方式不同的是离开工件轮廓的 DEP 程序段将自动取消刀具补偿功能，不需要再写 R0。下面对常用的几种方式作简要说明。

（1）直线相切切出 DEP LT 图 3-10 所示直线相切离开工件轮廓的程序为：

23　L　Y+20　（输入轮廓终点 $P_E$ 坐标）

24　DEP　LT　LEN12.5　（输入切出线段长）

25　L　Z+100　FMAX　M2　（沿 $Z$ 轴退刀，程序结束）

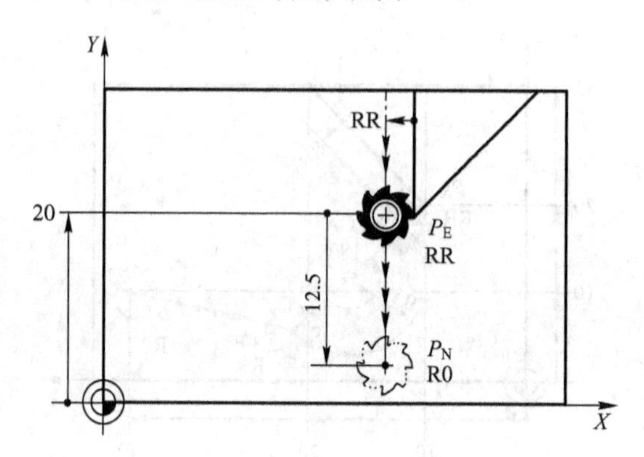


图 3-10　直线相切离开轮廓示例

（2）相切圆弧切出　采用相切圆弧离开工件轮廓的切出方式，其编程步骤为：

1）输入轮廓终点 $P_E$ 坐标。

2）用【APPR/DEP】键和软键［DEP CT］启动对话。

① 输入圆心角 CCA 角度。

② 输入圆弧半径 R 值（如果刀具沿半径补偿方向离开工件，R 取正值；如果刀具沿半径补偿相反方向离开工件，R 取负值）。

☞ 按［DEP CT］软键切出工件轮廓的方式不需要确定终点 $P_N$ 坐标。

图 3-11 所示圆弧相切离开工件轮廓的程序为：

23　L　Y+20　（输入轮廓终点 $P_E$ 坐标）

24　DEP　CT　CCA180　R+8　（输入圆心角和圆弧半径值）

25　L　Z+100　FMAX　M2　（沿 $Z$ 轴退刀，程序结束）

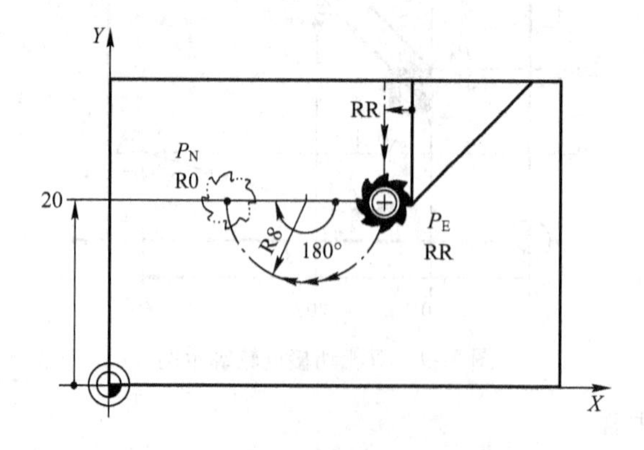


图 3-11　圆弧相切离开轮廓示例

（3）双相切圆弧切出　采用双相切方式离开工件轮廓时，刀具运动过程为：由最后一个轮廓点 $P_E$ 沿圆弧运动到辅助点 $P_H$，然后沿与切出圆弧相切的直线运动到终点 $P_N$，编程步骤如下：

1）输入切出点 $P_E$（轮廓终点）。

2）用【APPR/DEP】键和软键［DEP LCT］启动对话。

① 输入终点 $P_N$ 坐标。

② 输入圆弧半径 R 值，R >0。

如图 3-12 所示，双相切离开工件轮廓的程序为：

23 L Y+20 （输入最后一个轮廓元素终点 $P_E$ 坐标）
24 DEP LCT X+10 Y+12 R+8 （输入终点 $P_N$ 坐标和圆弧半径值）
25 L Z+100 FMAX M2 （沿 Z 轴退刀，程序结束）

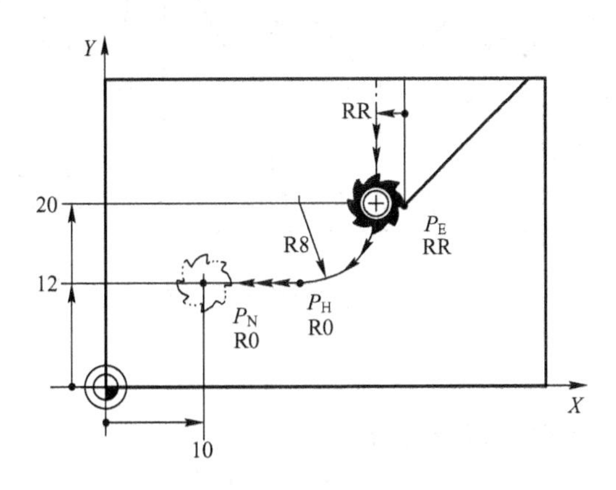


图 3-12 双相切圆弧离开轮廓示例

### 3. 程序基本格式

应用【APPR/DEP】功能编程，其程序的基本格式见表 3-4。

表 3-4 轮廓编程程序基本格式（用接近/离开轮廓功能）

| 程序段号 | 程 序 | 说 明 |
|---|---|---|
| 0 | BEGIN PGM （文件名） MM | 程序开始 |
| 1 | BLK FORM 0.1 （刀轴） X__ Y__ Z__ | 定义毛坯最小点坐标 |
| 2 | BLK FORM 0.2 X__ Y__ Z__ | 定义毛坯最大点坐标 |
| 3 | TOOL CALL （刀具编号） （刀轴） S__ | 调用刀具 |
| 4 | L Z+__ R0 FMAX M__ | 刀具移至第二安全高度或初始平面 |
| 5 | L X__ Y__ R0 FMAX | 刀具水平定位至起点或下刀点 |
| 6 | L Z+__ R0 FMAX | 刀具至安全高度或 R 平面 |
| 7 | L Z-__ F__ | 下刀 |
| 8 | APPR LT/LN/CT/LCT X__ Y__...RL/RR F__ | 刀具接近或切入工件轮廓 |
|  | ... | 按轮廓编程 |
|  | DEP LT/LN/CT/LCT | 离开或切出工件轮廓<br>自动取消刀具半径补偿功能 |
|  | L Z+__ R0 FMAX M30 | 沿 Z 轴退刀，程序结束 |
|  | END PGM （文件名） MM | 程序结束说明 |

【训练】如图3-13所示，应用【APPR/DEP】功能编制铣削正方形轮廓的程序，毛坯尺寸为100 mm×100 mm×20 mm。

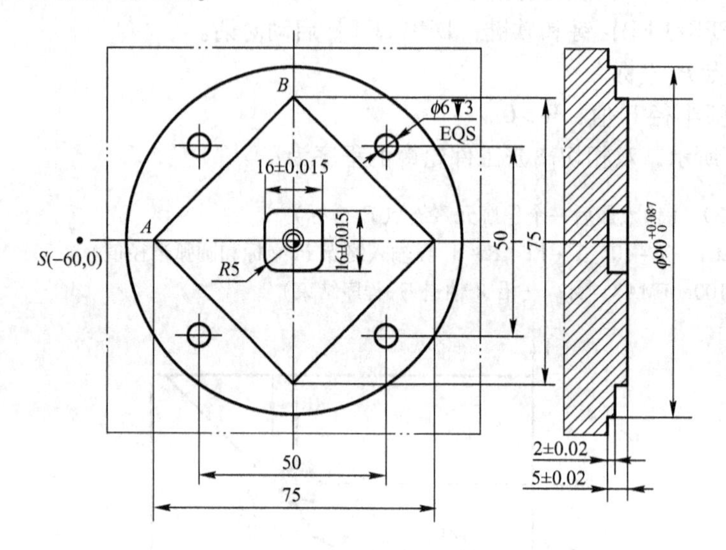


图3-13 正方形轮廓编程实例

**参考程序：**

```
0  BEGIN  PGM  ZFX1  MM  （程序开始）
1  BLK  FORM  0.1  Z  X-50  Y-50  Z-20  （定义毛坯）
2  BLK  FORM  0.2  X+50  Y+50  Z+0
3  TOOL  CALL  8  Z  S2000  （调用刀具）
4  L  Z+100  R0  FMAX  M3  （刀具移至第二安全高度）
5  L  X-60  Y+0  R0  FMAX  （刀具水平移至下刀点S）
6  L  Z+2  R0  FMAX  （刀具至安全高度）
7  L  Z-3  R0  F200  （下刀）
8  APPR  LCT  X-37.5  Y+0  R3  RL  F350  （双相切切入轮廓,激活刀具半径补偿功能RL）
9  L  X+0  Y+37.5  （铣AB段）
10  L  X+37.5  Y+0
11  L  X+0  Y-37.5
12  L  X-37.5  Y+0  （轮廓终点A）
13  DEP  LCT  X-60  R3  （双相切方式切出轮廓,取消刀具半径补偿功能）
14  L  Z+100  R0  FMAX  M30  （沿Z轴退刀,结束程序）
15  END  PGM  ZFX1  MM
```

## 3.4 倒角/倒圆角编程

倒角/倒圆角的轮廓编程常用简化编程指令，以满足图样尺寸标注要求，并减少或避免基点计算。例如加工倒圆角正六边形，用倒圆角指令编程，只要计算六个顶点的坐标，就可以编程，而不用计算切点坐标，这样就避免了基点坐标的繁琐计算，并简化了程序。

**1. 倒角编程**

工件轮廓有倒角时，可用倒角简化编程指令编程。如图 3-14 所示，倒角编程的程序格式为：

L　X__　Y__　（输入角起始边起点 $P_1$ 坐标）
L　X__　Y__　（输入角顶点 $P_2$ 坐标）
CHF__　F__　（输入倒角边长及进给率）
L　X__　Y__　（输入角终边上的点 $P_3$ 坐标）

☞ CHF 程序段中的进给率 F 只在本程序段有效，为非模态指令。
☞ 该简化编程格式只适用于倒去的两边相等的倒角轮廓编程。

图 3-15 所示倒角编程如下：

17　L　X+0　Y+30　RL　F300
18　L　X+40　IY+5　（输入角顶点,即轮廓线交点坐标）
19　CHF　12　F200　（输入倒角的边长）
20　L　IX+5　Y+0

☞ 倒角程序段的 F200 为非模态的，N18、N20 程序段的进给率为 F300。

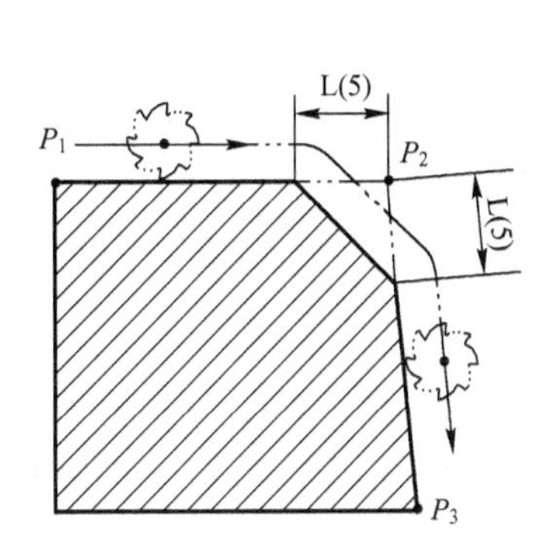

图 3-14　倒角编程格式示意图

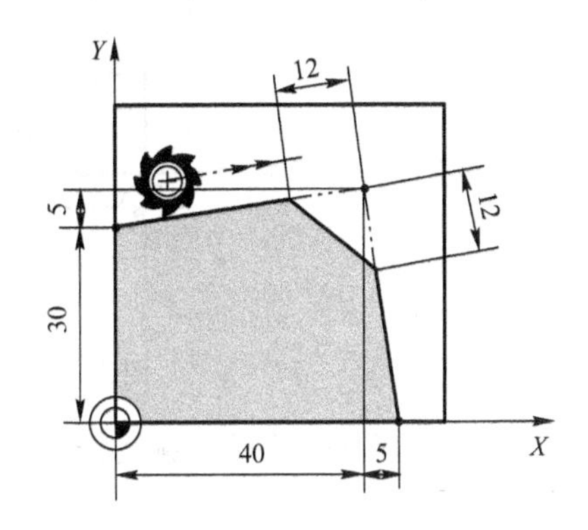

图 3-15　倒角编程示例

**2. 倒圆角编程**

工件轮廓有倒圆角时，可用倒圆角简化编程指令编程。如图 3-16 所示，倒圆角编程格式为：

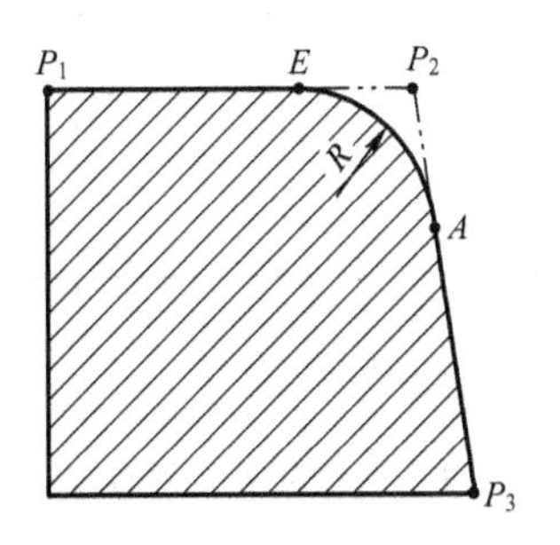

图 3-16　倒圆角格式示意图

L X_ Y_ （输入角起始边上的点 $P_1$坐标）
L X_ Y_ （输入角顶点 $P_2$坐标）
RND R_ F_ （输入倒圆角半径值及进给率）
L X_ Y_ （输入角终边上的点 $P_3$坐标）

☞ 倒圆角指令的走刀轨迹为"直线—圆弧—直线"。

☞ RND 程序段中的进给率 F 仅在本程序段有效，即此处的 F 为非模态指令。

☞ 倒圆角指令编程必须提供三个点坐标：角起始边点、顶点和角终边点。

图 3-17 所示倒圆角编程如下：

15 L X+10 Y+40 RL F300 （输入角起始边上的点坐标）
16 L X+40 Y+25 （输入角顶点坐标）
17 RND R5 F200 （输入倒圆角半径值）
18 L X+10 Y+5 （输入角终边上的点坐标）

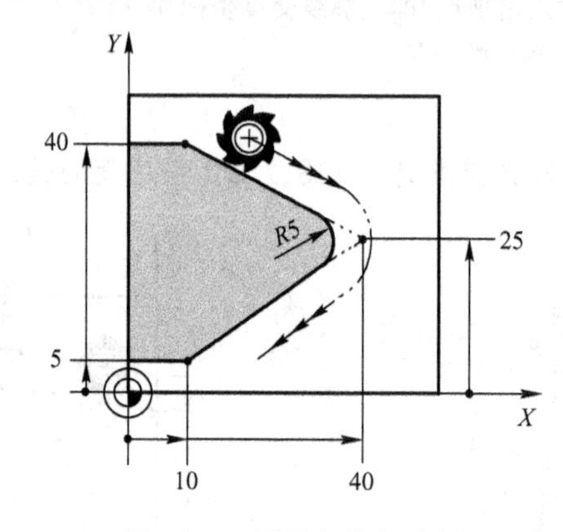


图 3-17 倒圆角编程示例

【训练】用倒角/倒圆角指令编制铣削图 3-18 所示轮廓的程序，毛坯尺寸为 100 mm × 100 mm × 20 mm。

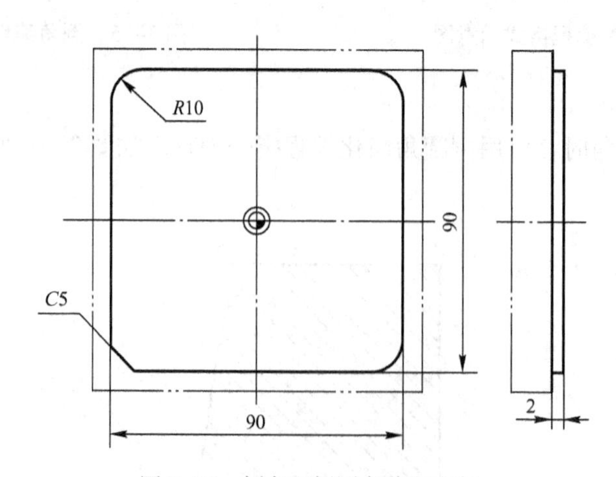


图 3-18 倒角和倒圆角编程实例

**参考程序：**

0 BEGIN PGM ZFX2 MM （程序开始）

```
1  BLK  FORM  0.1  Z  X-50  Y-50  Z-20  (定义毛坯)
2  BLK  FORM  0.2  X+50  Y+50  Z+0
3  TOOL  CALL  8  Z  S2000  (调用刀具)
4  L  Z+100  R0  FMAX  M3  (刀具移至第二安全高度)
5  L  X-60  Y-60  R0  FMAX  (刀具水平移至下刀点)
6  L  Z+2  R0  FMAX  (刀具至安全高度)
7  L  Z-2  R0  F200  (下刀)
8  APPR  LT  X-45  Y-40  LEN15  RL  F350  (双相切切入轮廓,激活刀具半径补偿功能 RL)
9  L  X-45  Y+45  (左上角角顶点坐标)
10  RND  R10  F200  (倒圆角)
11  L  X+45  Y+45  (右上角角顶点坐标)
12  RND  R10  F200  (倒圆角)
13  L  X+45  Y-45  (右下角角顶点坐标)
14  RND  R10  F200  (倒圆角)
15  L  X-45  Y-45  (左下角角顶点坐标)
16  CHF  5  F200  (倒角)
17  L  Y-40  (左下角终边点坐标)
18  DEP  LCT  X-60  R3  (双相切切出轮廓,取消刀具半径补偿功能)
19  L  Z+100  R0  FMAX  M30  (沿 Z 轴退刀,结束程序)
20  END  PGM  ZFX1  MM
```

注：程序段 8 提供了左上角起始边点的坐标，程序段 11 提供了左上角终边点的坐标。

【综合训练】采用切入（切出）和倒角（倒圆角）指令编制图 3-19 所示轮廓的铣削程序，毛坯尺寸为 100 mm×100 mm×20 mm。

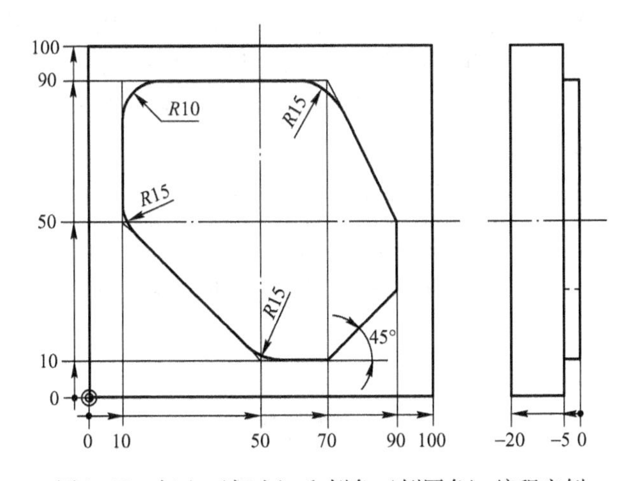


图 3-19　切入（切出）和倒角（倒圆角）编程实例

**参考程序：**

```
0  BEGIN  PGM  QBX  MM
1  BLK  FORM  0.1  Z  X+0  Y+0  Z-20
2  BLK  FORM  0.2  X+100  Y+100  Z+0
3  TOOL  CALL  8  Z  S3000
```

```
4  L  Z+100  R0  FMAX  M3
5  L  X-10  Y+70  R0  FMAX  (下刀点)
6  L  Z+2  R0  FMAX
7  L  Z-5  R0  F200  (下刀)
8  APPR  LCT  X+10  Y+70  R3  RL  F500  (切入轮廓)
9  L  Y+90
10  RND  R10  F300
11  L  X+70
12  RND  R15  F300
13  L  X+90  Y+50
14  L  Y+10
15  CHF  20  F300
16  L  X+50
17  RND  R15  F300
18  L  X+10  Y+50
19  RND  R15  F300
20  L  Y+70  (轮廓终点)
21  DEP  LCT  X-10  R3  (切出轮廓)
22  L  Z+100  R0  FMAX  M2
23  END  PGM  QBX  MM
```

## 3.5 圆弧轮廓编程

圆弧轮廓是基本的轮廓元素，TNC 系统提供了三种刀具铣削圆弧轮廓的编程方式，分别是已知圆心的圆弧轮廓，已知半径的圆弧轮廓，已知与前一轮廓元素相切的圆弧轮廓。三种方式都需要圆弧轮廓的终点坐标，圆弧轮廓的编程方法说明如下。

**1. 已知圆心的圆弧轮廓编程**

(1) 编程格式　如图 3-20 所示，已知圆心的圆弧轮廓的编程格式为：

```
CC  X_  Y_  (输入圆弧轮廓的圆心坐标,有三种方式)
C  X_  Y_  DR±  (输入圆弧轮廓的终点坐标,走刀方向:逆时针为 DR+,顺时针为 DR-)
```

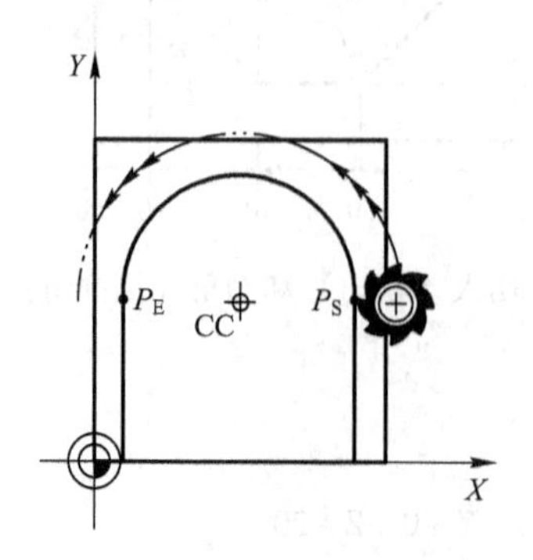


图 3-20　已知圆心的圆弧轮廓编程示意图

（2）编程步骤　已知圆心的圆弧轮廓的编程步骤为：

1）按[CC]键，输入圆弧轮廓的圆心坐标。可用绝对坐标、相对坐标及模态默认方式输入。

方式1：CC　X__　Y__　（输入圆心的**绝对坐标**）
方式2：CC　IX__　IY__　（输入圆心相对于最后一个编程位置的**相对坐标**）
方式3：CC　（**模态默认**,以最后一个编程位置作为圆心）

2）按[C]键，输入圆弧轮廓的终点坐标及走刀方向。

C　X__　Y__　DR ±　（X、Y 为终点坐标;走刀方向:DR + 表示逆时针走刀,DR - 表示顺时针走刀）

图 3-21 所示为已知圆心的圆弧轮廓，编程如下：

L　X +45　Y +25　（输入圆轮廓的起点坐标）
CC　X +25　Y +25　（输入圆心坐标）
C　X +45　Y +25　DR -　（输入圆轮廓的终点坐标,顺时针走刀方向）

**2. 已知半径的圆弧轮廓编程**

（1）编程格式　如图 3-22 所示，已知半径的圆弧轮廓编程格式为：

CR　X__　Y__　R ± __　DR ±　（输入圆弧轮廓的终点坐标、半径和走刀方向）

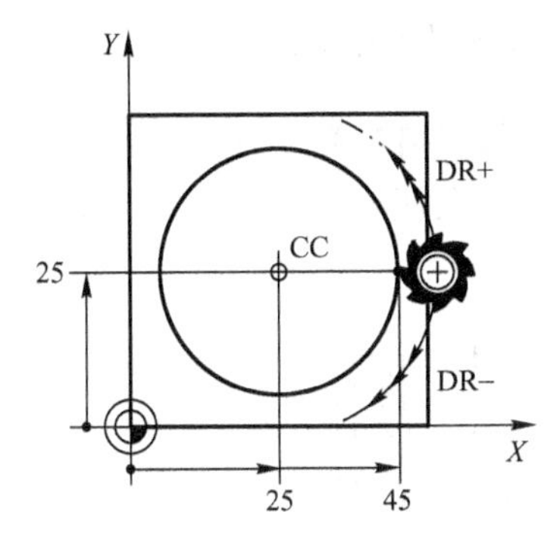


图 3-21　圆轮廓编程示例

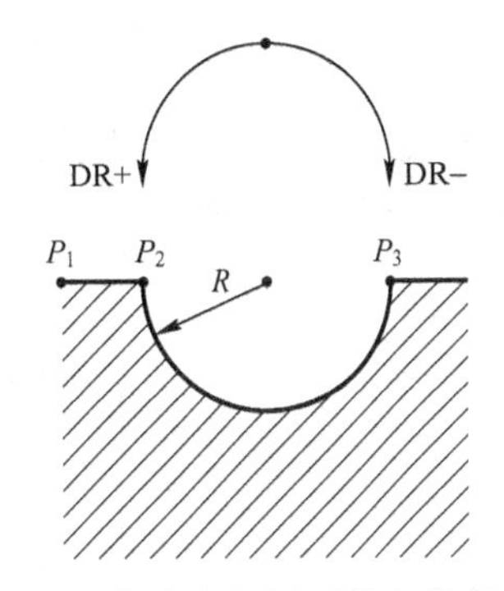


图 3-22　已知半径的圆弧轮廓编程示意图

说明：

① X、Y 为圆弧轮廓的终点 $P_3$ 坐标。

② R 为圆弧轮廓的半径，R + 表示轮廓圆弧为劣弧（圆心角≤180°），R - 表示轮廓圆弧为优弧。

③ DR 为走刀方向，DR + 表示逆时针走刀，DR - 表示顺时针走刀。

④ R 与 DR 正负取法如图 3-23 所示。

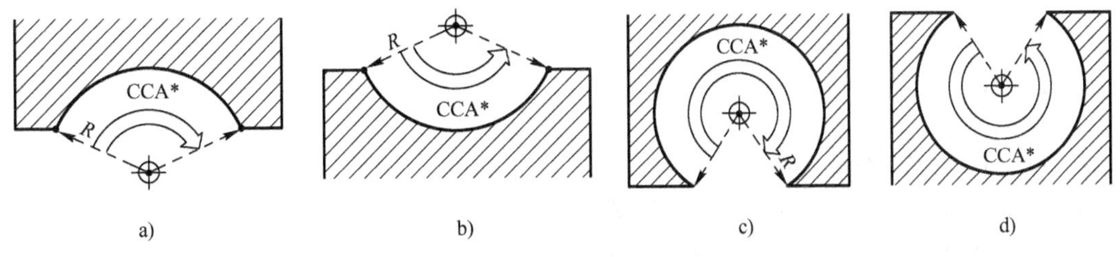


图 3-23　R 和 DR 正负规定
a）R +，DR -　b）R +，DR +　c）R -，DR -　d）R -，DR +

☞ CCA 表示圆心角（Circle Center Angle）。

（2）编程步骤

按 CR 键，输入圆弧的终点坐标、半径和走刀方向。

如图 3-24 所示，已知半径的圆轮廓，编程如下：

```
L   X+45   Y+25   (输入圆的起点坐标)
CR   X+25   Y+5   R20   DR-   (输入 A 点坐标、圆弧半径和走刀方向)
CR   X+45   Y+25   R-20   DR-   (至终点)
```

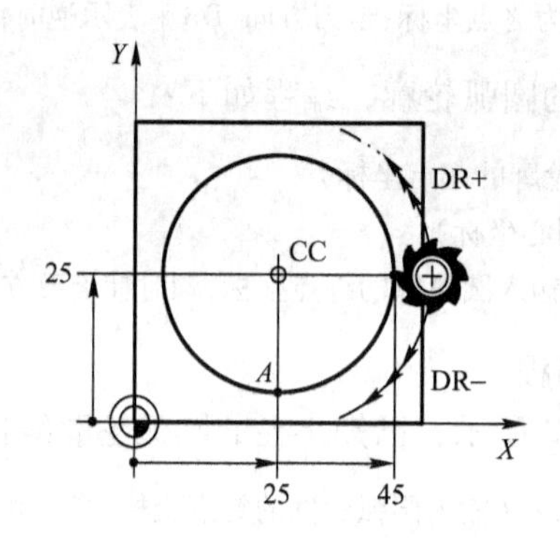


图 3-24　已知半径的圆轮廓编程示例

☞ CR 圆弧编程方法不能直接编整圆轮廓，须把整圆轮廓分为圆弧轮廓后再编程。

【训练】编制图 3-25 所示型腔轮廓的加工程序，毛坯尺寸为 150 mm×100 mm×20 mm。

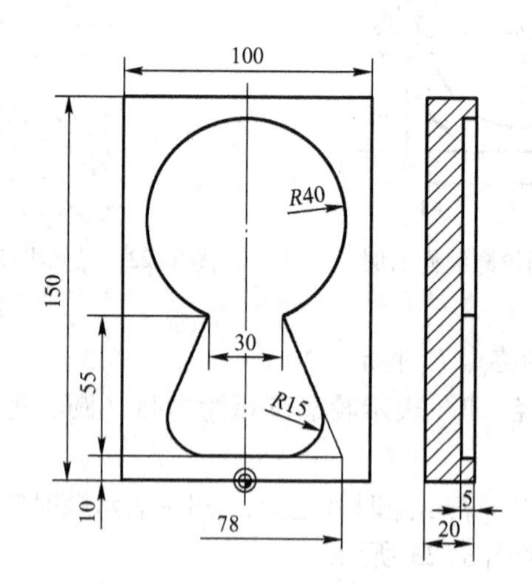


图 3-25　已知半径的圆弧编程实例

**参考程序：**

```
0   BEGIN   PGM   YZBJ   MM
1   BLK   FORM   0.1   Z   X-50   Y+0   Z-20
2   BLK   FORM   0.2   X+50   Y+150   Z+0
3   TOOL   CALL   8   Z   S2500
```

```
4  L  Z+100  R0  FMAX  M3
5  L  X+0  Y+30  R0  FMAX  (下刀点)
6  L  Z+2  R0  FMAX
7  L  Z-5  R0  F200
8  APPR  LCT  X+0  Y+10  R3  RL  F500  (切入轮廓)
9  L  X+39
10  RND  R15  F300
11  L  X+15  Y+65
12  CR  X-15  R-40  DR+  (圆弧轮廓)
13  L  X-39  Y+10
14  RND  R15  F300
15  L  X+0
16  DEP  LCT  X+0  Y+30  R3  (切出轮廓)
17  L  Z+100  R0  FMAX  M2
18  END  PGM  YZBJ  MM
```

**3. 已知相切的圆弧轮廓编程**

相切圆弧轮廓指与前一轮廓元素有相切关系的圆弧轮廓。该轮廓的圆弧起点为切点。如图 3-26 所示，圆弧轮廓的起点 $P_2$为切点，$P_2P_3$则为相切圆弧轮廓。相切圆弧轮廓的编程比较简单，按路径键CT，启动相切圆弧轮廓编程，再输入圆弧轮廓的终点坐标。编程格式如下：

```
CT  X__  Y__  (输入圆弧轮廓的终点坐标)
```

如图 3-27 所示，相切圆弧轮廓的编程如下：

```
17  L  X+0  Y+25
18  L  X+25  Y+30  (输入圆弧轮廓起点,即切点坐标)
19  CT  X+45  Y+20  (输入圆弧轮廓终点坐标)
20  L  Y+0
```

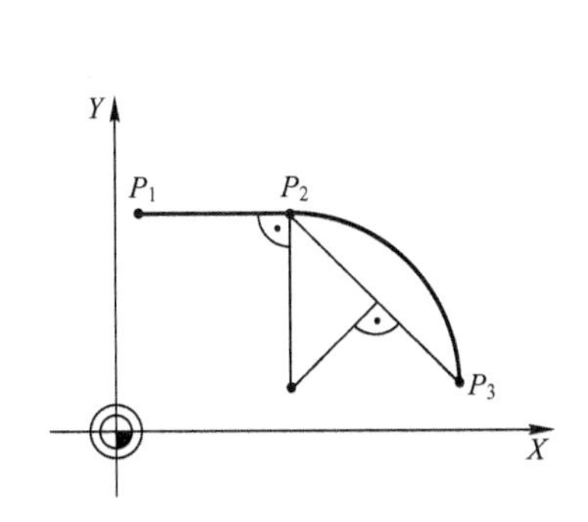

图 3-26　已知相切圆弧轮廓的编程示意图

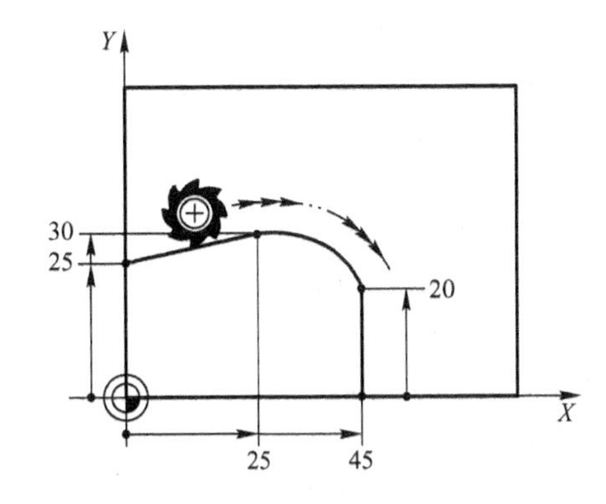

图 3-27　已知相切的圆弧轮廓编程示例

【综合训练】编制图 3-28 所示凸台轮廓的加工程序，毛坯尺寸为 100 mm × 100 mm × 20 mm。

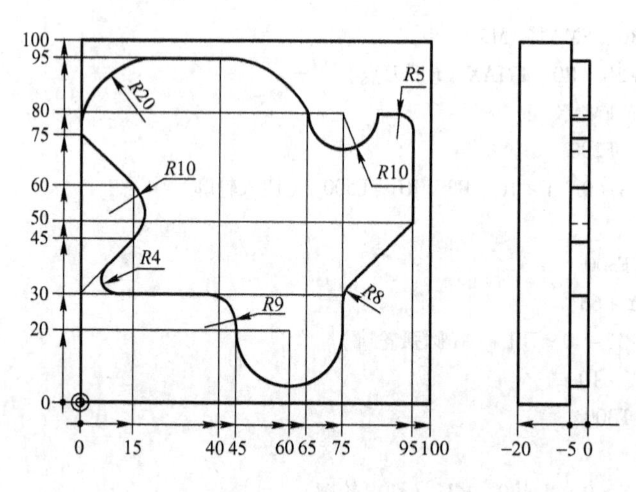


图 3-28　圆弧综合编程实例

**参考程序:**

```
0  BEGIN  PGM  ZHYH  MM
1  BLK  FORM  0.1  Z  X+0  Y+0  Z-20
2  BLK  FORM  0.2  X+100  Y+100  Z+0
3  TOOL  CALL  7  Z  S3000
4  L  Z+100  R0  FMAX  M3
5  L  X+20  Y-10  R0  FMAX  (下刀点)
6  L  Z+2  R0  FMAX
7  L  Z-5  R0  F200  (下刀)
8  APPR  LCT  X+20  Y+30  R3  RL  F450  (切入轮廓)
9  L  X+0
10  RND  R4  F300
11  L  X+15  Y+45
12  CR  X+15  Y+60  R+10  DR+
13  L  X+0  Y+75
14  CR  X+20  Y+95  R+20  DR-
15  L  X+40
16  CT  X+65  Y+80
17  CC  X+75  Y+80
18  C  X+85  DR+
19  L  X+95
20  RND  R5  F300
21  L  Y+50
22  L  X+75  Y+30
23  RND  R8  F300
24  L  Y+20
25  CC  X+60  Y+20
26  C  X+45  Y+20  DR-
```

```
27 L Y+30
28 RND R9 F350
29 L X+20 （轮廓终点）
30 DEP LCT X+20 Y-10 R3 （切出轮廓）
31 L Z+100 R0 FMAX M2
32 END PGM ZHYH MM
```

**练一练**

1. 编制图 3-29 所示工件的加工程序，毛坯尺寸为 100 mm × 100 mm × 25 mm。

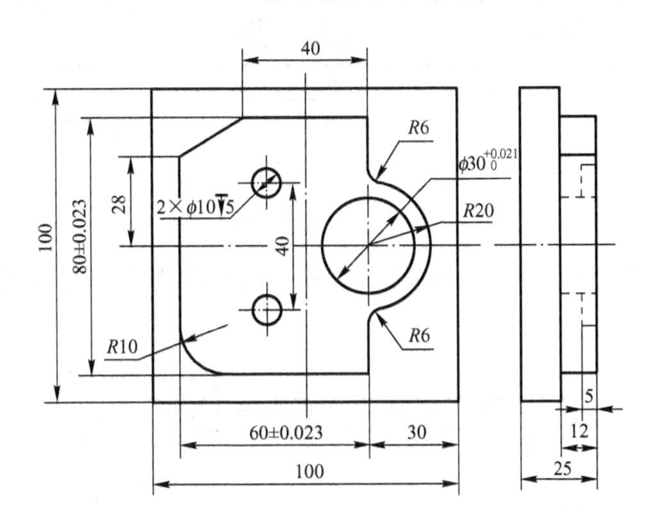


图 3-29 练习图 1

2. 编制图 3-30 所示工件的加工程序，毛坯尺寸为 100 mm × 100 mm × 30 mm。

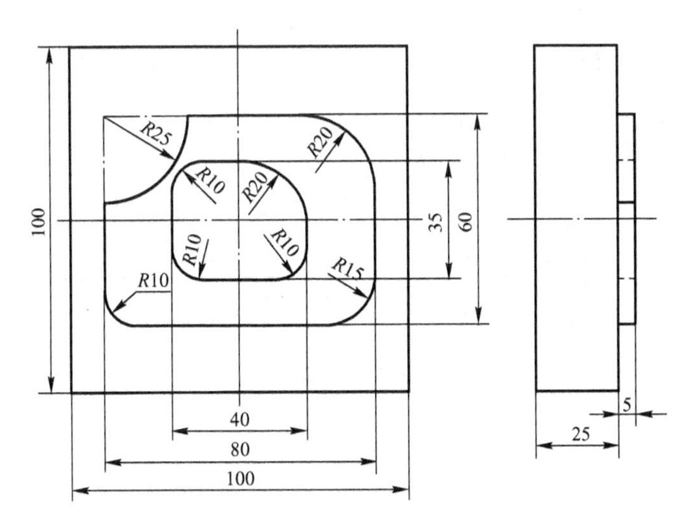


图 3-30 练习图 2

3. 编制图 3-31 所示工件的加工程序，毛坯尺寸为 100 mm × 100 mm × 35 mm。

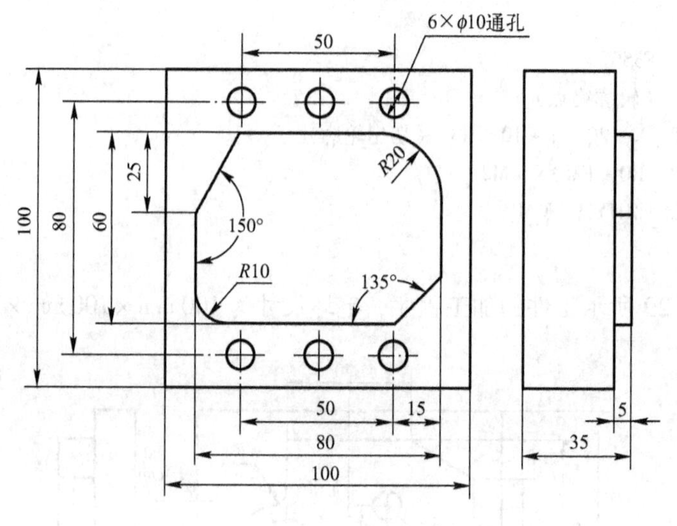


图 3-31　练习图 3

4. 编制图 3-32 所示工件凸台的加工程序。凸台高为 3 mm，毛坯尺寸为 150 mm × 150 mm × 20 mm。

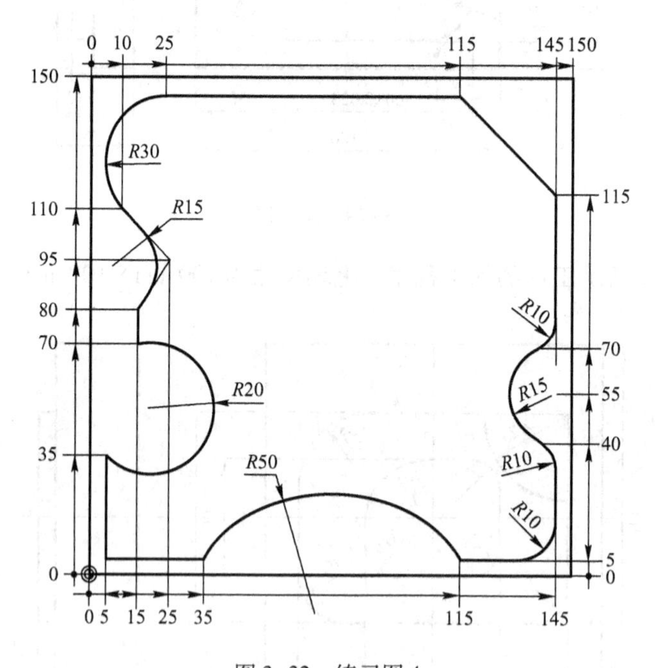


图 3-32　练习图 4

# 第4章　极坐标编程

## 4.1　极坐标编程基础

极坐标系是平面坐标系，通过角度与长度来确定点的坐标。如图4-1所示，在平面内取一定点$O$，引一条向右的水平射线$OX$，再选定一个长度单位和角度的正方向（通常取逆时针方向）就建立了极坐标系。定点$O$称为极点，射线$OX$称为极轴。如图4-2所示，对于平面内任何一点$P$，用$\rho$表示线段$OP$的长度，$\theta$表示从$OX$到$OP$的角度，$\rho$称为点$P$的极径，$\theta$称为点$P$的极角，有序数对（$\rho$，$\theta$）即为点$P$的极坐标。

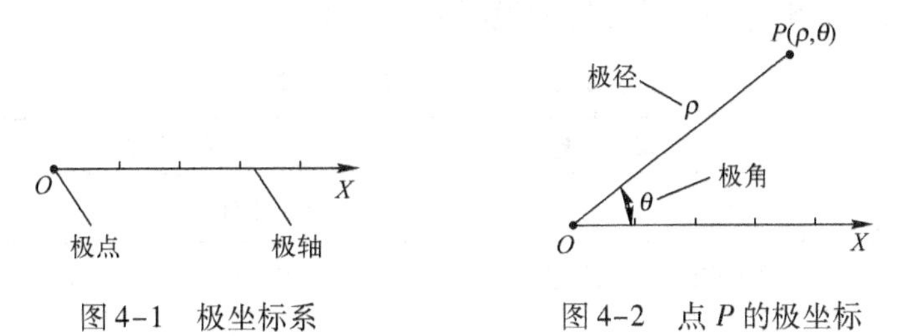


图4-1　极坐标系　　图4-2　点$P$的极坐标

如果在直角坐标系中定义极坐标系，必须先定义极点$O$，再根据平面直角坐标系确定极轴。海德汉TNC系统中规定：在$XOY$平面，极轴平行于$X$轴；在$YOZ$平面，极轴平行于$Y$轴；在$ZOX$平面，极轴平行于$Z$轴，如图4-3所示。因此，在TNC系统中定义了极点就定义了极坐标系。

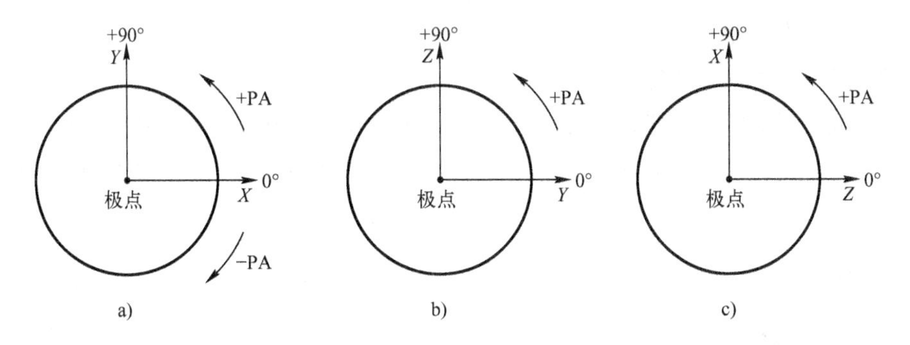


图4-3　参考平面极轴规定

a）$XOY$平面角度参考轴为$X$轴　b）$YOZ$平面角度参考轴为$Y$轴　c）$ZOX$平面角度参考轴为$Z$轴

在编程时要定义极点，只要按键，输入极点的坐标就可以。例如在图4-3a所示的$XOY$平面内定义极点，按键，输入极点的X、Y坐标，就完成极点的定义。极点坐标输入方式有以下三种：

绝对方式：CC X__ Y__ （X、Y 为直角坐标系中极点的直角坐标）
增量方式：CC IX__ IY__ （用相对于前一路径终点的增量坐标来定义极点）
模态方式：CC （前一路径的终点位置为极点）

☞ 只能在直角坐标中定义极点 CC。

☞ 定义极点编程不会导致刀具运动。

☞ 定义新极点之前，原极点 CC 始终有效。

## 4.2 极坐标编程功能键及编程方法步骤

有些轮廓采用极坐标编程可以大大减少编程的计算工作量，因此，得到广泛的应用。通常情况下，圆周分布的孔类零件（如法兰），以及图样尺寸以半径和角度形式标注的零件（如正多边形），采用极坐标编程比较合适。

**1. 极坐标编程功能键**

极坐标编程时，要先按[CC]键定义极点坐标，然后按刀具轨迹键选择刀具路径，再按[P]键启动极坐标输入。极坐标编程功能键的说明见表 4-1。

**表 4-1 极坐标编程功能键**

| 键 | 功　能 | 输　入 | 显示或提示 |
|---|---|---|---|
| [CC] | 定义极点 | 极点坐标 | |
| [L] [P] | 刀具走直线路径或轨迹 | 极径和极角（终点坐标） | PR、PA |
| [C] [P] | 刀具走已知半径的圆弧路径或轨迹 | 极角和圆弧方向 | PA、DR ± |
| [CT] [P] | 刀具走相切圆弧路径或轨迹 | 极径和极角（终点坐标） | PR、PA |

**2. 极坐标编程的方法步骤**

（1）线性运动极坐标编程[L] [P] 如刀具直线运动，用极坐标编程的步骤如下：

1）按[CC]键，输入极点坐标，定义极点。

2）按[L]键，选择直线路径功能。

3）按[P]键，启动极坐标输入，按提示输入极径 PR 与极角 PA，如图 4-4 所示。

如图 4-5 所示，假如刀具从 1 点水平移到 2 点，再移到 3 点，用极坐标编程为：

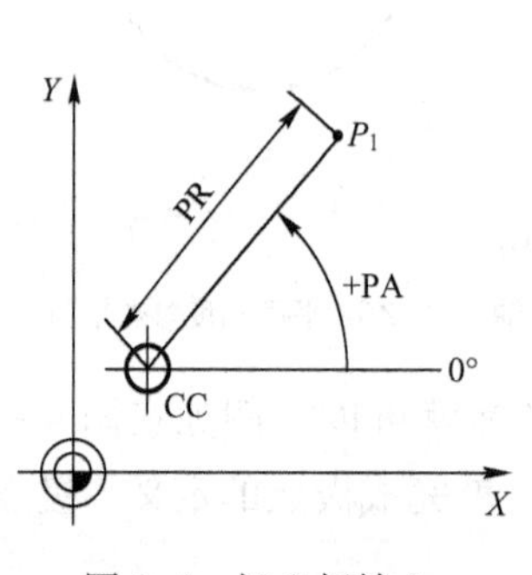

图 4-4 极坐标输入

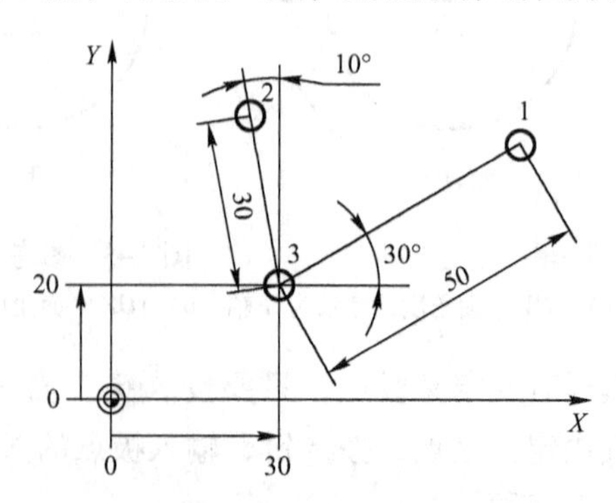

图 4-5 极坐标输入示例

CC　X+30　Y+20　（定义极点）

LP　PR+50　PA+30　R0　（刀具移至1点位置）

LP　PR+30　PA+100　R0　（刀具移至2点位置）

LP　PR+0　PA+0　R0　（刀具移至3点位置）

【训练】如图4-6所示，用极坐标编制铣削正六边形轮廓程序，毛坯尺寸为100 mm × 100 mm × 25 mm。

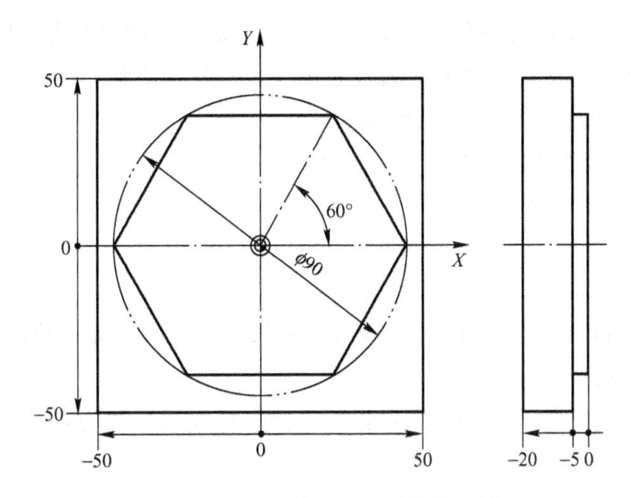


图4-6　正六边形极坐标编程实例

取正六边形的中心为极点，则六个顶点的极径相同，极角也易计算，且极角的增量相同。

**参考程序：**

```
0  BEGIN  PGM  LBXJZB  MM
1  BLK  FORM  0.1  Z  X-50  Y-50  Z-20
2  BLK  FORM  0.2  X+50  Y+50  Z+0
3  TOOL  CALL  8  Z  S3000
4  L  Z+100  R0  FMAX  M3
5  L  Z+2  R0  FMAX
6  L  Z-5  R0  F200
7  CC  X+0  Y+0  （定义极点）
8  L  X-60  Y0  R0  FMAX  （或 LP  PR60  PA-180  R0  FMAX 下刀点）
9  APPR  LCT  X-45  R3  RL  F350  （或 APPR  PLCT  PR+45  PA-180  R3  RL  F350
                                     切入轮廓）
10  LP  PR+45  PA+120
11  LP  PA+60
12  LP  PA+0
13  LP  PA-60
14  LP  PA-120
15  LP  PA-180
16  DEP  LCT  X-60  R3  （或 DEP  PLCT  PR+60  PA-180  R3  切出轮廓）
```

17 L Z+100 R0 FMAX M2
18 END PGM LBXJZB MM

思考：程序段11～15如用极坐标增量方式应怎么编程?

☞ 直角坐标与极坐标可混合编程，按方便选取，如程序段9，可以用直角坐标编程，也可以用极坐标编程。

☞ 坐标字为模态指令，PR+45在程序段11～15省略。

（2）已知半径的圆弧运动的极坐标编程 [C] [P] 如刀具做圆弧运动，且已知圆弧的半径，用极坐标编程时，通常定义圆弧的圆心为极点，其编程步骤如下：

1）按[CC]键，输入极点坐标，定义极点。

2）按[C]键，选择圆弧路径功能。

3）按[P]键，启动极坐标。

① 输入极角PA。

② 输入圆弧走刀方向DR，顺时针用DR-，逆时针用DR+。

☞ 对圆弧轮廓用极坐标编程时，虽然已知半径，但启用的路径功能键为[C]，不是已知半径的路径功能键[CR]。

如图4-7所示，铣削已知半径的圆弧轮廓，极坐标编程格式为：

CC X_ Y_ （定义极点）
CP PA_ DR_ （圆弧轮廓，输入圆弧终点的极角和圆弧走刀方向）

如图4-8所示，半圆轮廓*AB*用极坐标编程如下：

18 CC X+25 Y+25 （以圆心为极点）
19 LP PR+20 PA+0 RR F260 （*A*点：圆弧起点）
20 CP PA+180 DR+ （*B*点：圆弧终点）

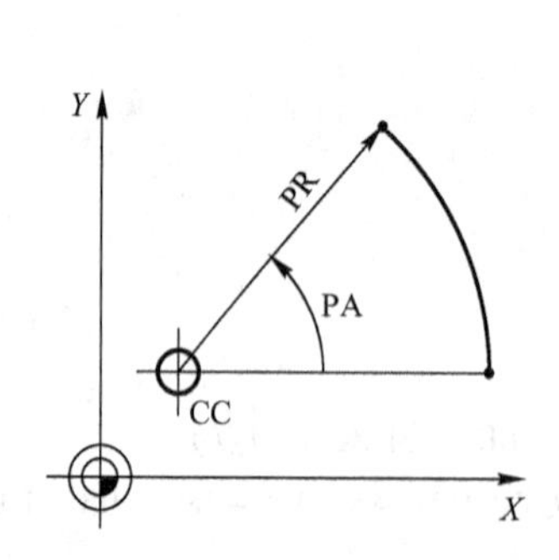


图4-7 圆弧轮廓的极坐标编程示意图

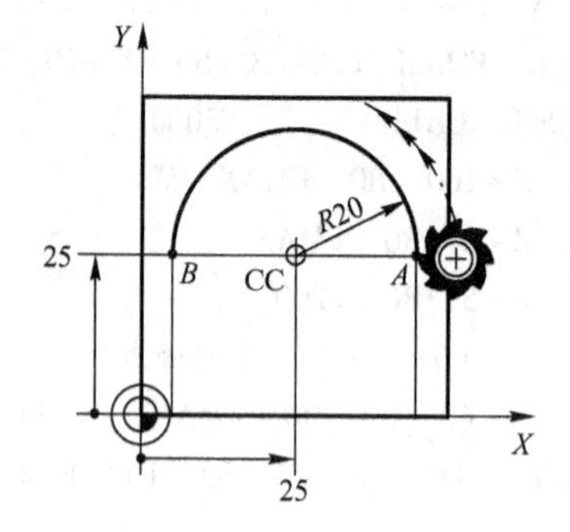


图4-8 圆弧轮廓的极坐标编程示例

【训练】用极坐标编制图4-9所示圆轮廓的程序，毛坯尺寸为100 mm×100 mm×20 mm。

**参考程序：**

0 BEGIN PGM ZYJZB MM
1 BLK FORM 0.1 Z X-50 Y-50 Z-20

```
2  BLK  FORM  0.2  X+50  Y+50  Z+0
3  TOOL  CALL  8  Z  S3000
4  L  Z+100  R0  FMAX  M3
5  CC  X+0  Y+0  (定义极点)
6  L  X-60  Y0  R0  FMAX  (水平移至下刀点)
7  L  Z+2  R0  FMAX
8  L  Z-5  R0  F200
9  APPR  LCT  X-45  R3  RL  F350  (切入工件轮廓)
10  CP  PA-180  DR-  (圆轮廓)
11  DEP  LCT  X-60  R3  (或DEP  PLCT  PR+60  PA-180  R3  切出工件轮廓)
12  L  Z+100  R0  FMAX  M2
13  END  PGM  ZYJZB  MM
```

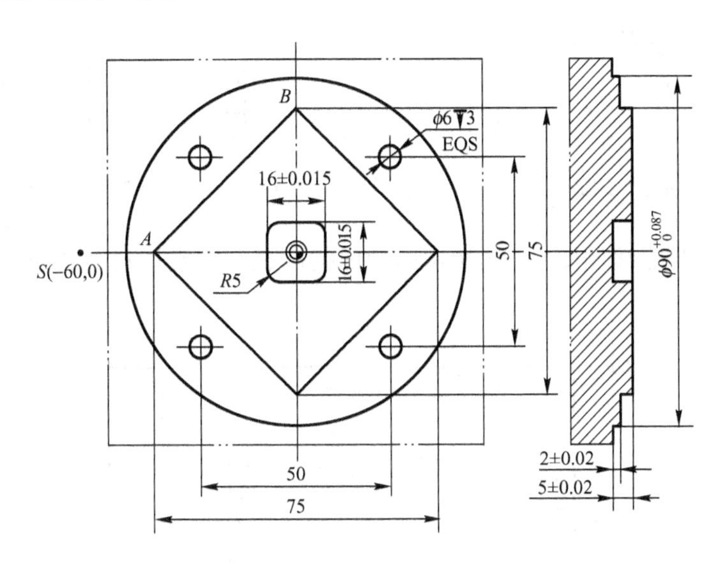


图 4-9　圆弧轮廓极坐标编程实例

☞ *刀具沿螺旋线运动，极坐标程序格式为：CP　IPA__　IZ__　DR__　F__*

（3）相切圆弧轮廓的极坐标编程 [CTP键] [P键]　如圆弧轮廓与前一轮廓元素相切，如图 4-10 所示，用极坐标编程时，其编程格式为：

```
CC  X__  Y__  (定义极点)
CTP  PR__  PA__  (圆弧轮廓,输入圆弧终点的极径和极角)
```

相切圆弧的极坐标编程步骤如下：

1）按[CC]键，输入极点坐标，定义极点。

2）按[CTP]键，选择圆弧路径功能。

3）按[P]键，启动极坐标。

① 输入极径 PR。

② 输入极角 PA。

如图 4-11 所示，轮廓 *BC* 与 *AB* 相切，铣削 *BC* 圆弧轮廓的极坐标编程如下：

```
12  CC   X+40   Y+35  （定义极点）
13  L   X+0   Y+35   RL   F350  （A点）
14  LP   PR+25   PA+120  （B点:圆弧起点）
15  CTP   PR+30   PA+30  （C点:圆弧终点）
16  L   Y+0
```

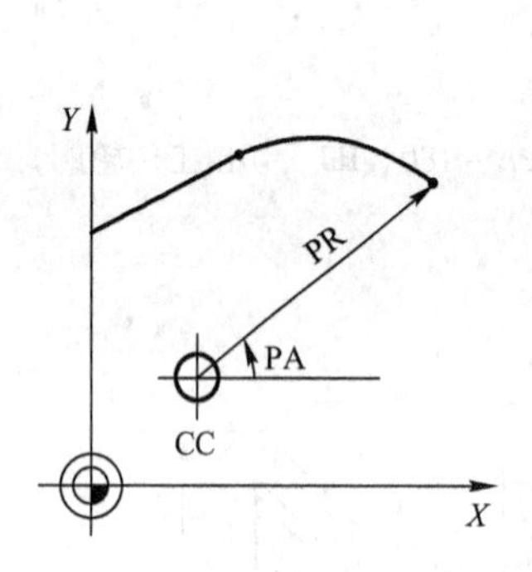


图4-10 相切圆弧轮廓的极坐标编程示意图

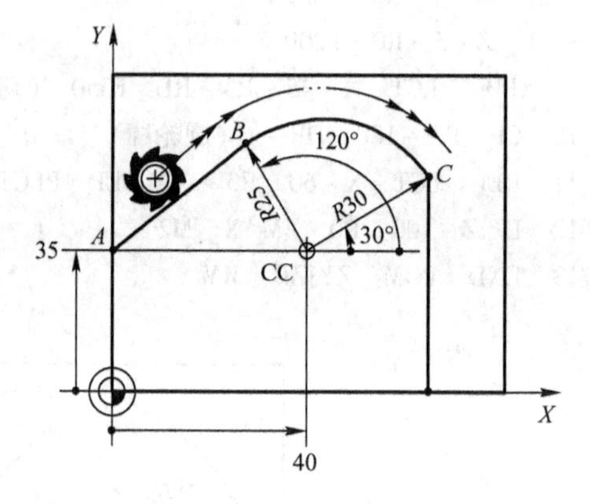


图4-11 相切圆弧轮廓的极坐标编程示例

【训练】用极坐标编制图4-12所示凸台的铣削程序，毛坯尺寸为100 mm×100 mm×25 mm。

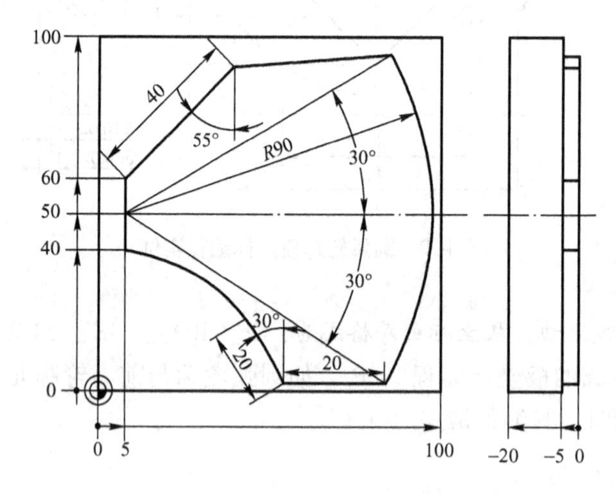


图4-12 极坐标编程综合实例

**参考程序：**

```
0  BEGIN   PGM   JZBZH   MM
1  BLK   FORM   0.1   Z   X+0   Y+0   Z-20
2  BLK   FORM   0.2   X+100   Y+100   Z+0
3  TOOL   CALL   8   Z   S2500
4  L   Z+100   R0   FMAX
5  L   X-10   Y+50   R0   FMAX   M3  （下刀点）
```

6 L Z+2 R0 FMAX
7 L Z-5 R0 F200
8 APPR LCT X+5 R3 RL F350 （切入轮廓）
9 L Y+60
10 CC X+5 Y+60 （定义极点）
11 LP PR+40 PA+35
12 CC X+5 Y+50 （定义新极点）
13 LP PR+90 PA+30
14 CP PA-30 DR-
15 L IX-20
16 CC （默认方式定义新极点）
17 LP PR+20 PA+120
18 CT X+5 Y+40
19 L Y+50
20 DEP LCT X-10 R3 （切出轮廓）
21 L Z+100 R0 FMAX M2
22 END PGM JZBZH MM

如用直角坐标编程，需要用三角函数计算基点坐标，比较麻烦。

程序段16采用了模态默认方式定义极点，程序般10也可以采用这种方式，坐标省略。

**练一练**

1. 编制图4-13所示工件的加工程序，毛坯尺寸为100 mm×80 mm×15 mm。

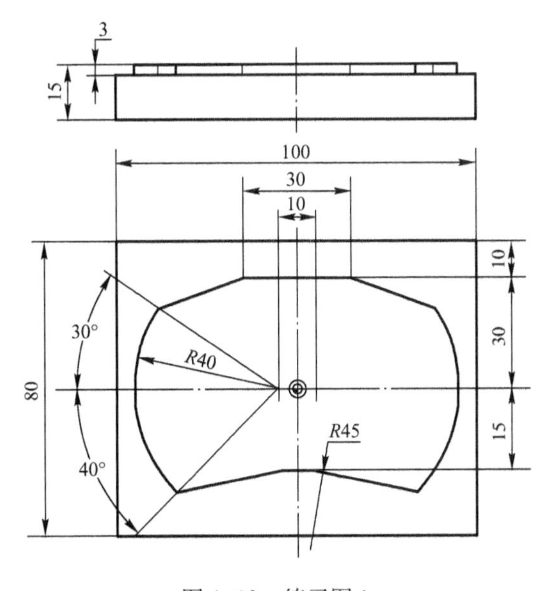


图4-13 练习图1

2. 编制图4-14所示工件的加工程序，毛坯尺寸为100 mm×100 mm×20 mm。

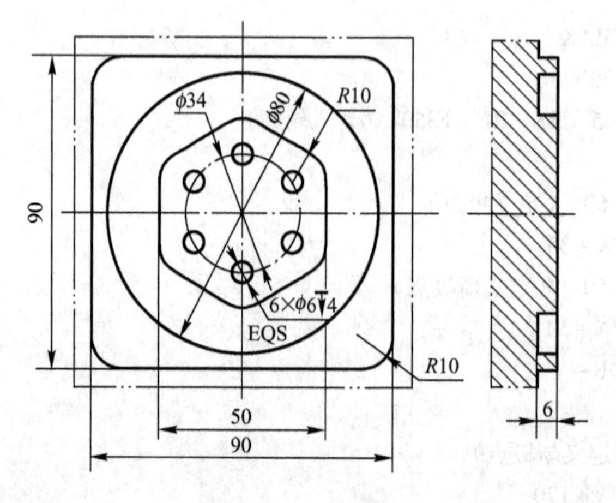


图4-14　练习图2

# 第5章　循环编程

## 5.1　循环编程概述

循环编程是将若干条基本加工指令（如圆弧插补、直线插补）表述的加工内容，用循环指令表达出来，存储在数控系统内存中，经过译码程序的译码，转换成数控系统能识别的基本指令，从而实现对所需特征的加工。

通常由多个加工步骤组成的、经常重复使用的加工过程，可将其设置成循环。数控系统一般把下述具体加工工艺内容设计成循环编程：

① 在完成某一确定的加工内容时，刀具动作具有典型的固定的连续性，如钻孔、攻螺纹。

② 典型的机械加工工艺单元，如车螺纹。

③ 毛坯尺寸与零件最终尺寸相差较大，余量较多，需多次往复切削，如铣削型腔。

④ 加工有规律排列的相同的工艺单元，如加工阵列圆孔。

循环编程避免了重复编程，使程序结构层次分明，逻辑严谨，提高了程序可读性。编程时一般先定义循环，再调用循环；但部分循环（如阵列）是定义即生效的，不需要调用。常用循环有孔加工、凸台和型腔加工、坐标变换及阵列等循环，详见表5-1。

表5-1　常用循环

| 软键（循环组） | 软键WORD表达 | 内含循环 |
| --- | --- | --- |
| 钻孔/攻丝 | [钻孔/攻丝] | 钻孔、铰孔、镗孔、锪孔、攻螺纹、铣螺纹循环 |
| 型腔/凸台/凹槽 | [型腔/凸台/凹槽] | 铣削型腔、凸台、凹槽循环 |
| 坐标变模 | [坐标变换] | 坐标变换循环（原点平移、旋转、镜像、缩放） |
| SL循环 | [SL循环] | 子轮廓列表循环（并列加工多个子轮廓） |
| 图案 | [图案] | 阵列循环（圆弧阵列和线性阵列） |

注：界面中的“攻丝”为“攻螺纹”的旧称，在界面中保留了“攻丝”，但文中均改为“攻螺纹”。

## 5.2　循环定义与调用

### 5.2.1　循环定义

用循环编程时一般要先定义循环，确定循环参数。定义循环的步骤如下：

1）编程模式下，在编程指令区按循环定义键CYCL DEF，启动循环定义，弹出如图 5-1 所示的界面。

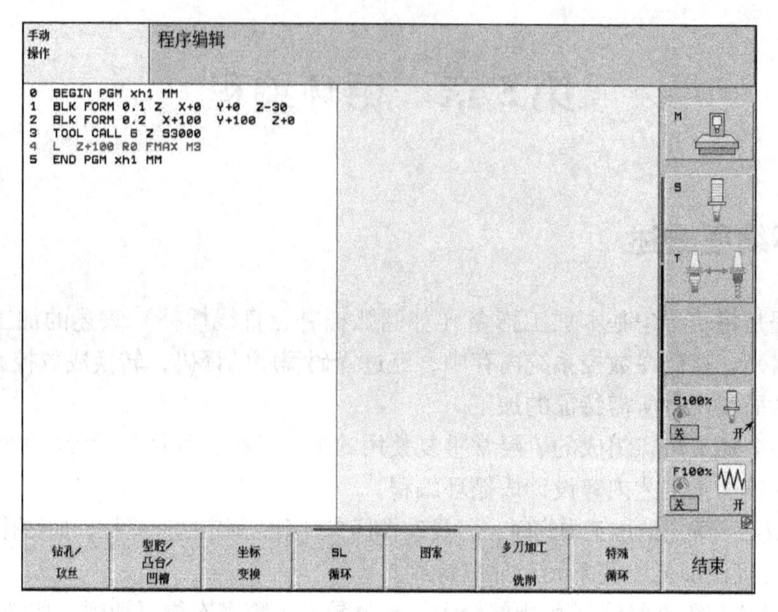

图 5-1　启动循环定义后屏幕界面

2）在底部软键区单击所需循环组的软键，如［钻孔/攻丝］软键，软键区弹出具体的钻孔、攻螺纹循环，如图 5-2 所示。软键正上方的粗横线，称为软键行，单击软键行会弹出具体的循环，当前软键行的横线显示为高亮蓝色，后台软键行的横线显示为黑色。

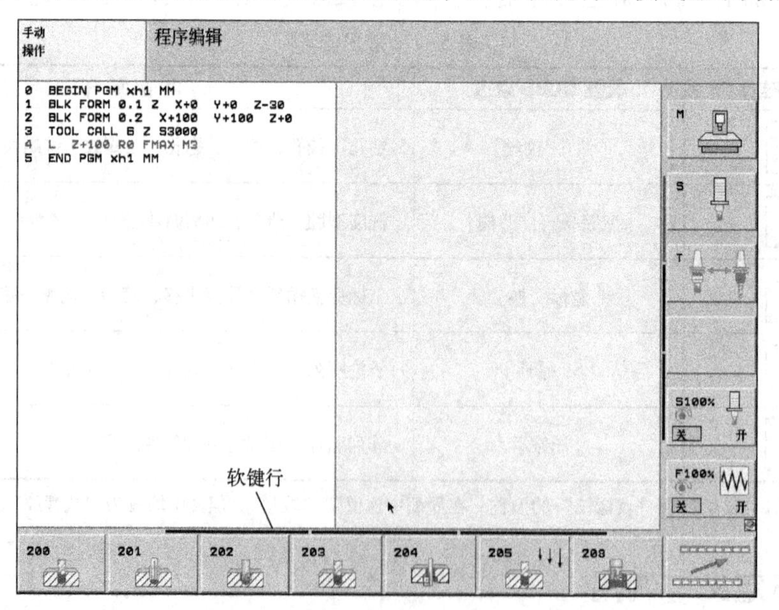

图 5-2　［钻孔/攻丝］循环组中的循环

3）通过软键行及软键选择所需的循环，如第一软键行的第一个软键为钻孔循环 200，单击软键［循环 200］弹出如图 5-3 所示的屏幕界面。

4）按提示信息，输入循环参数，完成循环定义。

选择具体的钻孔循环200后，TNC系统启动编程对话，如图5-3所示。左侧窗口显示要输入的参数，右侧窗口显示相应参数的示意图，信息提示区显示相应参数的提示信息。输入每个参数值后，用【ENT】键确认。同时，提示信息中要求输入的参数在左侧窗口以高亮形式显示。

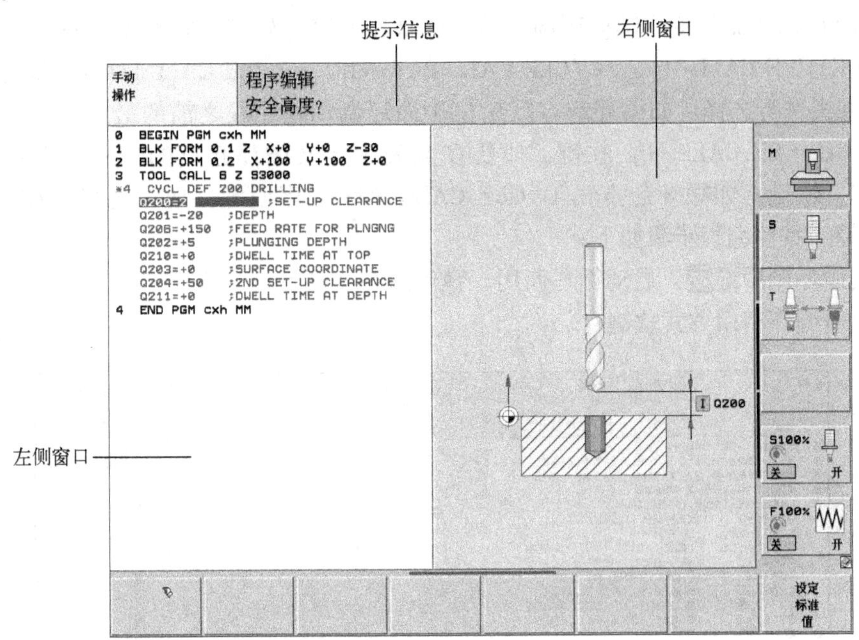


图5-3　输入循环参数的屏幕界面

下面以定义钻孔循环200输入参数为例进行说明，详见表5-2。

**表5-2　钻孔循环200输入参数**

| 循环及输入参数 | 提示信息 | 说　明 |
| --- | --- | --- |
| CYCL　DEF　200　DRILLING | | 定义钻孔循环200 |
| Q200 = +2； | “安全高度?” | 钻孔R平面，即快进与工进转折面 |
| Q201 = -20； | “深度?” | 钻孔表面为基准，取负值 |
| Q206 = +150； | “切入进给率?” | |
| Q202 = +5； | “切入深度?” | 加工深孔时，每次钻入深度，取正值 |
| Q210 = +0； | “在顶部的停顿时间?” | |
| Q203 = +0； | “钻孔表面坐标?” | 以工件坐标系为基准 |
| Q204 = +50； | “第二安全高度?” | 相对于钻孔表面的退刀高度 |
| Q211 = +0； | “在孔底的停顿时间?” | |

## 5.2.2　循环调用

循环定义后，少数循环是定义即生效的，如阵列循环220、221，SL轮廓几何特征循环14、轮廓数据循环20及坐标变换循环，这些循环不必调用。但多数循环要通过调用才能生效，需要在紧接循环的程序段调用该循环后才能被执行。调用循环用【CYCL CALL】键或M99/M89 辅助功能。M99 的程序段可以调用已定义的循环一次，M99 指令位于该定位程序段的末尾，只在该程序段有效，为非模态指令。如在不同位置多次调用同一循环，可用模态指令 M89。要取消 M89 的调用功能，只要在最后一个调用的定位程序段中使用 M99 ，或者用【CYCL DEF】键定义一个新循环。

按【CYCL CALL】键启动循环调用后，屏幕界面底部软键区将显示三种具体的循环调用软键：[CYCLE CALL M]、[CYCLE CALL PAT] 和 [CYCLE CALL POS]，编程时按循环起点确定方式进行选择。如循环起点默认位于循环调用程序段之前的最后一个编程位置处时，选择 [CYCLE CALL M] 软键；如要在点表中定义循环起点的位置，选择 [CYCLE CALL PAT] 软键；如循环起点由 CYCLE CALL POS 程序段定义时，选择 [CYCLE CALL POS ] 软键。具体编程步骤如下：

1）按循环调用键，启动循环调用，弹出图 5-4 所示屏幕界面。

2）单击循环调用方式软键。

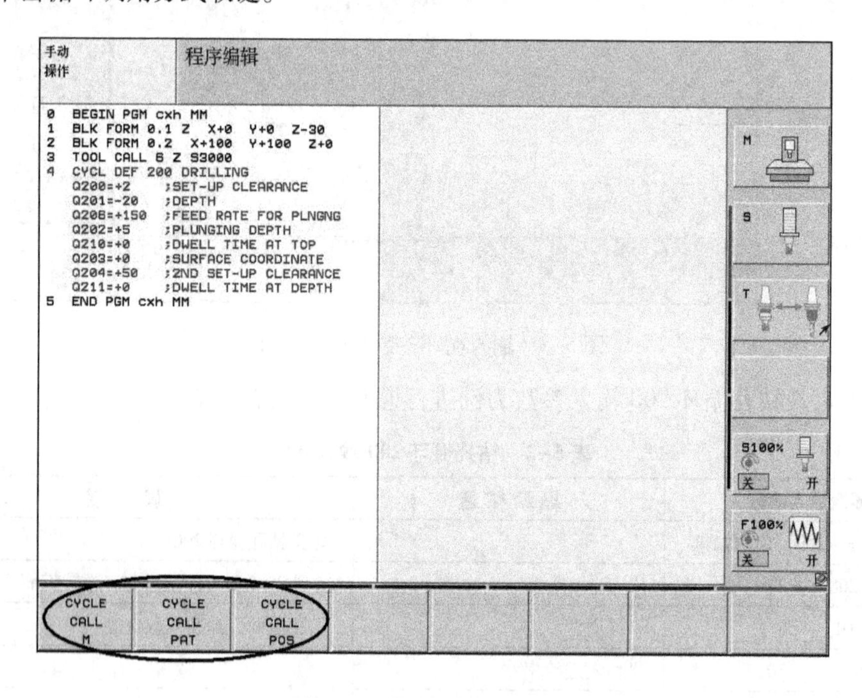


图 5-4　循环调用方式软键

① 选用 [CYCLE CALL M] 软键调用循环时，输入辅助功能 M，或按【END □】键结束对话。

② 选用 [CYCL CALL POS ] 软键调用循环时，应输入循环起点坐标，如“CYCL CALL POS X +50 Y +50 Z +0”。

用软键 [CYCLE CALL POS] 调用钻孔循环时，必须输入 X、Y、Z 完整的空间点坐标，且刀轴方向坐标 Z 值与钻孔深有关，如图 5-5 所示。但如用辅助功能 M89 或 M99 调用钻孔循环，则没必要输入 Z 坐标，且输入 Z 值不影响钻孔深度。例如在（50，20）、（60，50）、（80，50）位置钻孔，用辅助功能调用钻孔循环，其程序如下：

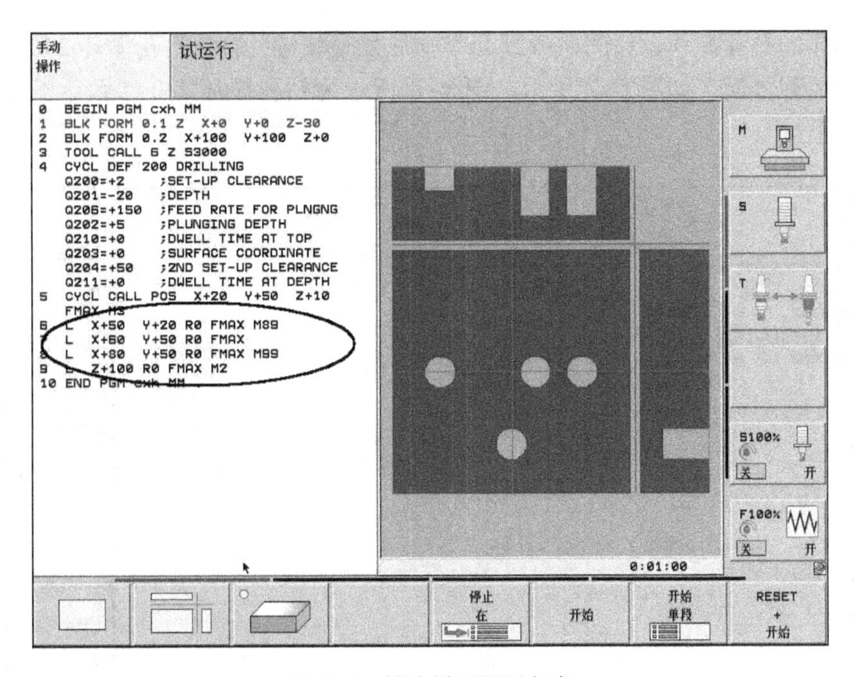


图 5-5　钻孔循环调用方式

L　X+50　Y+20　R0　FMAX　M89

L　X+60　Y+50　R0　FMAX

L　X+80　Y+50　R0　FMAX　M99

FMAX 为非模态指令。

☞ 调用循环前，前面的程序应先进行以下设置：

① 定义毛坯（BLK FORM）。

② 调用刀具（TOOL CALL）。

③ 确定主轴旋转方向（M3 或 M4，M13 或 M14）。

④ 定义循环（CYCL DEF）。

## 5.3　孔加工循环

数控机床加工孔常用钻、铰、铣、镗等方法。海德汉 iTNC 530 系统中设置了很多孔的加工循环，用于加工各种孔。使用孔加工循环编程时，要先定义再调用。按【CYCL DEF】键，启动循环定义，在底部软键区单击［钻孔/攻丝］软键，再选取具体的孔加工循环，确定各循环参数值。循环定义完成后，再进行循环调用，实现孔的加工。各种孔的加工循环从 200～267 中选用，下面是常用的孔加工循环介绍。

### 5.3.1　孔定位循环 240

当孔的位置要求较高时，应先用中心钻钻定位孔，再用麻花钻等进行孔加工。定位孔为锥孔，深度一般取 2～5 mm。钻定位孔用钻孔循环 240 编程，具体方法为：在编程模式下启动循环定义，在底部软键区单击［钻孔/攻丝］软键，再进入第二软键行，底部软键区弹出具体的钻孔循环，如图 5-6 所示。单击 软键，启动钻孔循环 240，弹出定义循环参数的编程界面，如图 5-7 所示。图 5-8 所示为钻孔循环 240 参数示意图，各参数具体含义如下。

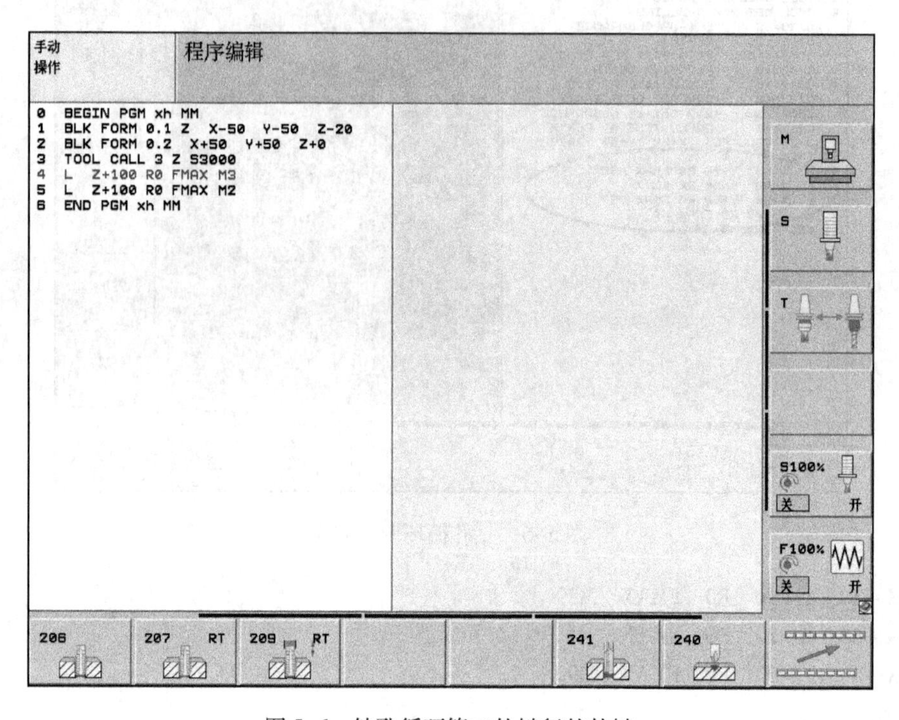


图 5-6　钻孔循环第二软键行的软键

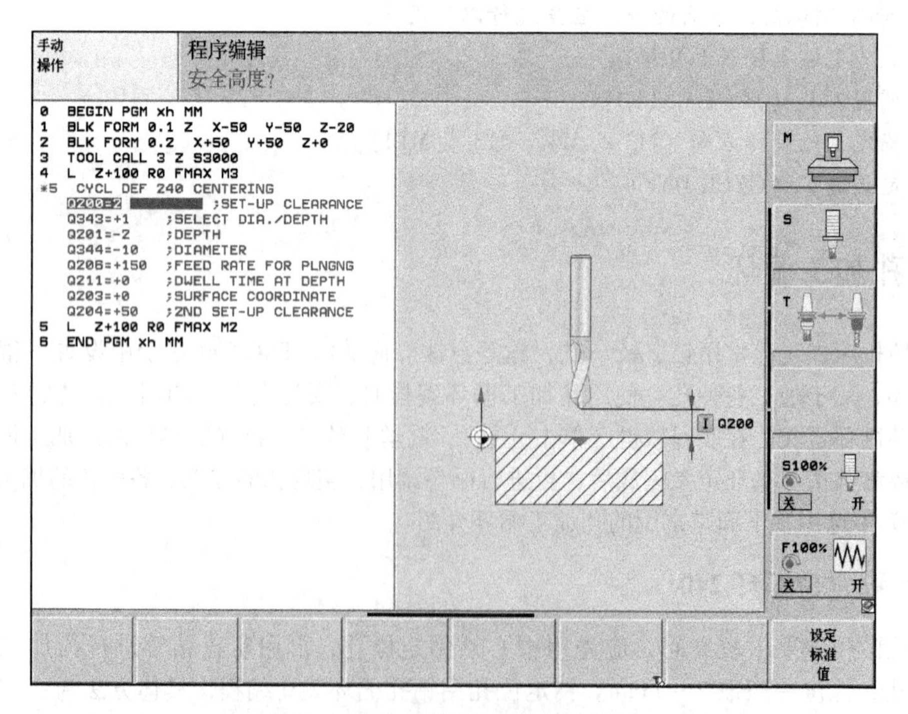


图 5-7　钻孔循环 240 参数输入界面

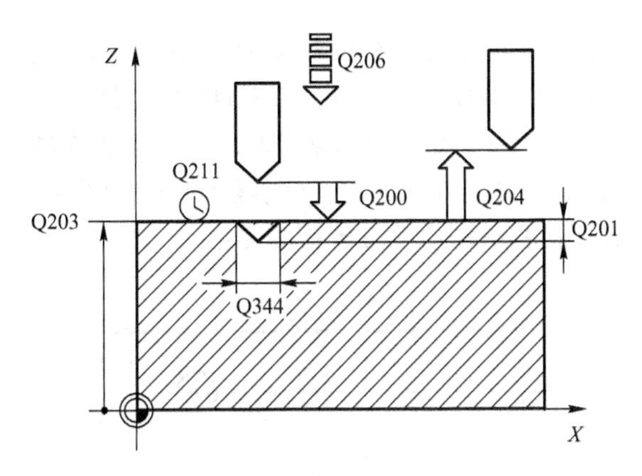


图 5-8　钻孔循环 240 参数示意图

① 安全高度 Q200（增量值）：刀尖与钻孔表面之间的距离，正值。

② 选择深度/直径（0/1）Q343：选择确定深度的方式。取 Q343 = 1 时，则用直径定深度。

③ 深度 Q201（增量值）：中心孔最低点（锥孔顶点）与钻孔表面之间的距离，仅当 Q343 = 0 时有效。

④ 直径（代数符号）Q344：锥孔底径，仅当 Q343 = 1 时有效。

⑤ 切入进给率 Q206：刀具工进速度，单位为 mm/min。

⑥ 在孔底处的停顿时间 Q211：刀具在孔底的停留时间，单位为 s。

⑦ 工件表面坐标 Q203（绝对坐标）：工件钻孔表面的坐标。

⑧ 第二安全高度 Q204（增量值）：退刀高度，刀具在此高度移动，不会与工件或夹具碰撞。

☞ 循环参数 Q201 为钻孔深度，它是以钻孔表面为基准的增量值，取负值。

☞ 取 Q343 = 1 时，以定位孔的锥底直径确定孔深，常用于要倒角的孔。

【训练】如图 5-9 所示，钻两个定位孔，用钻孔循环 240 编程如下：

```
…
11  CYCL  DEF  240  CENTERING
    Q200 = +2；（安全高度）
    Q343 = +0；（选择直接深度方式）
    Q201 = -3；
    Q344 = -5；
    Q206 = +200；（切入进给率）
    Q211 = +0.1；（在孔底的停顿时间）
    Q203 = +0；（工件钻孔表面坐标）
    Q204 = +100；（第二安全高度）
12  L  Z+100  R0  FMAX  M3
13  CYCL  CALL  POS  X+30  Y+20  Z+0  FMAX  （左下孔）
14  CYCL  CALL  POS  X+80  Y+50  Z+0  FMAX  （右上孔）
15  L  Z+100  R0  FMAX  M2
…
```

☞ 定位孔深度可用定位锥孔的底面直径来确定，此时，必须先在刀具表 TOOL. T 中定义中心钻刀尖角 T - ANGLE 的角度值，且 Q344 取负值。

☞ 深度确定有两种方式，即直接的锥孔深度及间接的锥孔直径，由 Q343 参数决定。

思考 Q343 = 1 时，如何定义刀具表中心钻参数？如何确定循环参数？

试用 M89/M99 调用钻孔循环编制上述钻孔程序。

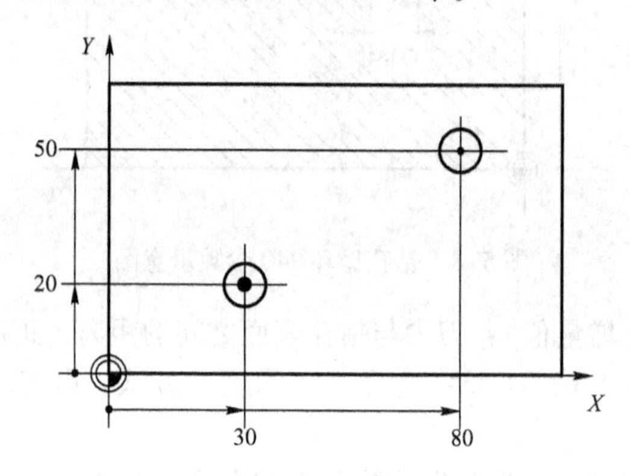


图 5-9　钻孔循环 240 编程示例

## 5.3.2　钻孔循环 200

多数钻孔都可用钻孔循环 200 完成，该循环的钻孔过程为：每次钻入一定的深度后，快速退刀至工件表面的安全高度（R 平面，以便排屑），然后刀具以 FMAX 快速移至上一次钻入深度之上的安全高度（2 ~5 mm），再以编程进给率 F 进刀至下一个深度。TNC 系统重复这一过程直至编程深度，参数示意图如图 5-10 所示。

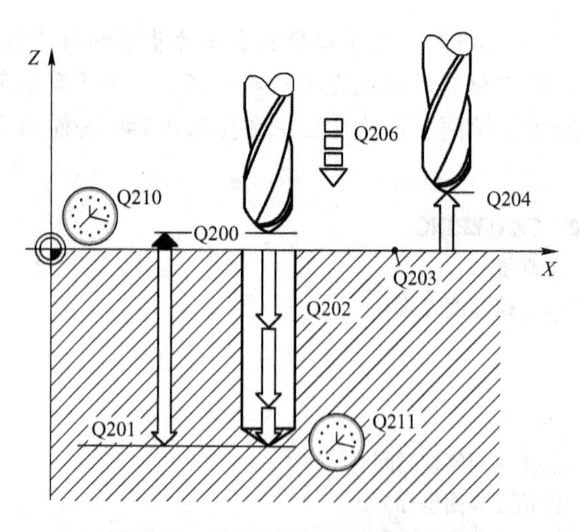


图 5-10　钻孔循环 200 参数示意图

按【CYCL DEF】键启动循环定义后，在底部软键区单击［钻孔/攻丝］软键，弹出图 5-2 所示屏幕界面，单击软键 启动钻孔循环 200，弹出图 5-3 所示编程界面。按提示完成参数值输入，具体见表 5-2。用钻孔循环 200 编程的程序格式见表 5-3。

表 5-3　钻孔循环编程格式

| 程序段号 | 程　序 | 说　明 |
| --- | --- | --- |
| 0 | BEGIN　PGM（文件名）　MM | 程序开始 |
| 1 | BLK　FORM　0.1（刀轴）X_　Y_　Z_ | 定义毛坯最小点坐标 |
| 2 | BLK　FORM　0.2　X_　Y_　Z_ | 定义毛坯最大点坐标 |
| 3 | TOOL　CALL（刀编号）（刀轴）S_ | 调用刀具 |
| 4 | CYCL　DEF… | 定义钻孔循环 |
| 5 | L　Z+100　R0　F99999　M3 | 移至第二安全高度或初始平面 |
| 6 | L　X_　Y_　M89 | 调用循环钻孔 |
| 7 | L　X_　Y_ | 钻孔 |
|  | … | 钻孔 |
|  | L　X_　Y_　M99 | 钻孔（最后一个） |
|  | L　Z+100　R0　FMAX　M30 | 退刀，程序结束 |
|  | END　PGM（文件名）MM | 程序结束说明 |

注：也可用【CYCL CALL】指令调用钻孔循环。

【训练】编制图 5-11 所示工件的钻孔程序。

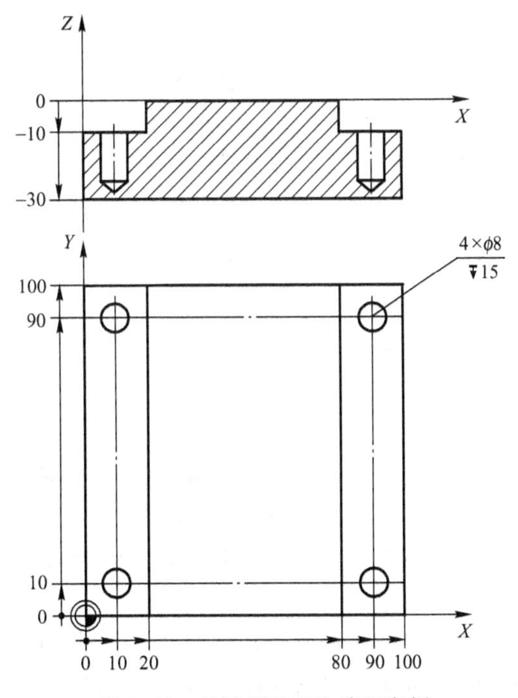


图 5-11　钻孔循环 200 编程实例

**参考程序：**

0　BEGIN　PGM　ZK　MM

```
1  BLK  FORM  0.1  Z  X+0  Y+0  Z-30
2  BLK  FORM  0.2  X+100  Y+100  Z+0
3  TOOL  CALL  4  Z  S1000  (φ8 mm 钻头)
4  CYCL  DEF  200  DRILLING
   Q200 = +2     (安全高度)
   Q201 = -17.3 (孔深)
   Q206 = +150  (钻孔进给率)
   Q202 = +5     (每次钻入深度)
   Q210 = +0     (在顶部停顿时间)
   Q203 = -10    (钻孔表面坐标)
   Q204 = +12    (第二安全高度)
   Q211 = +0     (在孔底停顿时间)
5  L  Z+100  R0  F9999  M3
6  L  X+10  Y+10  M89  (钻左下孔)
7  L  Y+90  (钻左上孔)
8  L  X+90  (钻右上孔)
9  L  Y+10  M99  (钻右下孔)
10  L  Z+100  R0  FMAX  M30
11  END  PGM  ZK  MM
```

☞ 如用【CYCL CALL】指令调用钻孔循环200，则选用软健［CYCLE CALL POS］，程序段6~9即为：

```
6  CYCL  CALL  POS  X+10  Y+10  Z+0  (钻左下孔)
7  CYCL  CALL  POS  X+10  Y+90  Z+0  (钻左上孔)
8  CYCL  CALL  POS  X+90  Y+90  Z+0  (钻右上孔)
9  CYCL  CALL  POS  X+90  Y+10  Z+0  (钻右下孔)
```

- 本程序只编了钻孔工序程序，铣台阶的程序请读者完成。
- 思考Q201取值原因。
- 思考Q203和Q204取值方法。

### 5.3.3 钻孔循环203

钻孔循环203用于快速钻深孔，每次钻入一定的深度后快速小退刀至局部的“安全高度”，(图5-12所示的参数Q256)，进行断排屑，然后刀具以进给率F进给至下一个深度，TNC系统重复这一过程直至编程深度。与钻孔循环200区别为抬刀高度不一样，从而提高了钻孔效率，但降低了排屑能力。

用钻孔循环203编程，要先定义再调用。在编程模式下进入图5-2所示的编程界面，单击软健启动钻孔循环203的定义，根据编程界面的示意图与对话提示信息，完成钻孔循环203定义。

图5-12所示为钻孔循环203参数示意图，参数输入示例见表5-4。

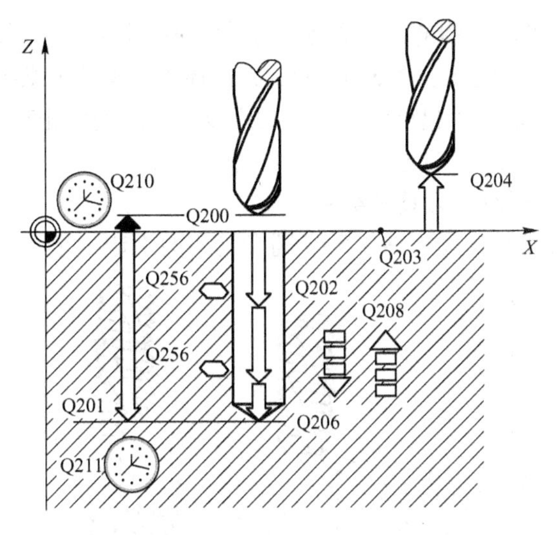


图 5-12　钻孔循环 203 参数示意图

**表 5-4　钻孔循环 203 参数输入示例**

| 程序段号 | 程　序 | 说　明 |
|---|---|---|
| 0 | BEGIN　PGM（文件名）　MM | 程序开始 |
| | … | |
| 4 | CYCL　DEF　203　UINIVERSAL　DRILLING | 定义钻孔循环 203 |
| | Q200 = +2； | 刀尖与工件表面距离 |
| | Q201 = -20； | 孔底（钻头尖）与工件表面距离 |
| | Q206 = +200； | 钻孔进给率（切入进给率） |
| | Q202 = +5； | 每次钻入深度 |
| | Q210 = +0； | 顶部停顿时间 |
| | Q203 = +0； | 钻孔表面坐标 |
| | Q204 = +100； | 第二安全高度（相对钻孔平面的退刀高度） |
| | Q212 = +0； | 每次钻入深度递减量 |
| | Q213 = +1； | 断屑次数 |
| | Q205 = +3； | 最小钻入深度（每次钻入深度有递减时） |
| | Q211 = +2； | 在孔底停顿时间 |
| | Q208 = +3000； | 退刀速率 |
| | Q256 = +3； | 断屑距离（相当于 R 值） |
| | … | |
| | END　PGM（文件名）　MM | 程序结束说明 |

☞ 如果 Q208 取 0，退刀速率默认为 Q206 指定的钻孔进给率。

## 5.3.4　攻螺纹循环 206

攻螺纹循环 206 用于浮动夹头攻螺纹，用该方式攻螺纹能够保证螺距准确。编程时，先进入图 5-2 所示的编程界面，单击软键启动循环 206 定义，根据编程界面的示意图与对话提示信息，完成循环 206 定义。图 5-13 所示为循环 206 参数示意图，主要参数说明如下：

① Q200 安全高度：刀尖（起点位置）与攻螺纹表面之间的距离，一般取螺距的 4 倍。

② Q201 螺孔深度：螺纹末端与工件表面之间的距离。

③ Q206 进给率：攻螺纹时刀具进给率。

④ Q211 在孔底停顿时间：取 0 ~0.5 s，避免退刀时引起卡阻。

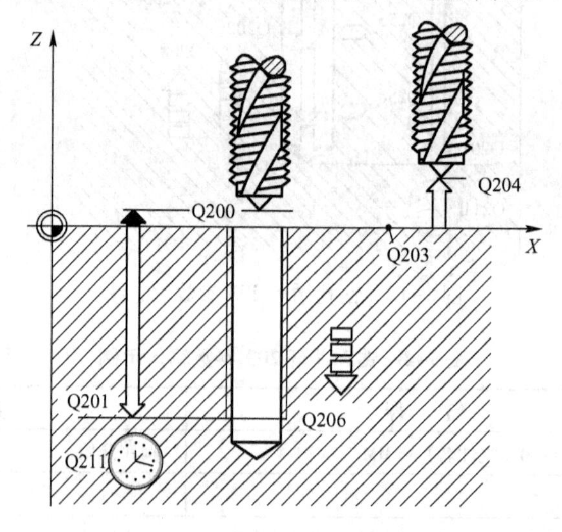


图 5-13　攻丝循环 206 参数示意图

为了保证螺距的正确，攻螺纹时刀具轴转速与刀具进给率必须满足（式 5-1）

$$F=SL=SP(\text{单线螺纹时}) \tag{5-1}$$

式中　$F$——进给率（mm/min）；

$S$——主轴转速（r/min）；

$P$——螺距（mm）；

$L$——导程（mm），单线螺纹时，$L=P$。

【训练】用点表调用循环完成图 5-14 所示的加工螺纹孔编程（板厚 10 mm）。

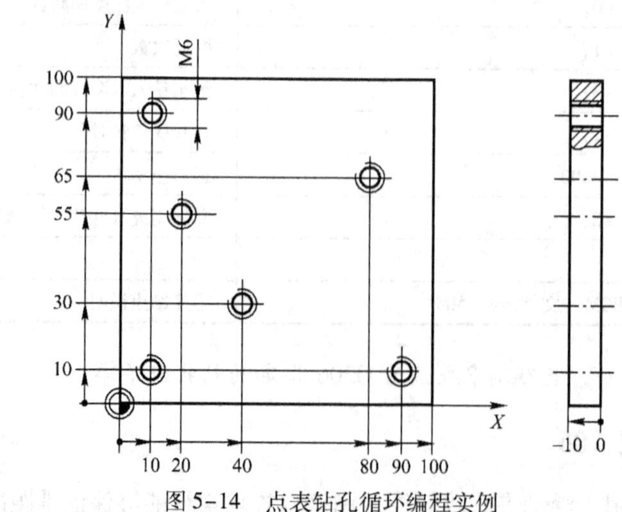


图 5-14　点表钻孔循环编程实例

要加工 M6 螺纹孔，首先用中心钻钻定位孔（循环 240），再用麻花钻钻底孔（循环 200），最后用丝锥攻螺纹（循环 206），表 5-5 为点表孔的定位坐标。

**参考程序：**

```
0 BEGIN PGM DBZK MM
1 BLK FORM 0.1 Z X+0 Y+0 Z-10
2 BLK FORM 0.2 X+100 Y+100 Z+0
3 TOOL CALL 5 Z S3000 （调用中心钻）
7 L Z+50 R0 FMAX M3
8 SEL PATTERN TAB1 （定义点表）
9 CYCL DEF 240 CENTERING
  Q200 = +2
  Q343 = +1
  Q201 = -3
  Q344 = -8
  Q206 = +200
  Q211 = +0.1
  Q203 = +0
  Q204 = +5
10 CYCL CALL PAT FMAX （用点表 TAB1.PNT 调用循环）
11 L Z+100 R0 FMAX M6 （移动刀具到安全高度,换刀）
12 TOOL CALL 2 Z S3000 （调用麻花钻）
13 L Z+50 R0 FMAX M3
14 CYCL DEF 200 DRILLING （定义钻孔循环 200）
   Q200 = +2
   Q201 = -12
   Q206 = +150
   Q202 = +4
   Q210 = +0
   Q203 = +0 （表面坐标,输入 0,按点表的定义生效）
   Q204 = +0 （第二安全高度,输入 0,按点表的定义生效）
   Q211 = +0.3
15 CYCL CALL PAT FMAX （用点表 TAB1.PNT 调用循环）
16 L Z+100 R0 FMAX M6 （移动刀具到安全高度,换刀）
17 TOOL CALL 3 Z S200 （调用丝锥）
18 L Z+50 R0 FMAX M3
19 CYCL DEF 206 TAPPING NEW （定义攻螺纹循环 206）
   Q200 = +4
   Q201 = -12
   Q206 = +200
   Q211 = +0.2
   Q203 = +0 （表面坐标,输入 0,按点表的定义生效）
   Q204 = +0 （第二安全高度,输入 0,按点表的定义生效）
```

```
20  CYCL  CALL  PAT  FMAX  M3  （用点表 TAB1. PNT 调用循环）
21  L  Z+100  R0  FMAX  M2
22  END  PGM  DBZK  MM
```

M6 粗牙螺纹的螺距 $P=1$ mm，按式（5-1），$F=SP=200\times1$ mm/min $=200$ mm/min

表 5-5  点表孔的定位坐标

| TAB1. PNT MM | | | |
|---|---|---|---|
| NR | X | Y | Z |
| 0 | +10 | +10 | +0 |
| 1 | +40 | +30 | +0 |
| 2 | +90 | +10 | +0 |
| 3 | +80 | +65 | +0 |
| 4 | +10 | +90 | +0 |
| 5 | +20 | +55 | +0 |

## 5.4 型腔/凸台循环

### 5.4.1 型腔/凸台循环概述

型腔/凸台循环用于加工规则形状的型腔和凸台，包括矩形与圆的型腔与凸台、直槽及圆弧槽。循环 251 ~254 用于加工零件的型腔和槽，通过参数设置能进行粗、精加工或单独粗加工或精加工。循环 256、循环 257 用于铣削矩形与圆形凸台。循环 210 ~215 为老循环，其中循环 212 ~215 用于精铣矩形或圆形的型腔或凸台，循环 210、循环 211 用于槽的粗加工或精加工。具体功能见表 5-6。

表 5-6  型腔/凸台循环功能一览

| 软  键 | 循环功能 |
|---|---|
| 251 | 粗、精铣矩形型腔（螺旋方式切入） |
| 252 | 粗、精铣圆孔（螺旋方式切入） |
| 253 | 粗、精铣直槽（往复方式切入） |
| 254 | 粗、精铣圆弧槽（往复方式切入） |
| 256 | 铣削矩形凸台（基于参考轴定义的第一轴或第一边长） |
| 257 | 铣削圆形凸台 |
| 212 | 精铣矩形型腔 |
| 213 | 精铣矩形凸台 |
| 214 | 精铣圆孔 |

（续）

| 软　键 | 循环功能 |
| --- | --- |
|  | 精铣圆形凸台 |
|  | 粗铣或精铣直槽（往复方式切入，自动预定位） |
|  | 粗铣或精铣圆弧槽（往复方式切入，自动预定位） |

## 5.4.2　型腔/凸台循环编程

应用循环 251 ~ 254 编程，通过设置不同的循环参数，能完成以下加工。

① 完整加工：粗铣 + 精铣。

② 仅粗加工：只进行粗铣。

③ 仅精加工：进行底面和侧面精铣。

④ 仅底面精加工：只进行底面精铣。

⑤ 仅侧面精加工：只进行侧面精铣。

**1. 型腔铣削循环（　　）**

可用循环编程的型腔有矩形型腔与圆孔，铣削矩形型腔用循环 251 编程，铣削圆孔用循环 252 编程。用型腔循环编程，要先定义再调用。按循环定义键【CYCL DEF】，进入循环定义界面，选［型腔/凸台/凹槽］循环组，再选循环 251 或循环 252，进入参数设置界面。下面以循环 251 为例说明。

定义循环 251 的屏幕界面如图 5-15 所示，各参数示意图如图 5-16 所示，含义说明如下。

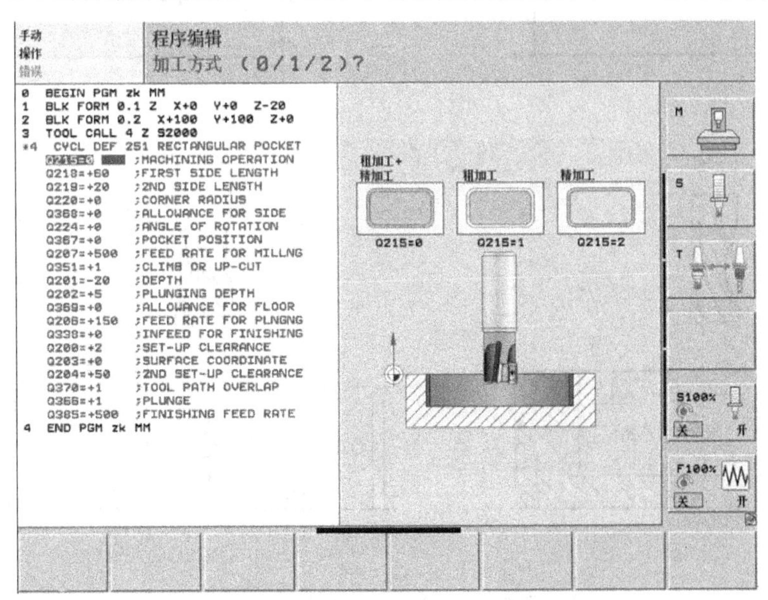


图 5-15　定义循环 251 的屏幕界面

（1）加工方式 Q215　定义加工方式，0 表示粗铣并精铣，1 表示仅粗铣，2 表示仅精铣。

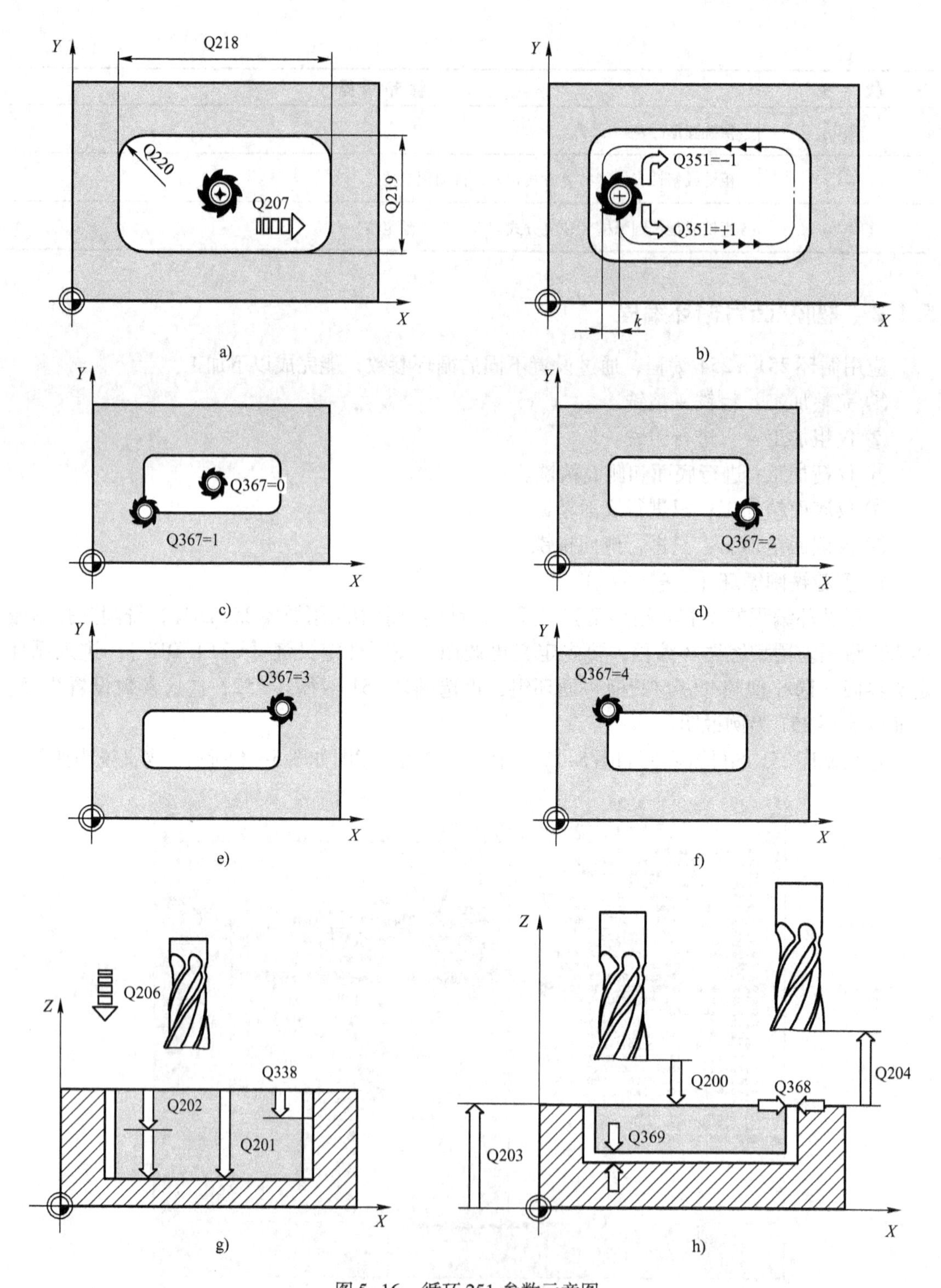


图 5-16　循环 251 参数示意图

a）型腔尺寸及铣削进给率　b）顺铣/逆铣　c）~ f）型腔定位参考点

g）深度/下刀进给率　h）精加工余量/安全高度

如果定义了精铣余量（Q368 和 Q369），将只执行精铣侧面和底面。

（2）第 1 边长 Q218　型腔长度，平行于加工面的参考轴的边。

（3）第 2 边长 Q219　型腔宽度，平行于加工面的辅助轴的边。

（4）转角半径 Q220　型腔横截面倒圆角半径，不输入时，TNC 系统将取转角半径等于刀具半径。

（5）侧面精铣余量 Q368　侧面精加工余量。

（6）旋转角度 Q224（绝对值）　型腔相对正位放置时转过的角度。

（7）型腔位置参考点 Q367　调用循环时，定位型腔选用的参考点，0 表示型腔中心，1 表示 左下角点，2 表示右下角点，3 表示右上角点，4 表示左上角点。

（8）铣削进给率 Q207　铣削时刀具水平移动速度，单位为 mm/min。

（9）铣削方式 Q351　+1 表示顺铣，-1 表示逆铣（主轴正转时）。

（10）深度 Q201（增量值）　型腔底面与工件表面之间的距离。

（11）切入深度 Q202　每次切入深度，正值。

（12）底面精铣余量 Q369　刀轴方向的精加工余量。

（13）切入进给率 Q206　下刀工进速度，单位为 mm/min。

（14）精铣进给量 Q338　每次精铣背吃刀量（深度）；Q338 =0，一次性进给铣削。

（15）安全高度 Q200（增量值）　刀具与孔表面之间的距离。

（16）加工表面坐标 Q203　加工表面绝对坐标（相对工件坐标系）。

（17）第二安全高度 Q204（增量值）　刀具与工件或夹具避免碰撞高度，即退刀高度。

（18）路径行距系数 Q370　系数值小于 2，一般取 1～1.8；Q370 ×刀具半径 =行距系数 $k$。

（19）切入方式 Q366　下刀方式，0 表示垂直切入，1 表示螺旋切入，2 表示往复切入。取 1 或 2 时，在刀具表中，当前刀具的切入角 ANGLE 必须定义为非 0°。往复长度取决于切入角度，TNC 系统中使用的最小长度值为刀具直径的两倍。

（20）精铣进给率 Q385　精铣侧面和底面的刀具水平移动速度，单位为 mm/min。

☞ 铣削型腔壁时，一般采用顺铣方式，这样有利于提高加工面的表面粗糙度与刀具寿命。此时，走刀方向为逆时针。

☞ 如果未定义刀具切入角，只能采用垂直切入方式，即 Q366 =0 。

循环 251、循环 252 粗加工型腔的过程如下：

1）刀具在型腔中心切入，切入方式由 Q366 定义。

2）从内向外粗铣型腔，同时考虑行距系数（Q370）和精铣余量（Q368）。

3）一层粗铣完毕后，刀具从型腔壁切向退出，然后移到当前铣削深度之上的安全高度，再由此处快速定位到型腔中心。

4）重复这一过程直到型腔的最终深度。

如果循环 251、循环 252 定义了精铣余量和指定了进给次数，系统将用指定次数的进给先精铣型腔壁，完成型腔壁精铣后，再从内向外精铣型腔底面，精铣进给均采用相切接近加工面的方式。

**2. 铣槽循环（ ）**

铣槽循环用于铣削直槽与圆弧槽，循环 253 用于铣直槽，循环 254 用于铣圆弧槽。图 5-17 所示为铣直槽循环 253 参数示意图，各参数与循环 251 类似，但槽定位基点不同，且粗铣槽时，由槽左圆弧中心开始；精铣槽时，沿相切槽面的右圆弧接近槽壁。用于确定槽位置的参考点 Q367 定义为：0 表示槽中心，1 表示槽左端，2 表示槽左端的圆弧中心，3 表示槽右端的圆弧中心，4 表示槽右端，如图 5-17c ~ f 所示。

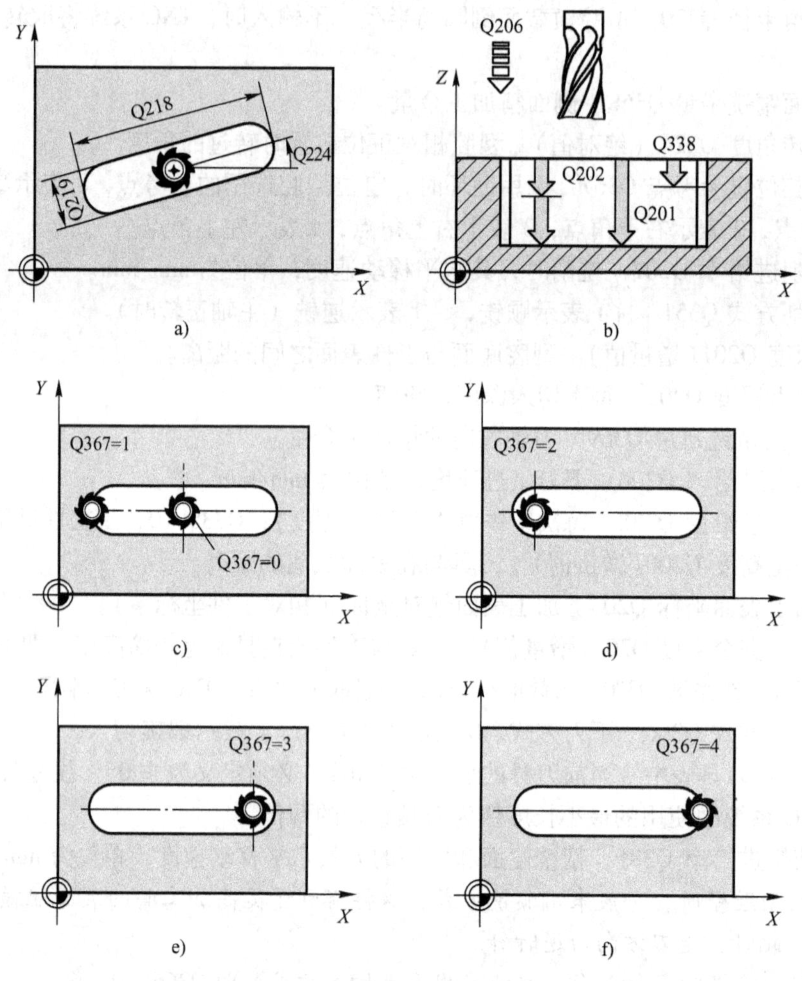


图 5-17　循环 253 参数示意图

a）槽形状尺寸与位置参数　b）槽切削参数　c）~ f）槽定位参考点

圆弧槽铣削循环 254 类似于直槽铣削循环 253，参数示意图如 5-18 所示，不同参数的含义如下：

（1）槽位置参考点 Q367　0 表示节圆圆心，1 表示槽的左圆弧中心，2 表示槽中心，3 表示槽的右圆弧中心。

（2）第 1 轴中心 Q216（绝对值）　参考轴方向的节圆圆心坐标，仅当 Q367 =0 时有效。

（3）第 2 轴中心 Q217（绝对值）　辅助轴方向的节圆圆心坐标，仅当 Q367 =0 时有效。

（4）起始角 Q376（绝对值）　输入起点的极角。

（5）角度 Q248（增量值）　输入槽的角度。

（6）步距角 Q378（增量值）　相邻槽的定位夹角，节圆的圆心为角顶点。

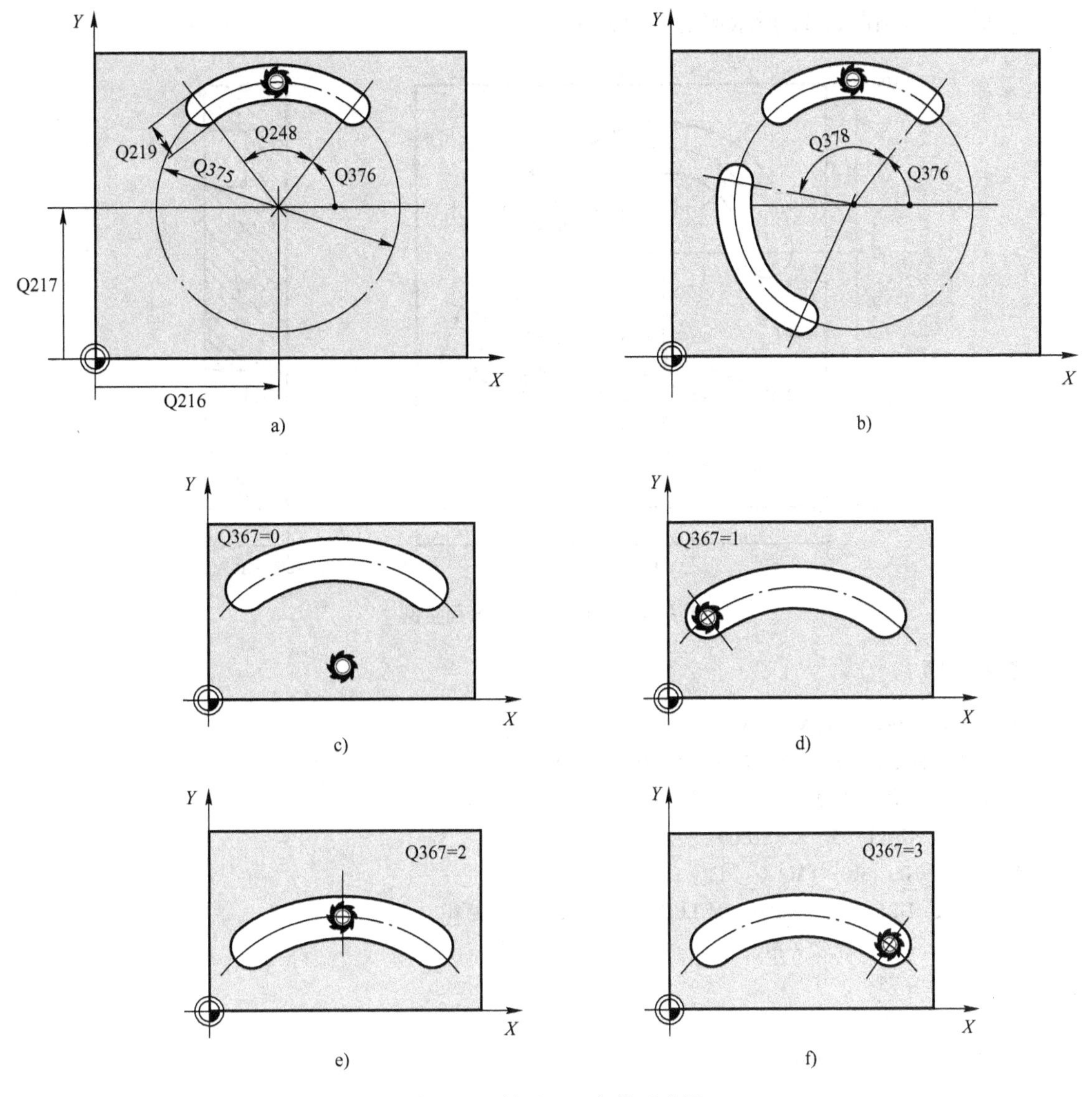


图 5-18 循环 254 参数示意图

a）槽形状参数 b）槽位置参数 c）~f）槽定位参考点

☞ Q367 =0 时，以节圆中心为槽的定位参考点，此中心坐标在循环定义时已设置，故在循环调用程序段中不用循环起点。

☞ 参考轴与辅助轴规定见表 5-7。

**表 5-7 参考轴与辅助轴规定**

| 刀 具 轴 | 参考轴（第一轴） | 辅助轴（第二轴） |
|---|---|---|
| *Z* | *X* | *Y* |
| *Y* | *Z* | *X* |
| *X* | *Y* | *Z* |

【训练】编制图 5-19 所示槽的铣削程序。

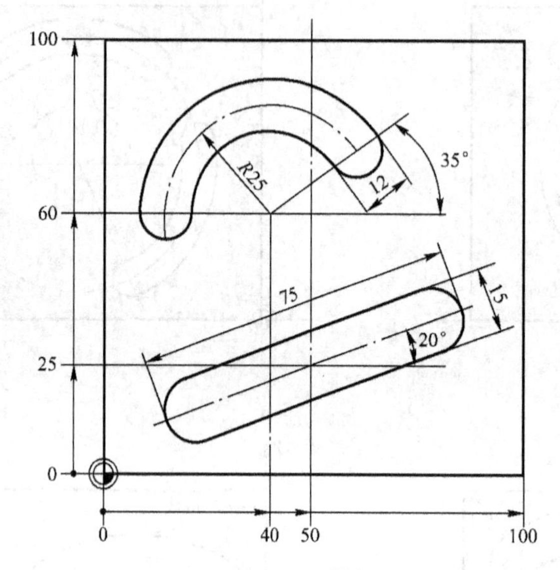


图 5-19　槽铣削循环编程实例

**参考程序：**

```
0 BEGIN PGM XCXH MM
1 BLK FORM 0.1 Z X+0 Y+0 Z-20
2 BLK FORM 0.2 X+100 Y+100 Z+0
3 TOOL CALL 5 Z S1000
4 L Z+100 R0 FMAX M3
5 CYCL DEF 253 SLOT MILLING （定义铣直槽循环）
  Q215 = +0 （粗铣+精铣）
  Q218 = +75
  Q219 = +15
  Q368 = +0 （侧边精铣余量）
  Q374 = +20
  Q367 = +0 （槽中心为槽的定位参考点）
  Q207 = +500
  Q351 = +1 （顺铣）
  Q201 = -10
  Q202 = +5
  Q369 = +0
  Q206 = +100
  Q338 = +0
  Q200 = +2
  Q203 = +0
  Q204 = +50
  Q366 = +1 （螺旋下刀）
  Q385 = +200
```

```
6    CYCL   CALL   POS   X+50   Y+25   Z+0   FMAX  （调用铣直槽循环 253）
7    CYCL   DEF   254   CIRCULAR   SLOT
     Q215 = +0  （粗铣+精铣）
     Q219 = +12
     Q368 = +0  （侧边精铣余量）
     Q375 = +50
     Q367 = +0  （节圆圆心为槽的定位参考点）
     Q216 = +40   （节圆圆心基本轴方向的坐标）
     Q217 = +60   （节圆圆心辅助轴方向的坐标）
     Q376 = +35
     Q248 = +145  （角度）
     Q378 = +0  （步距角）
     Q377 = +1  （加工个数）
     Q207 = +500
     Q351 = +1
     Q201 = -10
     Q202 = +5
     Q369 = +0  （底面精铣余量）
     Q206 = +100
     Q338 = +0     （一次性进给铣削）
     Q200 = +2
     Q203 = +0
     Q204 = +50
     Q366 = +1
     Q385 = +200
8    CYCL   CALL
9    L   Z+100   R0   FMAX   M30
10   END   PGM   XCXH   MM
```

思考：调用循环 254 的程序段为什么没有设置循环起点？

**3. 铣凸台循环（ ）**

TNC 系统中，铣凸台循环用于铣削矩形与圆形凸台，循环 256 用于铣矩形凸台，循环 257 用于铣圆形凸台。这两个循环都能完成以下加工：凸台的粗加工与精加工，只进行凸台粗加工或精加工。两个循环的各参数类似于铣削矩形型腔和圆孔的循环，不同的参数有 Q424（第一边长，参考轴方向）、Q425（第二边长，辅助轴方向）、Q437（刀具起始/下刀位置）等参数。图 5-20 所示为循环 256 参数输入的编程界面。

**4. 老型腔/凸台循环（ ）**

循环 212～215 用于矩形及圆形的型腔和凸台的精加工，其基本加工特点如下：

① 自动预定位至起始位置。先移到安全高度，再水平移到起始位置。

② 铣削型腔和凸台时相切接近或离开轮廓。

③ 采用顺铣工艺铣削轮廓。

【训练】编制图 5-21 所示型腔和凸台的铣削程序。

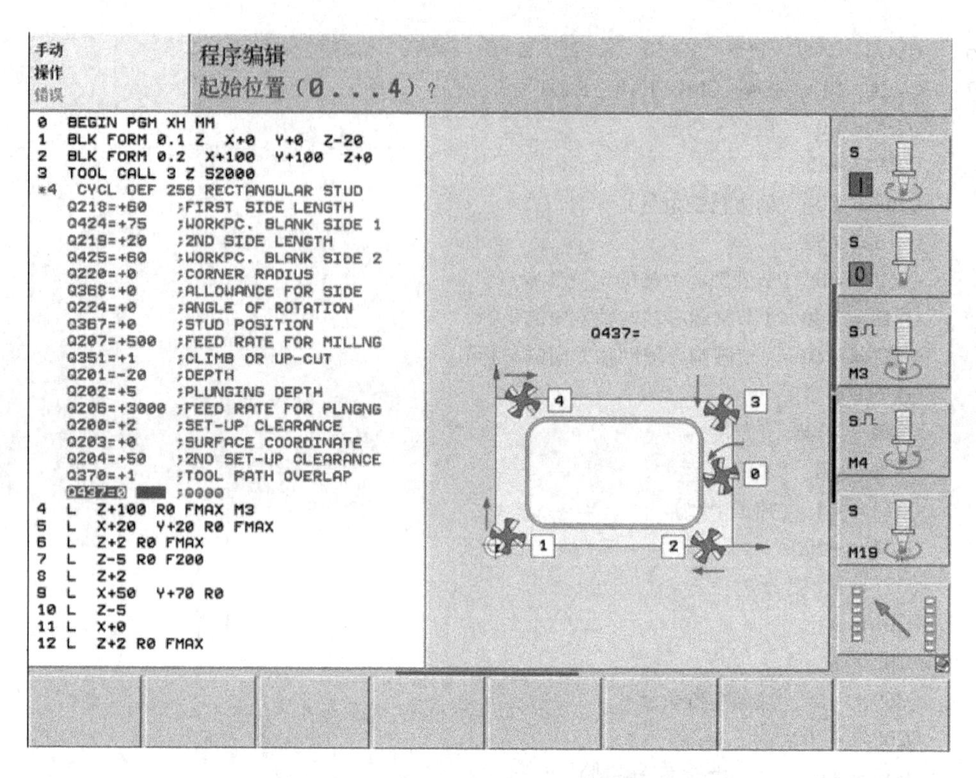


图 5-20　循环 256 参数输入的编程界面

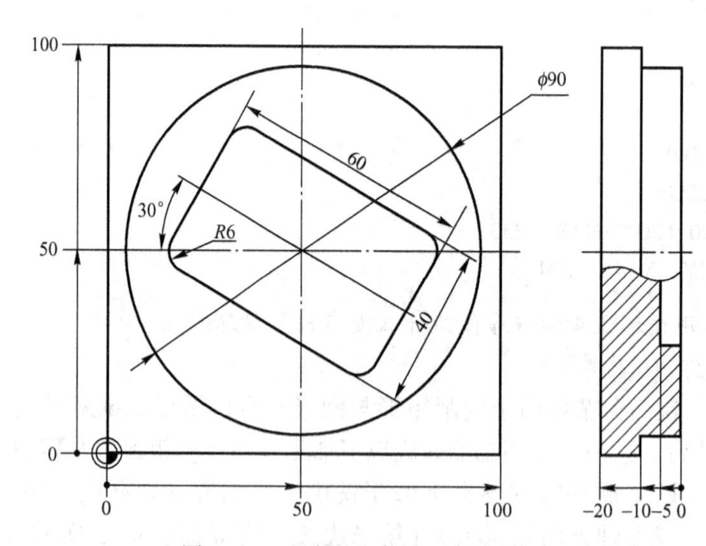


图 5-21　型腔和凸台循环编程实例

**参考程序：**

```
0   BEGIN   PGM   XQTT   MM
1   BLK   FORM   0.1   Z   X+0   Y+0   Z-20
2   BLK   FORM   0.2   X+100   Y+100   Z+0
3   TOOL   CALL   5   Z   S1000
4   L   Z+100   R0   FMAX   M3
```

```
5   CYCL DEF 257 CIRCULAR STUD (调用铣削圆凸台循环257)
    Q223 = +90 (零件最终直径)
    Q222 = +100 (工件毛坯直径)
    Q368 = +0 (侧边精铣余量)
    Q207 = +500
    Q351 = +1 (顺铣)
    Q201 = -10
    Q202 = +5
    Q206 = +300
    Q200 = +2
    Q203 = +0
    Q204 = +50
    Q370 = +1
    Q376 = +0 (精铣起始角)
6   CYCL CALL POS X+50 Y+50 Z+0 FMAX (调用铣削圆凸台循环257)
7   CYCL DEF 251 RECTANGULAR POCKET (定义铣削矩形型腔循环251)
    Q215 = +0 (粗加工+精加工)
    Q218 = +60 (第一边长,参考轴方向)
    Q219 = +40 (第二边长,辅助轴方向)
    Q220 = +6 (转角半径)
    Q368 = +0 (侧边精加工余量)
    Q224 = -30 (旋转角度)
    Q367 = +0 (型腔中心为型腔定位的参考点)
    Q207 = +500
    Q351 = +1
    Q201 = -5
    Q202 = +5
    Q369 = +0
    Q206 = +150
    Q338 = +0
    Q200 = +2
    Q203 = +0
    Q204 = +50
    Q370 = +1
    Q366 = +1 (螺旋下刀)
    Q385 = +300
8   CYCL CALL POS X+50 Y+50 Z+0 FMAX (调用铣削矩形型腔循环251)
9   L Z+100 R0 FMAX M2
10  END PGM XQTT MM
```

铣削矩形型腔时，刀具半径要小于内圆弧半径。如本例铣削圆形凸台用 $\phi 20$ mm 铣刀，铣削矩形型腔用 $\phi 10$ mm 的铣刀，应怎样修改上面的程序?

## 5.5 阵列循环

阵列循环分圆弧阵列与线性阵列两类，用于加工沿圆弧或方阵排列的相同的元素，如 $\phi$100 mm 圆周上均布 8 × $\phi$10 mm 孔，就可用圆弧阵列循环编程。阵列循环是定义即生效的循环，不需要循环调用，可与钻孔、铣槽、铣型腔、刚性攻螺纹、浮动攻螺纹、螺纹切削循环联合使用。

以下循环可用于阵列：钻孔 200、铰孔 201、镗孔 202、万能钻 203、反向镗 204、万能啄钻 205、新浮动攻螺纹 206、新刚性攻螺纹 207、螺旋镗铣 208、断屑攻螺纹 209、定心钻 240、精铣型腔 212、精铣凸台 213、精铣圆孔 214、精铣圆形凸台 215、铣矩形型腔 251、铣圆孔 252、铣直槽 253、铣圆弧槽 254、铣矩形凸台 256、铣圆形凸台 257、铣螺纹 262、铣螺纹锪孔 263 等。

定义阵列循环，先按【CYCL DEF】循环定义键，弹出循环定义界面，其次选［图案］循环组，再单击软键［循环 220］或［循环 221］，进入阵列循环参数设置界面。表 5-8 与表 5-9 分别为圆弧阵列循环 220 与线性阵列循环 221 参数说明。各参数示意图如图 5-22 与图 5-23 所示。

**表 5-8　圆弧阵列循环参数一览表**

| 参　数 | 说　明 | |
|---|---|---|
| 第一轴中心 Q216 | 节圆中心坐标 | 参考轴方向 |
| 第二轴中心 Q217 | | 辅助轴方向 |
| 节圆直径 Q244 | 节圆直径 | |
| 起始角 Q245 | 节圆上首先加工的点位极角 | |
| 终止角 Q246 | 节圆上最终加工的点位极角（与起始角比较，大小决定加工方向） | |
| 步距角 Q247 | 节圆上相邻加工位之间的夹角<br>① 取 0 时，系统将自动计算角步距<br>② 取非 0 值，系统将不考虑终止角度<br>步距角的正负号决定加工方向，“+”表示逆时针，“-”表示顺时针 | |
| 重复次数 Q241 | 节圆上加工元素个数 | |
| 安全高度 Q200 | 刀尖与加工表面之间的距离，正值 | |
| 孔表面坐标 Q203 | 加工孔的表面坐标 | |
| 第二安全高度 Q204 | 退刀高度，刀具在此高度移动，不会与工件或夹具碰撞 | |
| 移动安全高度 Q301 | 定义刀具在两次加工之间的抬刀高度，0 表示 R 平面，1 表示第二安全高度 | |
| 移动类型 Q365 | 定义两次加工之间刀具运动的路径类型，0 表示直线，1 表示圆弧 | |

**表 5-9　线性阵列循环参数一览表**

| 参　数 | 说　明 | |
|---|---|---|
| 第一轴起点 Q225 | 起点坐标 | 参考轴方向 |
| 第二轴起点 Q226 | | 辅助轴方向 |
| 第一轴间距 Q237 | 参考轴方向的间距 | |

（续）

| 参　数 | 说　明 |
| --- | --- |
| 第二轴间距 Q238 | 辅助轴方向的间距 |
| 列数 Q242 | 加工的列数 |
| 行数 Q243 | 加工的行数 |
| 旋转角 Q224 | 旋转整个阵列的角度，起点为旋转中心 |
| 安全高度 Q200 | 刀尖与加工表面之间的距离，正值 |
| 钻孔表面坐标 Q203 | 加工孔的表面坐标（基于工件坐标系） |
| 第二安全高度 Q204 | 退刀高度，刀具在此高度移动，不会与工件或夹具碰撞 |
| 移动安全高度 Q301 | 定义刀具在两次加工之间的抬刀高度，0 表示 R 平面，1 表示第二安全高度 |

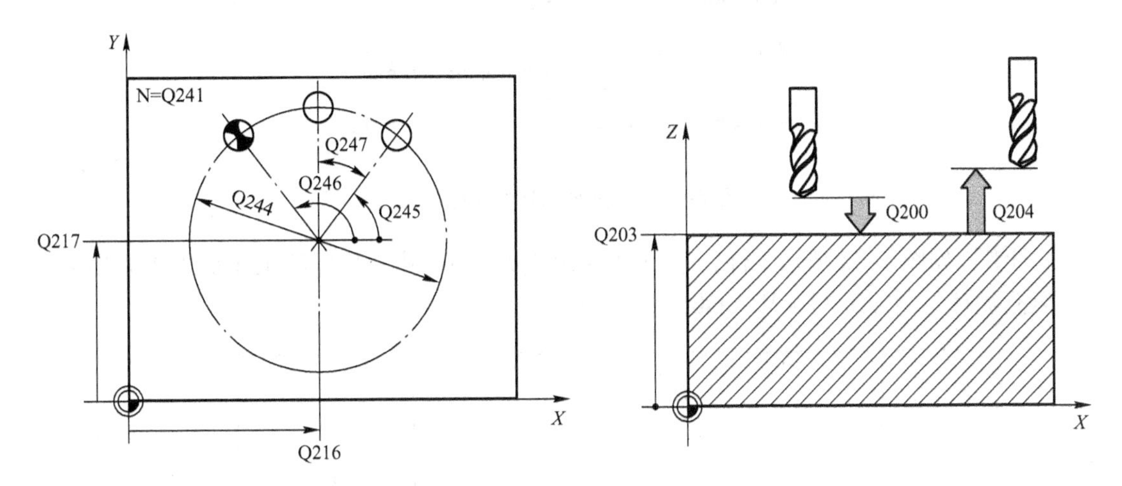


图 5-22　圆弧阵列参数示意图

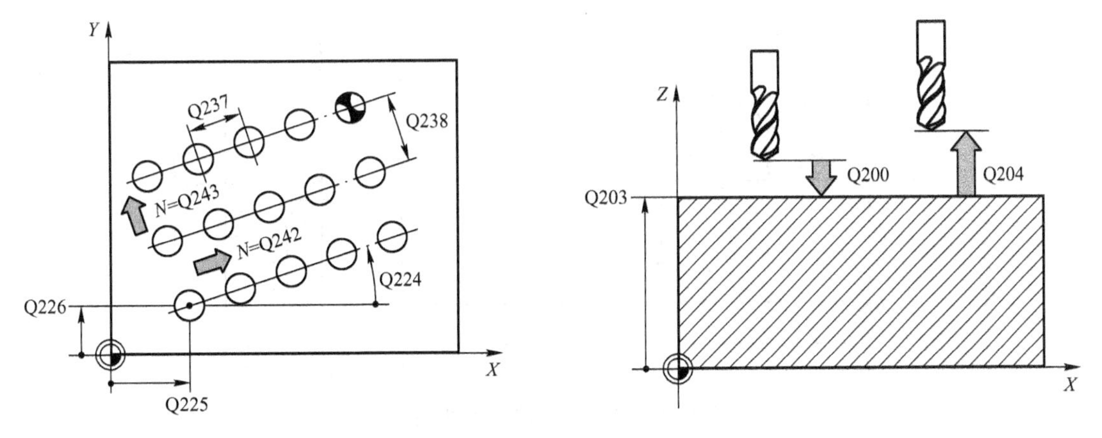


图 5-23　线性阵列参数示意图

一般阵列循环与加工循环联合使用，所以用阵列循环编程时，应先定义加工循环，如先定义钻孔循环 200，再定义阵列循环。因为阵列循环定义即生效，并且阵列循环与循环 200～267 联合使用时，阵列循环的两个安全高度表面坐标保持有效。加工阵列定位的元素时，机床将自动定位到阵列定义的第一点位置。

如阵列点位置的元素要用多把刀具进行加工，如先钻中心孔定位，再钻底孔，最后攻螺纹，使用阵列循环编程的格式如图 5-24 所示。有关子程序和程序块编程的知识见第 6 章。

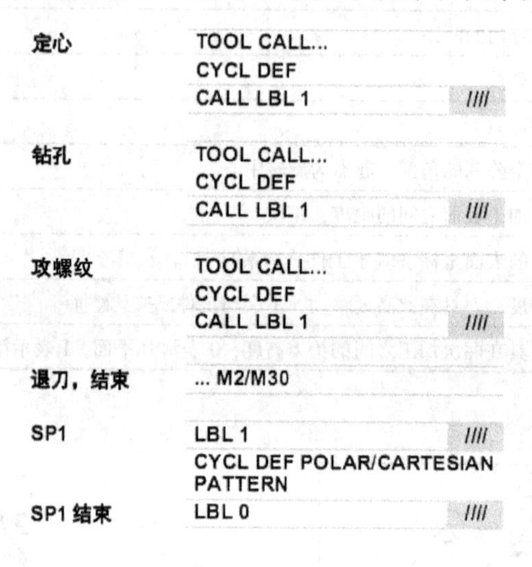


图 5-24　用阵列循环的编程格式

【训练】如图 5-25 所示工件，采用中心钻定位→钻底孔→攻螺纹工序加工 M6 螺纹孔，试用阵列循环编制加工 17×M16 螺纹孔的程序。

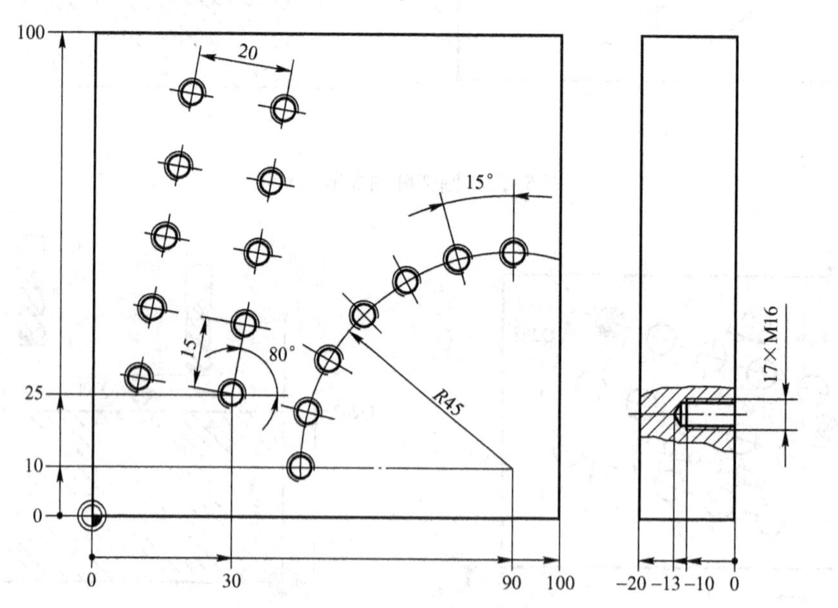


图 5-25　多刀加工阵列编程实例

**主程序：**

0　BEGIN　PGM　DZL　MM

1　BLK　FORM　0.1　Z　X+0　Y+0　Z-20

2　BLK　FORM　0.2　X+100　Y+100　Z+0

3　TOOL　CALL　4　Z　S3000　（调用中心钻）

```
4   L  Z+100  R0  FMAX  M3
5   CYCL  DEF  240  CENTERING  (定义定位钻循环240)
    Q200 = +2
    Q343 = +0
    Q201 = -3.5
    Q344 = +0
    Q206 = +150
    Q211 = +0
    Q203 = +0
    Q204 = +50
6   CALL  LBL 1  (调用子程序1)
7   L  Z+100  R0  FMAX
8   TOOL  CALL  2  Z  S3000  (调用麻花钻)
9   L  Z+100  R0  FMAX  M3
10  CYCL  DEF  200  DRILLING  (定义钻孔循环200)
    Q200 = +2
    Q201 = -13
    Q206 = +150
    Q202 = +5
    Q210 = +0
    Q203 = +0
    Q204 = +50
    Q211 = +0
11  CALL  LBL  1  (调用子程序1)
12  L  Z+100  R0  FMAX
13  TOOL  CALL  3  Z  S500  R3  (调用丝锥)
14  L  Z+100  R0  FMAX  M3
15  CYCL  DEF  207  RIGID  TAPPING  NEW  (定义攻螺纹循环207)
    Q200 = +2
    Q201 = -10
    Q239 = +1  (螺距)
    Q203 = +0
    Q204 = +50
16  CALL  LBL 1  (调用子程序1)
17  L  Z+100  R0  FMAX  M30
```

**子程序:**

```
18  LBL 1  (子程序名)
19  CYCL  DEF  220  POLAR  PATTERN  (定义圆弧阵列循环220)
    Q216 = +90    (第一轴中心坐标)
    Q217 = +10    (第二轴中心坐标)
    Q244 = +90    (节圆直径)
    Q245 = +90    (起始角)
```

```
     Q246 = +180     （终止角）
     Q247 = +15      （步距角）
     Q241 = +7       （加工个数）
     Q200 = +2       （安全高度）
     Q203 = +0       （表面坐标）
     Q204 = +2       （第二安全高度）
     Q301 = +0       （抬刀至第二安全高度）
     Q365 = +1       （圆弧移刀方式）
20   CYCL  DEF  221  CARTESIAN  PATTERN （定义线性阵列循环221）
     Q225 = +30      （第一轴起点坐标）
     Q226 = +25      （第二轴起点坐标）
     Q237 = +15      （第一轴间距）
     Q238 = +20      （第二轴间距）
     Q242 = +5       （列数）
     Q243 = +2       （行数）
     Q224 = +80      （旋转角度）
     Q200 = +2       （安全高度）
     Q203 = +0       （表面坐标）
     Q204 = +2       （第二安全高度）
     Q301 = +0       （抬刀至第二安全高度）
21   LBL 0           （子程序结束）
22   END  PGM  DZL  MM
```

上例线性阵列孔，如看作两列五行阵列，参数怎么取？

【训练】编制图5-26所示零件的加工程序，毛坯尺寸为 $\phi100$ mm × 20 mm。

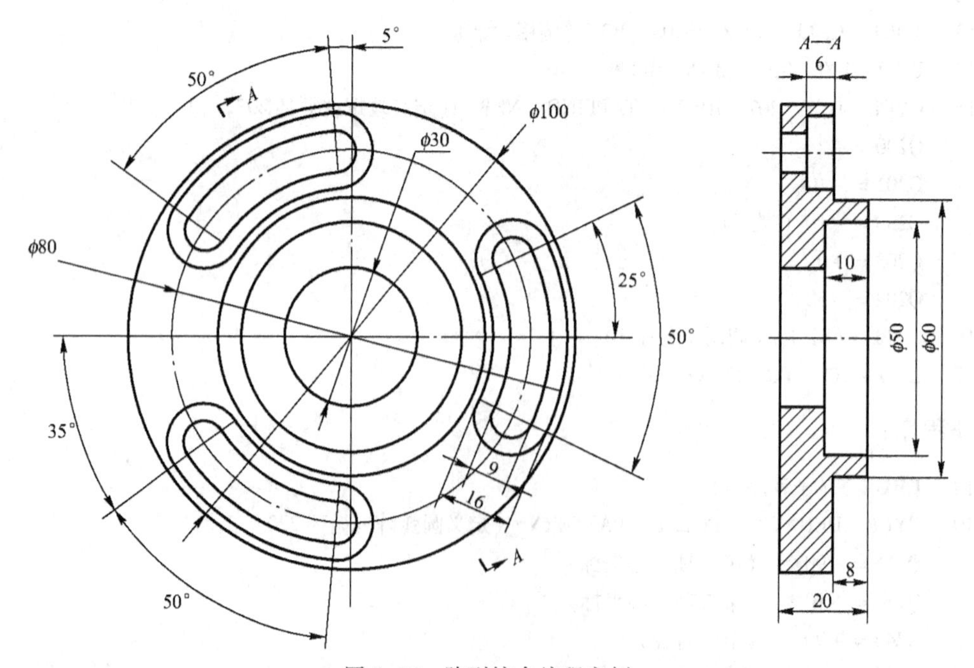


图5-26　阵列综合编程实例

**参考程序：**

```
0   BEGIN  PGM ZLZH  MM
1   BLK  FORM  0.1  Z  X-50  Y-50  Z-20
2   BLK  FORM  0.2  X+50  Y+50  Z+0
3   TOOL  CALL  12  Z  S2200  (φ24 mm 铣刀)
4   L  Z+100  R0  FMAX  M3
5   CYCL  DEF  252  CIRCULAR  POCKET  (定义铣圆孔循环 252)
    Q215 = +0  (加工方式:粗加工和精加工)
    Q223 = +50
    Q368 = +0
    Q207 = +500
    Q351 = +1
    Q201 = -10
    Q205 = +5
    Q369 = +0
    Q206 = +150
    Q338 = +0  (精加工进给量,高度方向一次性切削)
    Q200 = +2
    Q203 = +0
    Q204 = +50
    Q370 = +1
    Q366 = +1  (螺旋下刀)
    Q385 = +300
6   CYCL  CALL  (加工 φ50 mm 孔)
7   CYCL  DEF  252  CIRCULAR  POCKET  (定义铣圆孔循环 252)
    Q215 = +0  (加工方式:粗加工和精加工)
    Q223 = +30
    Q368 = +0
    Q207 = +500
    Q351 = +1
    Q201 = -10  (铣削深度)
    Q205 = +5  (每次切入深度)
    Q369 = +0
    Q206 = +150
    Q338 = +0  (精加工进给量,高度方向一次性切削)
    Q200 = +2
    Q203 = -10  (孔加工表面的坐标)
    Q204 = +50
    Q370 = +1
    Q366 = +1  (螺旋下刀)
    Q385 = +300
8   CYCL  CALL  (加工 φ30 mm 孔)
```

```
11  TOOL  CALL  20  Z  S1200  （调用凸台铣刀 φ40 mm）
12  L  Z+100  R0  FMAX  M3
13  CYCL  DEF  257  CIRCULAR  STUD  （定义铣圆凸台循环 257）
    Q223 = +60  （精加工工件直径）
    Q222 = +100  （毛坯直径）
    Q368 = +0   （侧面精铣余量）
    Q207 = +500
    Q351 = +1
    Q201 = -8
    Q202 = +5
    Q206 = +150
    Q200 = +2
    Q203 = -8  （加工表面坐标）
    Q204 = +50
    Q370 = +1
    Q376 = +0  （加工起始角）
14  CYCL  CALL  （加工 φ60 mm 凸台）
15  TOOL  CALL  6  Z  S3000
16  L  Z+100  R0  FMAX  M3
17  CYCL  DEF  254  CIRCULAR  SLOT  （定义铣圆弧槽循环 254）
    Q215 = +1
    Q219 = +16
    Q368 = +0
    Q375 = +80
    Q367 = +0  （节圆圆心为槽定位的参考点）
    Q216 = +0  （第一轴的中心坐标）
    Q217 = +0  （第二轴的中心坐标）
    Q376 = -25  （起始角）
    Q248 = +50  （角度）
    Q378 = +120  （步距角）
    Q377 = +3  （操作步数）
    Q207 = +350
    Q351 = +1
    Q201 = -6  （加工深度）
    Q202 = +3  （切入深度）
    Q369 = +0  （深度的加工余量）
    Q206 = +150
    Q338 = +0
    Q200 = +2  （安全高度）
    Q203 = -8  （加工表面坐标）
    Q204 = +50  （第二安全高度）
    Q366 = +1  （螺旋下刀）
    Q385 = +300
```

```
18  CYCL  CALL  （铣削深 6 mm、宽 16 mm 槽）
19  TOOL  CALL  4  Z  S3500  （调用窄槽铣刀）
20  L  Z+100  R0  FMAX  M3
21  CYCL  DEF  254  CIRCULAR  SLOT  （定义铣圆弧槽循环 254）
    Q215 = +1  （粗铣）
    Q219 = +9
    Q368 = +0  （侧面的精加工余量）
    Q375 = +80
    Q367 = +0  （节圆圆心为槽定位的参考点）
    Q216 = +0  （第一轴的中心坐标）
    Q217 = +0  （第二轴的中心坐标）
    Q376 = -25
    Q248 = +50
    Q378 = +120  （步距角）
    Q377 = +3  （操作步数）
    Q207 = +500
    Q351 = +1
    Q201 = -6  （加工深度）
    Q202 = +3  （切入深度）
    Q369 = +0  （深度的加工余量）
    Q206 = +150
    Q338 = +0
    Q200 = +2  （安全高度）
    Q203 = -14  （加工表面坐标）
    Q204 = +20  （第二安全高度）
    Q366 = +1  （螺旋下刀）
    Q385 = +300
22  CYCL  CALL  （铣窄槽）
23  L  Z+100  R0  FMAX  M2
24  END  PGM  ZLZH  MM
```

注意理解 Q201 和 Q203 参数取值方法及第二安全高度的含义。

## 5.6 SL 循环

### 1. SL 循环功能

SL 循环用于加工平面轮廓围成的型腔或凸台，如两个相交圆围成的型腔或凸台，就可以用 SL 循环编程加工。

### 2. SL 循环编程程序格式

SL 循环由循环 14（轮廓几何特征）、循环 20（轮廓数据）、循环 22（粗铣）、循环 23（精铣底面）、循环 24（精铣侧面）及轮廓子程序组成，铣削型腔前如要预钻孔，还需要用循环 21（定心钻）。其编程格式见表 5-10。

表 5-10　SL 循环编程的程序基本格式

| 步　骤 | 程　序 | 说　明 |
|---|---|---|
| 0 | BEGIN　PGM　（文件名）　MM | 程序开始 |
| 常规准备工作 | BLK　FORM ... | 定义毛坯 |
| | TOOL　CALL　（刀具编号）（刀轴）　S__ | 调用第一把刀 |
| | L　Z+__　R0　FMAX　M__ | 移至第二安全高度或初始平面 |
| 列出轮廓元素（循环 14） | CYCL　DEF　14.0　CONTOUR　GEOMETRY<br>CYCL　DEF　14.1　CONTOUR　LABEL　1/2…/N | ① 轮廓几何特征循环，定义即生效<br>② 轮廓标记号：1，2，…，N |
| 设计轮廓数据（循环 20） | CYCL　DEF　20　CONTOUR　DATA | ① 轮廓数据循环，定义即生效<br>② 描述轮廓加工数据 |
| 预钻孔（循环 21） | CYCL　DEF　21　PILOT　DRILLING<br>CYCL　CALL　M3<br>L　Z+100... | ① 定心钻循环<br>② 铣削型腔需预钻孔时用<br>③ 粗铣型腔时加工的起点 |
| 粗铣（循环 22） | TOOL　CALL...<br>CYCL　DEF　22　ROUGHOUT<br>CYCL　CALL　M3<br>L　Z+100... | 调用刀具<br>定义循环<br>调用循环<br>沿 Z 轴退刀 |
| 精铣底面（循环 23） | TOOL　CALL...<br>CYCL　DEF　23　FLOOR　FINISHING<br>CYCL　CALL　M3 | 调用刀具<br>定义循环<br>调用循环 |
| 精铣侧面（循环 24） | CYCL　DEF　24　SIDE　FINISHING<br>CYCL　CALL　M3<br>L　Z+100...　M30 | 定义循环<br>调用循环<br>沿 Z 轴退刀 |
| 轮廓元素（子程序 $SP_1$）<br>...<br>（子程序 $SP_N$） | LBL　1<br>L　X__　Y__　RR/RL<br>L　X__　Y__<br>LBL　0 | ① 在第一个程序段须有加工面的两个坐标<br>② 子程序只用于确定轮廓的形状及型腔或凸台，只需要轮廓线和半径补偿类型，不需要刀具轴方向坐标（深度）、进给率 F、辅助功能 M 及接近、离开轮廓等指令 |
| | ... | ... |
| | LBL N... | ... |
| | END PGM（文件名）MM | 程序结束说明 |

**3. 编程注意事项**

（1）轮廓几何特征循环 14

① 所有用于定义轮廓的子程序都列在循环 14 中。

② 输入方法。选取循环 14 后，提示输入轮廓标记号，每输入一个标记号，用【ENT】键确认，所有标记号输完后，用【END □】键结束，自动生成两个程序段。

③ 循环 14 是定义即生效的循环。

☞ 轮廓标记号：用于定义轮廓各子程序的标记，如 LBL　1，LBL　2……

（2）轮廓数据循环 20　轮廓数据循环各参数示意图如图 5-27 所示，说明如下。

① 需要输入加工的数据，如铣削深度、精铣余量、安全高度等。

② 在循环 20 中输入的加工数据对循环 21 ~ 24 有效。

③ 循环 20 是定义即生效的循环。

④ 路径行距系数 Q2：Q2 = 行距/刀具半径，一般取 1 ~ 1.8，极限值为 2。

⑤ 安全高度 Q6：刀具与工件表面（指型腔或凸台的上表面）之间的距离。

⑥ 第二安全高度 Q7：退刀高度，刀具在此高度移动，不会与工件或夹具碰撞。以工件坐标系为基准的坐标值。

⑦ 拐点半径 Q8：走刀路径拐点圆弧半径，输入值为相对刀具中点路径的数据。

⑧ 走刀旋向 Q9：-1 表示顺时针，+1 表示逆时针。

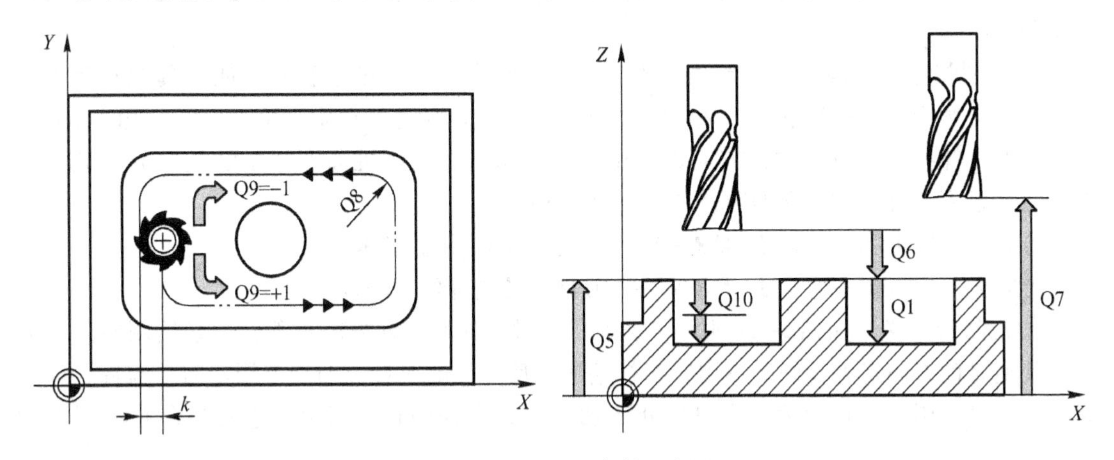


图 5-27　循环 20 参数示意图

（3）定心钻循环 21　定心钻循环用于预钻孔，便于铣刀垂直下刀，编程要点说明如下。

① 定义循环前先确定预钻孔位置。

② 循环 21 用于在进刀点执行定心钻，进刀点可用作粗铣加工的起点。

③ 如果定心钻刀具大于粗铣刀 Q13，TNC 系统将不能执行定心钻操作。

④ 粗铣刀具编号 Q13：粗铣加工的刀具编号。

（4）粗铣循环 22　循环 22 用于型腔和凸台的粗铣加工，编程要点说明如下。

① 本循环要求采用中心刃立铣刀或先用循环 21 预钻孔。

② 往复进给率 Q19：往复切入铣削过程中的刀具移动速度，单位为 mm/min。Q19 = 0 时，刀具垂直切入；Q19≠0 时，系统以螺旋下刀切入，此时，在刀具表中必须先定义刀具的切削刃长度参数 LCUTS，并定义刀具最大切入角参数 ANGLE。

③ 如果刀具表中定义 ANGLE = 90°，系统将垂直下刀切入，Q19 用作切入进给率。

④ 粗铣刀 Q18：一般 Q18 = 0，无另外粗加工刀具；Q18≠0 时，则此刀具必须比原粗加工刀具直径大，只进行半精加工。

（5）精铣底面循环 23

① 系统自动计算精铣的起点，起点位置取决于型腔的可用空间。

② 退刀速度 Q208：如果 Q208 = 0，系统将以 Q12 的铣削进给速率退刀。

（6）精铣侧面循环 24

① 系统自动计算精铣的起点，起点位置取决于型腔的可用空间。

② 精铣侧面余量 Q14：如果输入 Q14 =0，将把剩余的精铣余量全部铣去。

**4. 型腔与凸台的定义方法**

在 SL 循环编程中，需要明确所加工的对象是型腔还是凸台，TNC 系统通过轮廓的走刀方向结合刀具半径补偿的类型进行定义与判定。

轮廓有封闭性，每个轮廓都是一条闭合的线条。型腔的轮廓为内轮廓，刀具在轮廓内加工；凸台轮廓为外轮廓，刀具在轮廓外加工。根据轮廓与刀具半径补偿的关联性，可以通过走刀方向（顺时针或逆时针）与刀具半径补偿类型（左刀补或右刀补）来定义加工的对象是型腔或凸台。

（1）型腔定义　根据刀具半径补偿类型的判定方法，铣削型腔时，如刀具顺时针方向走刀，则必然用右刀补编程；如逆时针方向走刀，则必然用左刀补编程。反之，顺时针方向走刀用右刀补编程，或逆时针方向走刀用左刀补编程，则可推断所加工的元素为型腔。所以，可用以下两种方式定义型腔，如图 5-28 所示。

方式 1：刀具顺时针走刀（**DR－**）＋刀具半径右补偿（**RR**）。

方式 2：刀具逆时针走刀（**DR＋**）＋刀具半径左补偿（**RL**）。

（2）凸台定义　如图 5-29 所示，铣削凸台时，如顺时针方向走刀，则必然用左刀补编程；如逆时针方向走刀，则必然用右刀补编程。反之，顺时针方向走刀用左刀补编程，或逆时针方向走刀用右刀补编程，则可推断所加工的元素为凸台。所以，定义凸台有以下两种方式。

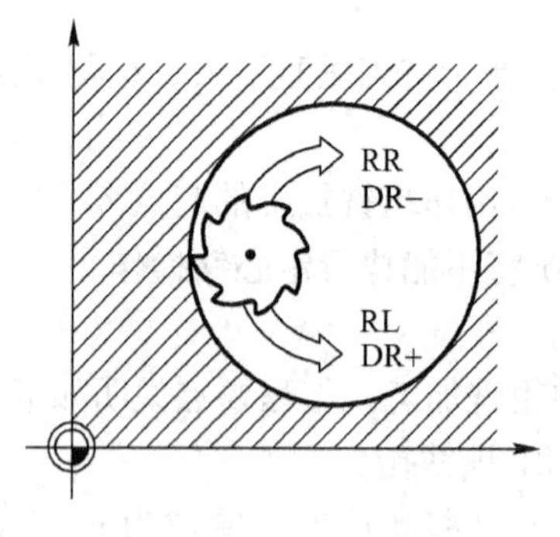


图 5-28　定义型腔示意图

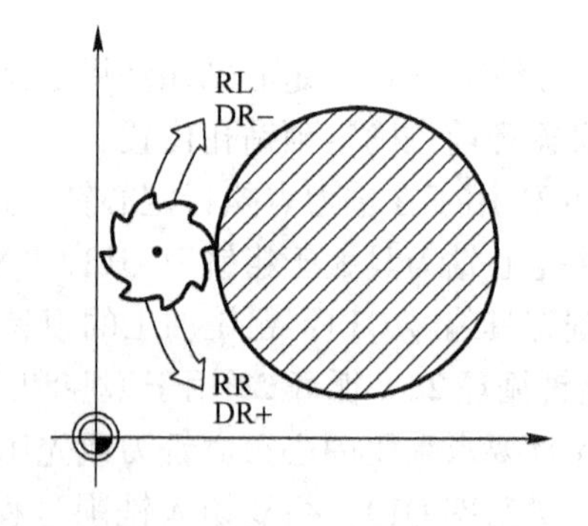


图 5-29　定义凸台示意图

方式 1：刀具顺时针走刀（**DR－**）＋刀具半径左补偿（**RL**）。

方式 2：刀具逆时针走刀（**DR＋**）＋刀具半径右补偿（**RR**）。

通过走刀方向结合刀具半径补偿类型来定义 SL 循环加工的元素是型腔还是凸台，该程序一般编为子程序，仅用于确定 SL 循环加工范围。因此，该程序描述的只是一个封闭的轮廓线，不需要切入、切出的程序段，也不需要辅助功能、F、S、T 指令，只含路径功能、坐标字及刀具补偿类型指令。

【训练】如图 5-30 所示，用 SL 循环编制铣削工件型腔的程序。如果把型腔改为凸台，如图 5-31 所示，试用 SL 循环编制加工凸台的程序。

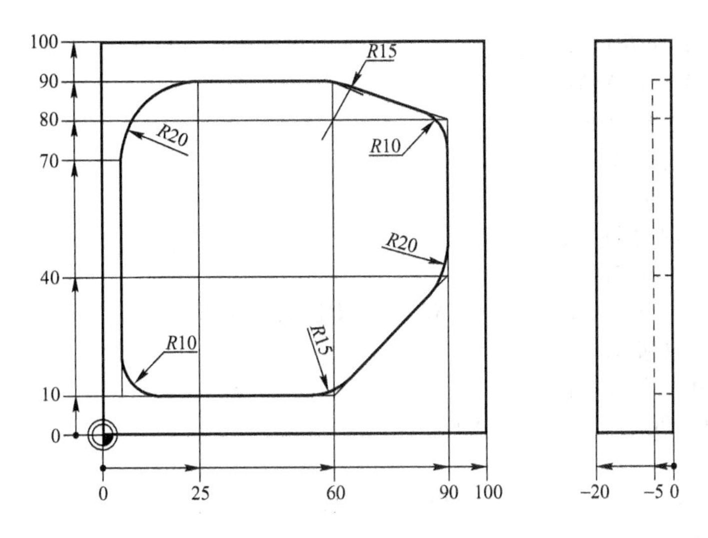


图 5-30　型腔 SL 编程实例

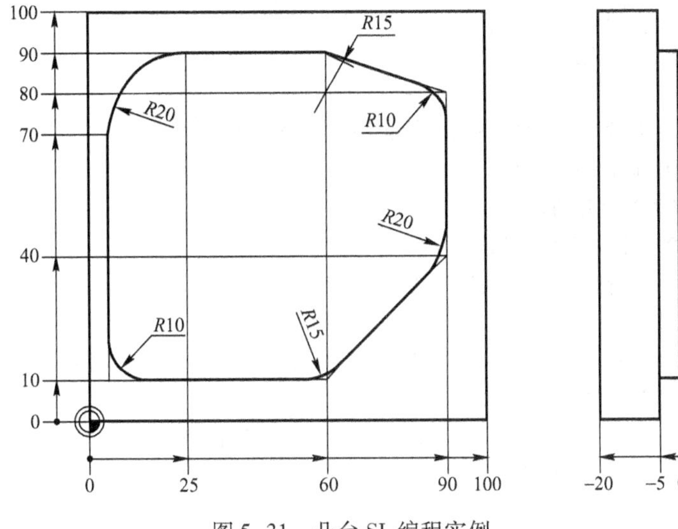


图 5-31　凸台 SL 编程实例

**型腔参考程序：**

**主程序：**

```
0    BEGIN   PGM   XQSL   MM
1    BLK   FORM   0.1   Z   X+0   Y+0   Z-20
2    BLK   FORM   0.2   X+100   Y+100   Z+0
3    TOOL   CALL   10   Z   S2000  （调用定心钻刀具）
4    L   Z+100   R0   FMAX   M3
5    CYCL   DEF   14.0   CONTOUR   GEOMETRY  （定义轮廓几何特征循环 14）
6    CYCL   DEF   14.1   CONTOUR   LABEL   1
7    CYCL   DEF   20   CONTOUR   DATA  （定义轮廓数据循环 20）
     Q1 = -5  （铣削深度）
     Q2 = +1  （路径行距系数）
```

```
    Q3 = +0.3 （侧面精铣余量）
    Q4 = +0.3 （底面精铣余量）
    Q5 = +0 （表面坐标）
    Q6 = +2 （安全高度）
    Q7 = +50 （第二安全高度）
    Q8 = +0 （拐点圆弧半径）
    Q9 = +1 （逆时针铣削）
8   CYCL DEF 21 PILOT DRILLING （定义定心钻循环 21）
    Q10 = +5 （切入深度）
    Q11 = +100（切入进给率）
    Q13 = +0（粗铣刀，同一把刀加工）
9   CYCL CALL
10  TOOL CALL 15 Z S2600 （调用粗铣刀具）
11  L Z+100 R0 FMAX M3
12  CYCL DEF 22 ROUGH-OUT （定义粗铣循环 22）
    Q10 = +2.5 （切入深度）
    Q11 = +100 （切入进给率）
    Q12 = +200 （粗铣进给率）
    Q18 = +0 （粗铣刀具，如取值必须比粗铣刀具 15 大）
    Q19 = +150 （往复进给率）
    Q208 = +99999 （退刀速度）
    Q401 = +100 （按百分比降低进给率）
    Q404 = +0 （半精加工方式为均匀切削量）
13  CYCL CALL
14  TOOL CALL 8 Z S3000 （调用精加工刀具）
15  L Z+100 R0 FMAX M3
16  CYCL DEF 23 FLOOR FINISHING （定义底面精铣循环 23）
    Q11 = +120 （切入进给率）
    Q12 = +240 （铣削进给率）
    Q208 = +99999 （退刀速度）
17  CYCL CALL
18  CYCL DEF 24 SIDE FINISHING （定义侧面精铣循环 24）
    Q9 = +1 （逆时针铣削）
    Q10 = +5 （切入深度）
    Q11 = +120 （切入进给率）
    Q12 = +240 （铣削进给率）
    Q14 = +0 （侧面精铣余量）
    Q438 = -1 （粗加工刀具，输入其他数，提示刀具太大）
19  CYCL CALL
20  L Z+100 R0 FMAX M30
```

**子程序：定义型腔**（内轮廓，顺时针走刀，刀具半径右补偿 RR）

```
21  LBL 1
```

```
22  L  X+5  Y+40  RR
23  L  Y+90
24  RND  R20
25  L  X+60
26  RND  R15
27  L  X+90  Y+80
28  RND  R10
29  L  Y+40
30  RND  R20
31  L  X+60  Y+10
32  RND  R15
33  L  X+5
34  RND  R10
35  L  Y+40
36  LBL  0
37  END  PGM  XQSL  MM
```

- 5/6 程序段输入方法：按【CYCL DEF】键→单击软键［SL 循环］→单击软键［14 LBL 1...N］→输 1→按【END□】键。输入多个子程序号时，先逐个用【ENT】键确认，最后用【END□】键结束。
- 子程序中“LBL”输入：按【LBL SET】键。

**凸台参考程序：**

**主程序：**

```
0  BEGIN  PGM  TTSL  MM
1  BLK  FORM  0.1  Z  X+0  Y+0  Z-20
2  BLK  FORM  0.2  X+100  Y+100  Z+0
3  TOOL  CALL  4  Z  S2000 （调用粗铣刀具）
4  L  Z+100  R0  FMAX  M3
5  CYCL  DEF  14.0  CONTOUR  GEOMETRY （定义轮廓几何特征循环 14）
6  CYCL  DEF  14.1  CONTOUR  LABEL  1/2
7  CYCL  DEF  20  CONTOUR  DATA （定义轮廓数据循环 20）
   Q1 = -5
   Q2 = +1
   Q3 = +0.3
   Q4 = +0.3
   Q5 = +0
   Q6 = +2
   Q7 = +50
   Q8 = +0
   Q9 = -1
8  CYCL  DEF  22  ROUGH-OUT （定义粗铣循环 22）
   Q10 = +2
```

```
     Q11 = +100
     Q12 = +200
     Q18 = +0 （粗铣刀具,如取值必须比粗铣刀具6大）
     Q19 = +150
     Q208 = +99999
     Q401 = +100
     Q404 = +0
9    CYCL  CALL
10   TOOL  CALL  4  Z  S3000 （调用精加工刀具）
11   CYCL  DEF  23  FLOOR  FINISHING （定义底面精铣循环23）
     Q11 = +120
     Q12 = +240
     Q208 = +99999
12   CYCL  CALL
13   CYCL  DEF  24  SIDE  FINISHING （定义侧面精铣循环24）
     Q9 = -1
     Q10 = +5
     Q11 = +120
     Q12 = +240
     Q14 = +0
     Q438 = -1
14   CYCL  CALL
15   L  Z+100  R0  FMAX  M30
```

**子程序1：定义凸台**（外轮廓，顺时针走刀，刀具半径左补偿RL）

```
16   LBL  1
17   L  X+5  Y+40  RL
18   L  Y+90
19   RND  R20
20   L  X+60
21   RND  R15
22   L  X+90  Y+80
23   RND  R10
24   L  Y+40
25   RND  R20
26   L  X+60  Y+10
27   RND  R15
28   L  X+5
29   RND  R10
30   L  Y+40
31   LBL  0
```

**子程序2：定义假想型腔**（内轮廓，顺时针走刀，刀具半径右补偿RR）

```
32   LBL   2
33   L   X-5   Y-5   RR
34   L   Y+105
35   L   X+105
36   L   Y-5
37   L   X-5
38   LBL   0
39   END   PGM   TTSL   MM
```

- 思路：加工凸台转换为加工型腔（有岛屿）。原凸台轮廓为外轮廓，假想轮廓110 mm × 110 mm 为内轮廓，两个轮廓组成槽类型腔。
- 定义假想轮廓时，要考虑粗加工刀具大小，刀具直径必须比假想槽宽小，否则无法粗加工。

  本例定义左侧轮廓 $X=-5$，所以假想左边槽宽仅为 10 mm，只能用 $\phi$8 mm 的粗加工刀具。

【训练】用 SL 循环编制图 5-32 所示工件的加工程序，毛坯尺寸为 100 mm × 100 mm × 20 mm。

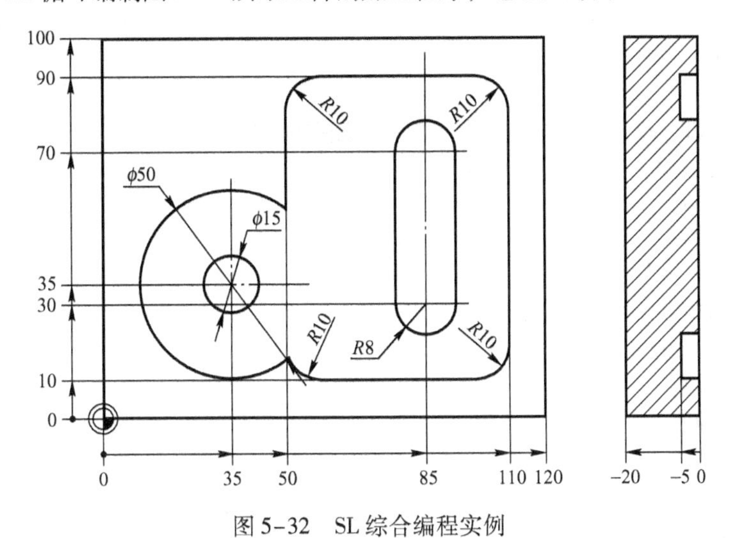


图 5-32　SL 综合编程实例

**分析**：如图 5-33 所示，工件的加工部分可以看作 $\phi$15 mm 凸台、$\phi$50 mm 型腔、矩形型腔与键形凸台组合而成，定义型腔和凸台的子程序分别为 LBL　1、LBL　2、LBL　3 与 LBL　4。注意描述各个轮廓时，起点不要取在轮廓的交点。用 SL 编程如下。

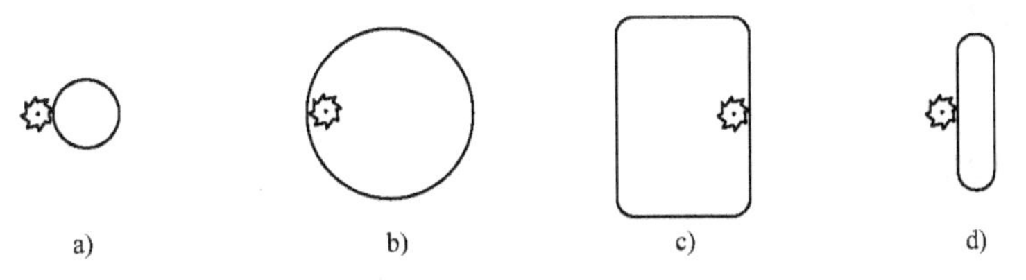


图 5-33　子程序定义型腔和凸台示意图

a) $\phi$15 mm 凸台　b) $\phi$50 mm 型腔　c) 矩形型腔　d) 键形凸台

**参考程序：**

**主程序：**

```
0    BEGIN  PGM  ZHXQSL  MM
1    BLK  FORM  0.1  Z  X+0  Y+0  Z-20
2    BLK  FORM  0.2  X+120  Y+100  Z+0
3    TOOL  CALL  5  Z  S3000
4    L  Z+100  R0  FMAX  M3
5    CYCL  DEF  14.0  CONTOUR  GEOMETRY  （定义轮廓几何特征循环14）
6    CYCL  DEF  14.1  CONTOUR  LABEL  1/2/3/4
7    CYCL  DEF  20  CONTOUR  DATA  （定义轮廓数据循环20）
     Q1 = -5
     Q2 = +1
     Q3 = +0.3
     Q4 = +0  （底面余量为0，表示底面不进行精加工）
     Q5 = +0
     Q6 = +2
     Q7 = +0
     Q8 = +0
     Q9 = -1
8    CYCL  DEF  22  ROUGH-OUT  （定义粗铣循环22）
     Q10 = +5
     Q11 = +150
     Q12 = +500
     Q18 = +0
     Q19 = +150
     Q208 = +99999
     Q401 = +100
     Q404 = +0
9    CYCL  CALL
10   TOOL  CALL  4  Z  S3600
11   L  Z+100  R0  FMAX  M3
12   CYCL  DEF  24  SIDE  FINISHING  （定义侧面精铣循环24）
     Q9 = +1
     Q10 = +5
     Q11 = +120
     Q12 = +240
     Q14 = +0
     Q438 = -1
13   CYCL  CALL
14   L  Z+100  R0  FMAX  M30
```

**子程序1：定义圆形凸台**（顺时针走刀，刀具半径左补偿RL）

```
15   LBL  1
16   L  X+27.5  Y+35  RL
```

```
17  CC  X+35  Y+35
18  C  X+27.5  Y+35  DR-
19  LBL  0
```

**子程序2：定义圆形型腔**（顺时针走刀，刀具半径右补偿RR）

```
20  LBL  2
21  L  X+10  Y+35  RR
22  CC  X+35  Y+35
23  C  X+10  Y+35  DR-
24  LBL  0
```

**子程序3：定义矩形型腔**（顺时针走刀，刀具半径右补偿RR）

```
25  LBL  3
26  L  X+110  Y+50  RR
27  L  X+110  Y+10
28  RND  R10
29  L  X+50  Y+10
30  RND  R10
31  L  X+50  Y+90
32  RND  R10
33  L  X+110  Y+90
34  RND  R10
35  L  X+110  Y+50
36  LBL  0
```

**子程序4：定义键形凸台**（顺时针走刀，刀具半径左补偿RL）

```
37  LBL  4
38  L  X+77  Y+50  RL
39  L  X+77  Y+70
40  CR  X+93  Y+70  R+8  DR-
41  L  X+93  Y+30
42  CR  X+77  Y+30  R+8  DR-
43  L  Y+50
44  LBL  0
45  END  PGM  ZHQSL  MM
```

☞子程序描述轮廓起点避免取在交点处，应在加工的轮廓上取。

## 5.7 坐标变换循环

### 5.7.1 概述

对于形状相同而位置不同的加工元素，只要选取其中最易编程的一个加工元素，建立局部坐标系，编为子程序，就可以通过坐标变换并调用子程序来完成其他加工元素。坐标变换方式有原点平移、镜像、旋转和缩放。其中原点平移是所有坐标变换的基础，一般都先进行原点平移，再进行镜像、旋转和缩放。取消坐标变换功能时，应先取消镜像、旋转和缩放，最后取消平移。坐标变换编程，通常引入子程序。常见坐标变换循环见表5-11。

**表5-11　常见坐标变换循环**

| 软　键 | 循　环 | 功　能 |
|---|---|---|
| 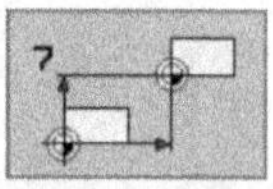 7 | 原点平移循环7 | 平移坐标系 |
| 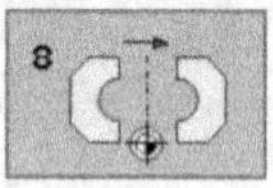 8 | 镜像循环8 | 镜像轮廓 |
| 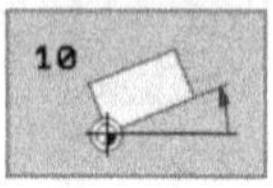 10 | 旋转循环10 | 在加工面内旋转轮廓 |
| 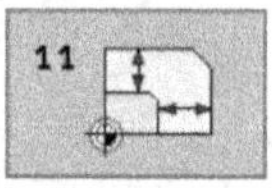 11 | 缩放循环11 | 放大或缩小轮廓尺寸 |

坐标变换循环定义即生效，不需要进行调用。只有重新定义参数值（如旋转循环的旋转角度）或复位（取消循环功能）后，原循环功能才终止。

## 5.7.2　坐标变换循环详解

**1. 原点平移循环7（ 　）**

（1）原点平移的原理与过程　几个加工元素如果通过平移能够重合，就可以用原点平移循环编程。原点平移实质是平移坐标系。通过原点平移，可以建立方便编程的局部坐标系。如图5-34所示，要编制元素2的加工程序，可将原工件坐标系平移到方便元素2编程的合适位置，产生的新坐标系称为局部编程坐标系。以新的坐标系编制元素2的加工程序，基点坐标计算比较简单，编程也比较方便。

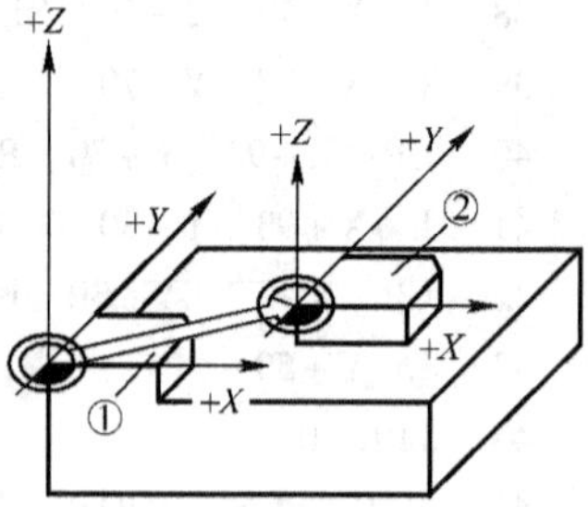

图5-34　原点平移编程示意图

（2）原点平移的编程思路与格式

① 选一个用于编制子程序的基本加工元素，在此建立局部坐标系。

② 按局部坐标系编制该元素的加工子程序。

③ 明确局部编程坐标系原点在原工件坐标系中的坐标，将该坐标输入原点平移循环。

④ 调用子程序，完成各元素加工。

⑤ 及时取消循环功能。

原点平移编程的基本格式见表5-12。

表 5-12　原点平移循环编程基本格式

| 步　骤 | 程　序 | 说　明 |
|---|---|---|
| 0 | BEGIN　PGM（文件名）　MM | 程序开始 |
| 常规准备工作 | BLK　FORM... | 定义毛坯 |
| | TOOL　CALL　（刀具编号）(刀轴)　S_ | 调用刀具 |
| | L　Z+_　R0　FMAX　M_ | 刀具移至第二安全高度或初始平面 |
| 建原点平移循环 7 | CYCL　DEF　7.0　DATUM　SHIFT<br>CYCL　DEF　7.1　X_<br>CYCL　DEF　7.1　Y_ | 输入局部编程坐标系原点在工件坐标系中的坐标 |
| 调用子程序 LBL | CALL　LBL　1 | 调用按局部坐标系编的程序 |
| 取消循环 7 | CYCL　DEF　7.0　DATUM　SHIFT<br>CYCL　DEF　7.1　X+0<br>CYCL　DEF　7.1　Y+0 | 循环复位 |
| 编子程序 | LBL　1<br>...<br>LBL　0 | 子程序（按局部坐标系编的程序，注意与主程序衔接） |
| | END　PGM　（文件名）　MM | 程序结束说明 |

【训练】如图 5-35 所示，用原点平移循环编制型腔加工程序。

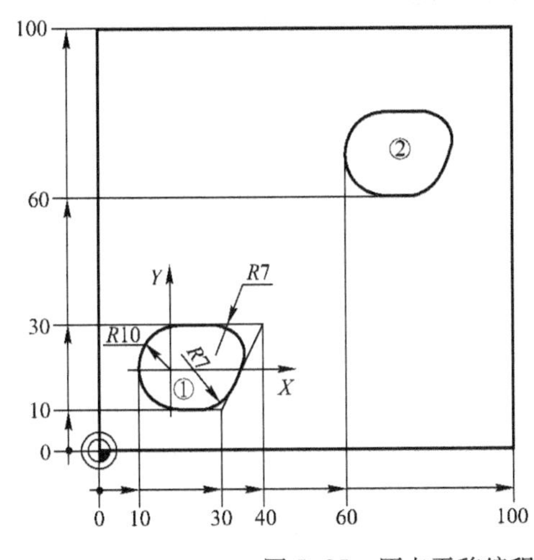


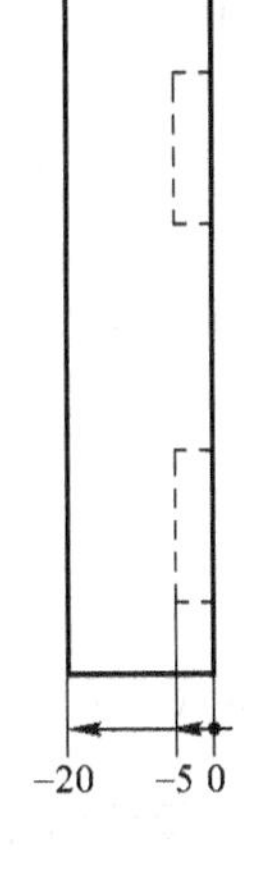


图 5-35　原点平移编程实例

选①作为基本加工元素，在①上建立一个方便编程的局部坐标系，按此坐标系编制加工①的子程序；主程序通过调用子程序来加工①与②。

**参考程序：**

**主程序：**

```
0    BEGIN   PGM   YDPY   MM
1    BLK   FORM   0.1   Z   X+0   Y+0   Z-20
2    BLK   FORM   0.2   X+100   Y+100   Z+0
3    TOOL   CALL   6   Z   S1600
```

```
4   L  Z+100  R0  FMAX  M3
5   CYCL  DEF  7.0  DATUM  SHIFT  (原点平移到①的半圆圆心)
6   CYCL  DEF  7.1  X+20
7   CYCL  DEF  7.2  Y+20
8   CALL  LBL  1  (调用子程序，加工①型腔)
9   CYCL  DEF  7.0  DATUM  SHIFT  (原点平移到②的半圆圆心)
10  CYCL  DEF  7.1  X+70
11  CYCL  DEF  7.2  Y+70
12  CALL  LBL  1  (调用子程序，加工②型腔)
13  CYCL  DEF  7.0  DATUM  SHIFT  (取消平移)
14  CYCL  DEF  7.1  X+0
15  CYCL  DEF  7.2  Y+0
16  L  Z+100  R0  FMAX  M2
```

**子程序：**

```
17  LBL  1  (局部坐标系中编的子程序)
18  L  X+0  Y+0  R0  FMAX  (与主程序通用部分衔接)
19  L  Z+2  R0  FMAX
20  L  Z-5  R0  F100
21  APPR  LCT  X-10  Y+0  R3  RL  F200
22  CR  X+0  Y-10  R+10  DR+
23  L  X+10
24  RND  R7
25  L  X+20  Y+10
26  RND  R7
27  L  X+0  Y+10
28  CR  X-10  Y+0  R+10  DR+
29  DEP  LCT  X+0  Y+0  R3
30  L  Z+2  R0  FMAX
31  LBL  0
32  END  PGM  YDPY  MM
```

**2. 镜像、旋转和缩放循环（8 10 11 ）**

在工件坐标系中，对于基点计算不方便的轮廓，如通过旋转轮廓使编程的基点计算简化，可以用旋转循环编程。如图 5-36 所示，倒圆角的斜放的矩形凸台，计算切点或角顶点较麻烦，可以转化为编制正放的矩形凸台加工的子程序，再通过旋转循环达到加工斜矩形凸台的目的。

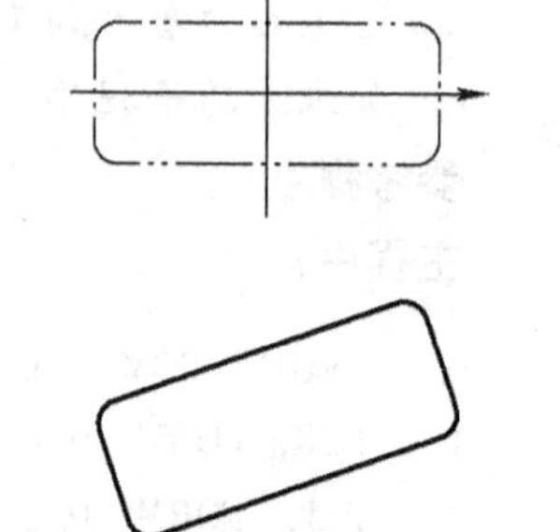

图 5-36　旋转编程示意图

对于轴对称的轮廓，可以用镜像循环编程。如图 5-37 所示，轮廓①与轮廓②关于 $Y$ 轴对称，只要把加工①的轮廓编为子程序，通过镜像循环就可以加工轮廓②。要注意的是 TNC 系统中，镜像轴只能是坐标轴，且一般为局部编程坐标系的坐标轴。同时要注意的是镜像使顺铣与逆铣的加工工艺发生改变。如图 5-38 所示，如果元素①用顺铣工艺加工，则通过一次镜像的②或④变为逆铣工艺加工，二次镜像的③又变回顺铣工艺加工。如两个轮廓经过轴向平移后有对称关系，则可以先用平移循环，再用镜像循环编程。

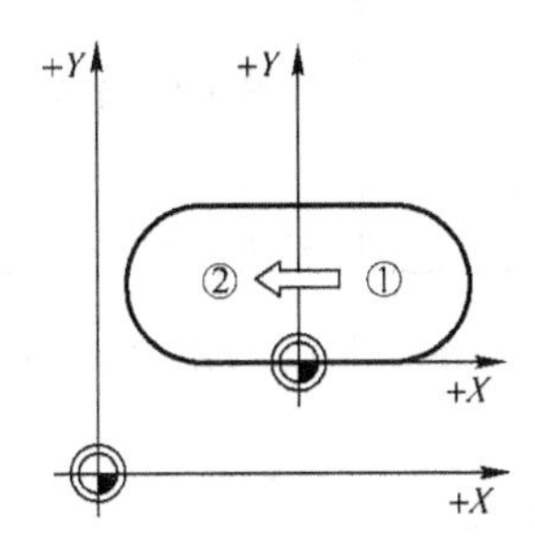

图 5-37　镜像编程示意图

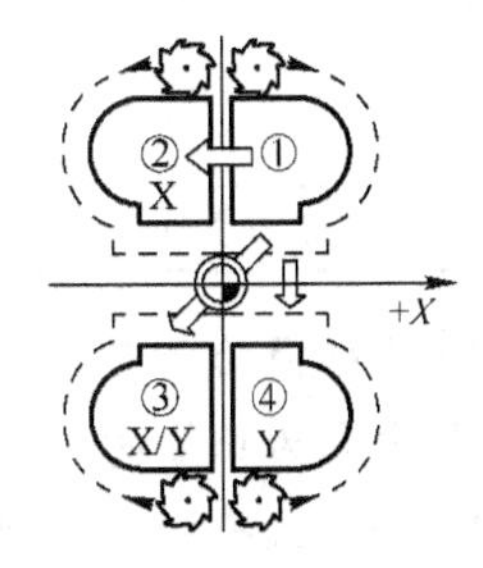

图 5-38　镜像编程工艺改变

对于相似关系的轮廓，也可以把其中一个轮廓编为子程序，可以通过缩放循环加工另一个相似形的轮廓。

使用旋转、镜像、缩放编程，一般都要先进行坐标平移，再进行旋转、镜像、缩放。坐标变换功能用好后要及时取消，且先取消旋转、镜像、缩放，再取消原点平移。编程基本格式见表 5-13。

**表 5-13　坐标变换循环编程基本格式**

| 步　骤 | 程　序 | 说　明 |
|---|---|---|
| 0 | BEGIN　PGM（文件名）　MM | 程序开始 |
| 常规准备工作 | BLK　FORM ... | 定义毛坯 |
| | TOOL　CALL（刀具编号）（刀轴）　S__ | 调用刀具 |
| | L　Z+__　R0　FMAX　M__ | 刀具移至第二安全高度或初始平面 |
| 建原点平移循环 7 | CYCL　DEF　7.0　DATUM　SHIFT<br>CYCL　DEF　7.1　X__<br>CYCL　DEF　7.1　Y__ | 输入局部编程坐标系原点在工件坐标系中的坐标 |
| A 定义镜像循环 8 | CYCL　DEF　8.0　MIRROR　IMAGE<br>CYCL　DEF　8.1　X/Y | X 或 Y 为镜像方向（不是镜像的对称轴） |
| B 定义旋转循环 10 | CYCL　DEF　10.0　ROTATION<br>CYCL　DEF　10.1　ROT+$\theta$ | 旋转轮廓或坐标<br>旋转中心为局部坐标系原点<br>$\theta$：旋转角度 |
| C 定义缩放循环 11 | CYCL　DEF　11.0　SCALING<br>CYCL　DEF　11.1　SCL $k$ | $k$：缩放系数（$k<1$ 为缩小，$k>1$ 为放大） |
| 调用子程序 LBL | CALL　LBL　1 | 加工工件元素 |
| A 取消镜像循环 8 | CYCL　DEF　8.0　DATUM　SHIFT<br>CYCL　DEF　8.1 | 不输入镜像轴 |
| B 取消旋转循环 10 | CYCL　DEF　10.0　ROTATION<br>CYCL　DEF　10.1　ROT+0 | 旋转角度取 0° |
| C 取消缩放循环 11 | CYCL　DEF　11.0　SCALING<br>CYCL　DEF　11.1　SCL 1 | 缩放系数取 1 |
| 取消平移循环 7 | CYCL　DEF　7.0　DATUM　SHIFT<br>CYCL　DEF　7.1　X+0<br>CYCL　DEF　7.1　Y+0 | X、Y 坐标取 0 |

（续）

| 步　骤 | 程　序 | 说　明 |
|---|---|---|
| 编子程序 | LBL　1<br>...<br>LBL　0 | 以局部坐标系为基准 |
|  | END　PGM　（文件名）　MM | 程序结束说明 |

☞ 旋转循环 10 旋转角的参考轴规定为：*XY* 平面为 *X* 轴，*YZ* 平面为 *Y* 轴，*ZX* 平面为 *Z* 轴；且逆时针方向为正方向。

☞ 旋转循环 10 的定义将取消当前半径补偿功能。

☞ 缩放前，应先进行平移，将原点设置在轮廓上或角点处。

【训练】用镜像循环编程加工图 5-39 所示的两个型腔。

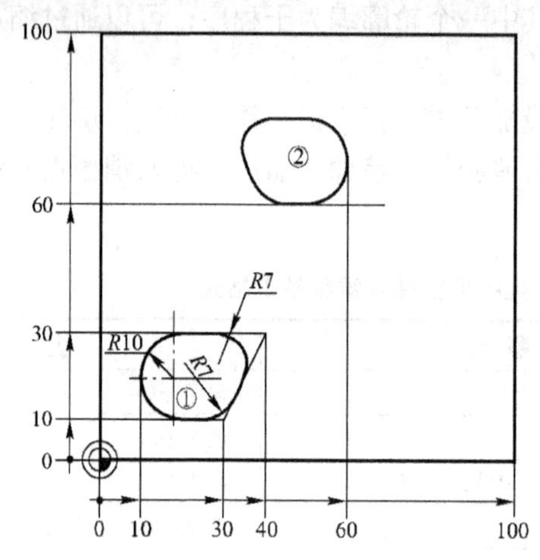

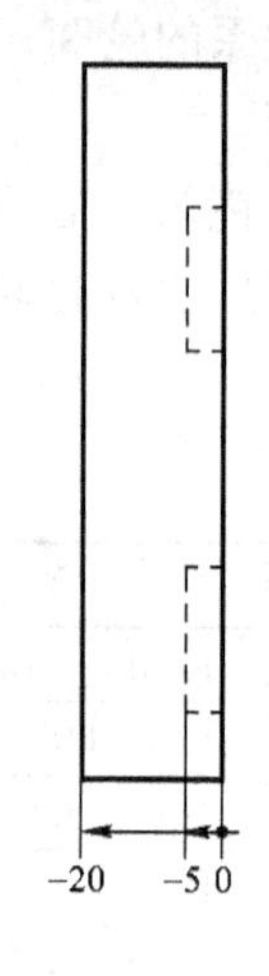


图 5-39　镜像编程实例

两个型腔经平移后有对称关系，故可用平移循环和镜像循环编程。

**参考程序：**

**主程序：**

```
0    BEGIN  PGM  JXBC  MM
...
4    L  Z+100  R0  FMAX  M3
5    CYCL  DEF  7.0  DATUM  SHIFT  （定义平移循环）
6    CYCL  DEF  7.1  X+20
7    CYCL  DEF  7.2  Y+20
8    CALL  LBL  1  （加工型腔①）
9    CYCL  DEF  7.0  DATUM  SHIFT  （  先定义平移循环）
10   CYCL  DEF  7.1  X+50
11   CYCL  DEF  7.2  Y+70
12   CYCL  DEF  8.0  MIRROR  IMAGE  （再定义镜像循环）
13   CYCL  DEF  8.1  X  （沿 X 轴方向镜像）
14   CALL  LBL  1  （加工型腔②）
15   CYCL  DEF  8.0  MIRROR  IMAGE  （先取消镜像功能）
```

```
16  CYCL  DEF  8.1
17  CYCL  DEF  7.0  DATUM  SHIFT（再取消平移功能）
18  CYCL  DEF  7.1  X+0
19  CYCL  DEF  7.2  Y+0
20  L  Z+100  R0  FMAX  M30
```

**子程序：**（同原点平移编程实例）

```
21  LBL 1
...
35  LBL 0
36  END  PGM  JXBC  MM
```

为什么程序段10平移原点的坐标取X+50?

【训练】用坐标变换循环编程加工图5-40所示的4个型腔。

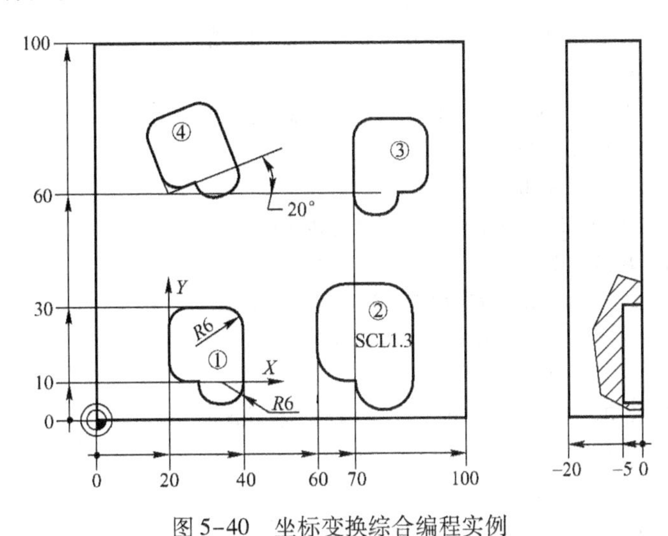


图5-40　坐标变换综合编程实例

①作为基本加工元素，在局部坐标系编写其加工程序，作为子程序，②与①为平移缩放关系，③与①为平移镜像关系，④与①为平移旋转关系。

**参考程序：**

**主程序：**

```
0  BEGIN  PGM  ZBBHZH  MM
1  BLK  FORM  0.1  Z  X+0  Y+0  Z-20
2  BLK  FORM  0.2  X+100  Y+100  Z+0
3  TOOL  CALL  5  Z  S3000
4  L  Z+100  R0  FMAX  M3
5  CYCL  DEF  7.0  DATUM  SHIFT（定义原点平移循环）
6  CYCL  DEF  7.1  X+20
7  CYCL  DEF  7.2  Y+10
8  CALL  LBL  1    （调用子程序加工①）
```

```
9 CYCL DEF 7.0 DATUM SHIFT（定义原点平移循环）
10 CYCL DEF 7.1 X+60
11 CYCL DEF 7.2 Y+10
12 CYCL DEF 11.0 SCALING （定义缩放循环）
13 CYCL DEF 11.1 SCL1.3
14 CALL LBL 1 （调用子程序加工②）
15 CYCL DEF 11.0 SCALING （取消缩放功能）
16 CYCL DEF 11.1 SCL 1
17 CYCL DEF 7.0 DATUM SHIFT （定义原点平移循环）
18 CYCL DEF 7.1 X+90
19 CYCL DEF 7.2 Y+60
20 CYCL DEF 8.0 MIRROR IMAGE （定义镜像循环）
21 CYCL DEF 8.1 X
22 CALL LBL 1 （调用子程序加工③）
23 CYCL DEF 8.0 MIRROR IMAGE （取消镜像功能）
24 CYCL DEF 8.1
25 CYCL DEF 7.0 DATUM SHIFT （定义原点平移循环）
26 CYCL DEF 7.1 X+20
27 CYCL DEF 7.2 Y+60
28 CYCL DEF 10.0 ROTATION （定义旋转循环）
29 CYCL DEF 10.1 ROT+20
30 CALL LBL 1 （调用子程序加工④）
31 CYCL DEF 10.0 ROTATION （取消旋转功能）
32 CYCL DEF 10.1 ROT+0
33 CYCL DEF 7.0 DATUM SHIFT （取消平移功能）
34 CYCL DEF 7.1 X+0
35 CYCL DEF 7.2 Y+0
36 L Z+100 R0 FMAX M30（Z向退刀，程序结束）
```

**SP**:（加工①局部坐标系程序）

```
37 LBL 1 （子程序名）
38 L X+10 Y+10 R0 FMAX M3 （下刀点）
39 L Z+2 FMAX
40 L Z-5 R0 F100
41 APPR LCT X+0 Y+10 R3 RL （切入轮廓）
42 L Y+0
43 RND R6
44 L X+8
45 CC X+14 Y+0
46 C X+20 DR+
47 L Y+20
48 RND R6
49 L X+0
50 RND R6
```

```
51  L  Y+10
52  DEP  LCT  X+10  Y+10  R3  (切出轮廓)
53  L  Z+2  R0  FMAX
54  LBL 0
55  END  PGM  ZBBHZH  MM
```

思考：程序段18是否可取X+70为镜像轴?

下面用SL编程，具体程序如下：

**主程序：**(SL循环与坐标变换编程)：

```
0  BEGIN  PGM  ZBBHZH  MM
1  BLK  FORM  0.1  Z  X+0  Y+0  Z-20
2  BLK  FORM  0.2  X+100  Y+100  Z+0
3  TOOL  CALL  5  Z  S3000
4  L  Z+100  R0  FMAX  M3
5  CYCL  DEF  14.0  CONTOUR  GEOMETRY
6  CYCL  DEF  14.1  CONTOUR  LABEL  1/2/3/4
7  CYCL  DEF  20  CONTOUR  DATA
   Q1 = -5
   Q2 = +1
   Q3 = +0.5
   Q4 = +0.5
   Q5 = +0
   Q6 = +2
   Q7 = +0
   Q8 = +0.1
   Q9 = +1
8  CYCL  DEF  22  ROUGH-OUT
   Q10 = +5
   Q11 = +100
   Q12 = +200
   Q18 = +0
   Q19 = +150
   Q208 = +99999
   Q401 = +100
   Q404 = +0
9  CYCL  CALL
10  CYCL  DEF  23  FLOOR  FINISHING
   Q11 = +100
   Q12 = +200
11  CYCL  CALL
12  CYCL  DEF  24  SIDE  FINISHING
   Q9 = +1
   Q10 = +15
```

```
    Q11 = +500
    Q12 = +500
    Q14 = +0
13  CYCL  CALL
14  L  Z+100  R0  FMAX  M2     (Z向退刀,程序结束)
SP1:(经原点平移定义①轮廓)
15  LBL 1
16  CYCL  DEF  7.0  DATUM  SHIFT
17  CYCL  DEF  7.1  X+20
18  CYCL  DEF  7.2  Y+10
19  CALL  LBL  5
20  LBL  0
SP2:(经原点平移并缩放定义②轮廓)
21  LBL 2
22  CYCL  DEF  7.0  DATUM  SHIFT
23  CYCL  DEF  7.1  X+60
24  CYCL  DEF  7.2  Y+10
25  CYCL  DEF  11.0  SCALING
26  CYCL  DEF  11.1  SCL  1.3
27  CALL  LBL  5
28  LBL  0
SP3:(经原点平移并镜像定义③轮廓)
37  LBL 3
38  CYCL  DEF  7.0  DATUM  SHIFT
39  CYCL  DEF  7.1  X+90
40  CYCL  DEF  7.2  Y+60
41  CYCL  DEF  8.0  MIRROR  IMAGE
42  CYCL  DEF  8.1  X
43  CALL  LBL  5
44  LBL 0
SP4:(经原点平移并旋转定义④轮廓)
29  LBL 4
30  CYCL  DEF  7.0  DATUM  SHIFT
31  CYCL  DEF  7.1  X+20
32  CYCL  DEF  7.2  Y+60
33  CYCL  DEF  10.0  ROTATION
34  CYCL  DEF  10.1  ROT+20
35  CALL  LBL  5
36  LBL  0
SP5:(定义基本型腔轮廓及取消坐标变换)
45  LBL 5(子程序名)
46  L  X+0  Y+10  RR(轮廓起点,顺时针走刀,刀具半径右补偿RR)
47  L  Y+20
```

```
48  RND  R6
49  L  X+20
50  RND  R6
51  L  Y+0
52  CC  X+14
53  C  X+8  DR-
54  L  X+0
55  RND  R6
56  L  Y+10（轮廓终点）
57  CYCL  DEF  11.0  SCALING（取消缩放功能）
58  CYCL  DEF  11.1  SCL  1
59  CYCL  DEF  8.0  MIRROR  IMAGE（取消镜像功能）
60  CYCL  DEF  8.1
61  CYCL  DEF  10.0  ROTATION（取消旋转功能）
62  CYCL  DEF  10.1  ROT+0
63  CYCL  DEF  7.0  DATUM  SHIFT（取消平移功能）
64  CYCL  DEF  7.1  X+0
65  CYCL  DEF  7.2  Y+0
66  CYCL  DEF  7.3  Z+0
67  LBL 0（子程序结束）
68  END  PGM  ZBBHZH  MM
```

用 SL 编程关键是通过坐标变换定义四个型腔轮廓，首先在局部坐标系定义一个基本型腔轮廓，然后通过坐标变换定义所需加工的轮廓。定义轮廓的程序均编为子程序。

**练一练**

1. 编制图 5-41 所示工件的加工程序，毛坯尺寸为 100 mm×60 mm×10 mm。

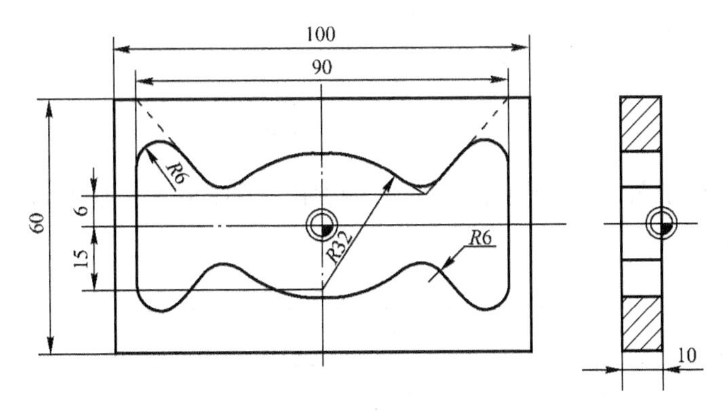


图 5-41　练习图 1

2. 编制图 5-42 所示工件的加工程序，毛坯尺寸为 100 mm×80 mm×30 mm。
3. 编制图 5-43 所示工件的加工程序，毛坯尺寸为 200 mm×200 mm×50 mm。

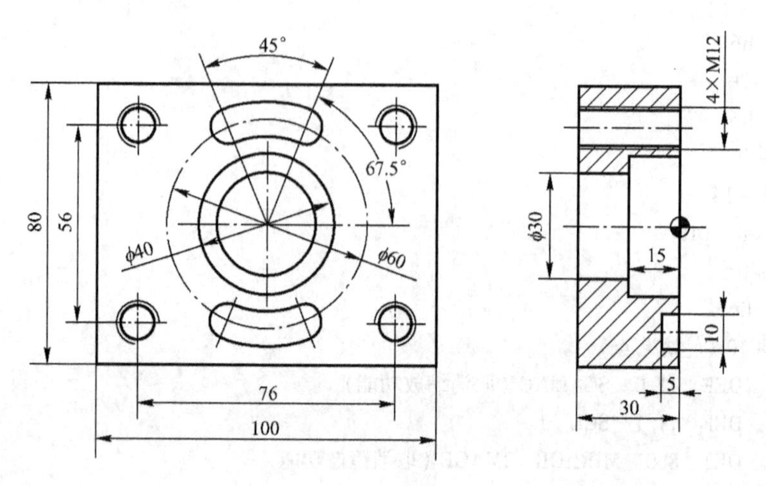


图 5-42　练习图 2

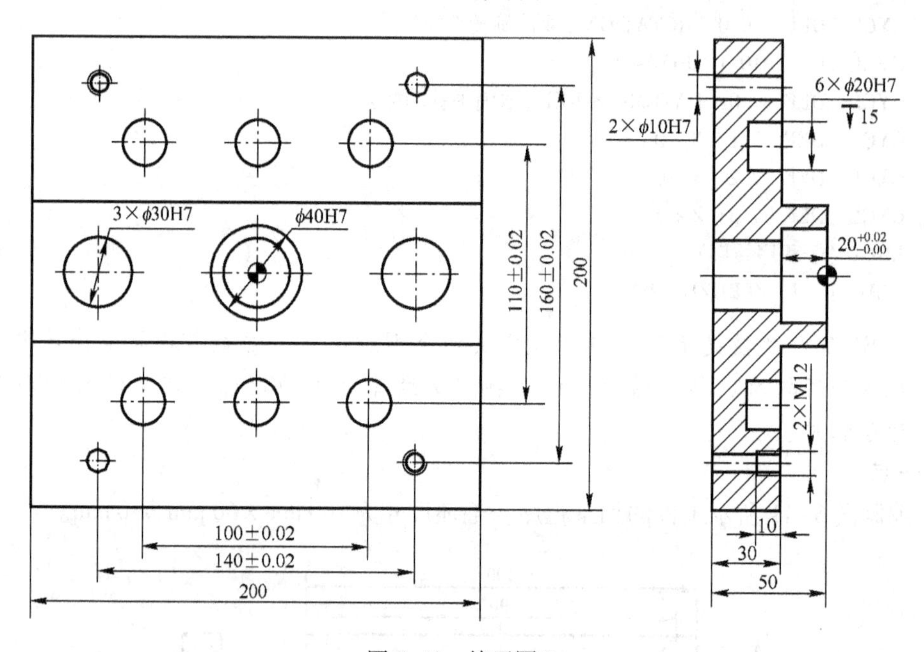


图 5-43　练习图 3

4. 用 SL 循环编制图 5-44 所示工件的加工程序，毛坯尺寸为 100 mm × 100 mm × 20 mm，轮廓基点坐标见表 5-14。

**表 5-14　轮廓基点坐标**

| 坐　　标 | $P_1$ | $P_2$ | $P_3$ | $P_4$ |
|---|---|---|---|---|
| $X$ | 6. 645 | 55. 505 | 58. 995 | 19. 732 |
| $Y$ | 35. 495 | 69. 488 | 30. 025 | 21. 191 |

5. 编制图 5-45 所示工件的加工程序，毛坯尺寸为 150 mm × 150 mm × 15 mm。

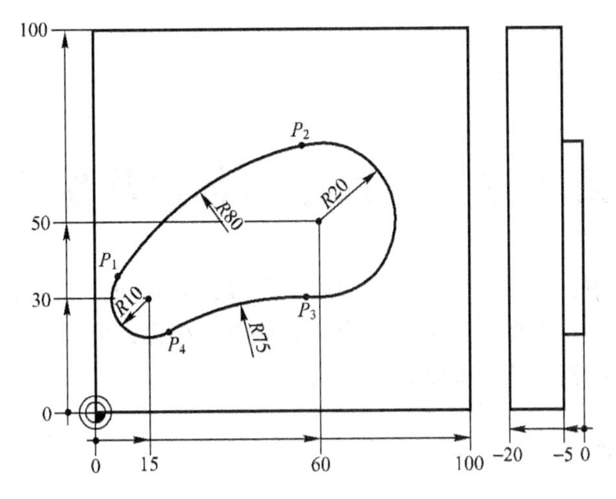


图 5-44　练习图 4

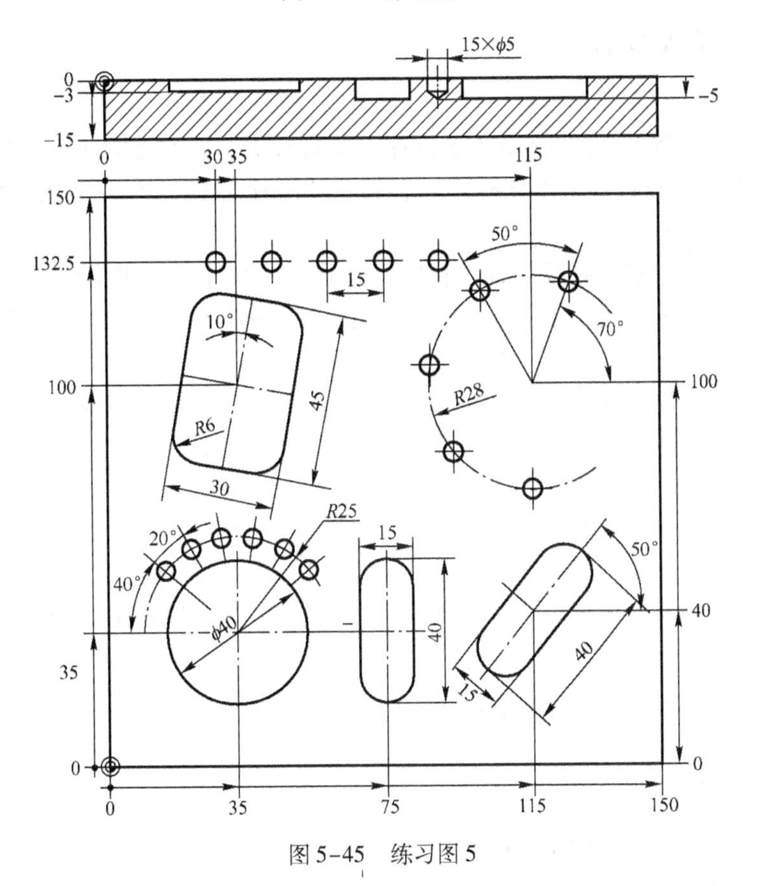


图 5-45　练习图 5

# 第6章　子程序与程序块编程

在数控切削加工中，经常会出现相同的加工内容，如阵列分布的相同的孔，一次性定位装夹加工相同的零件等。类似上述情况，为了避免重复编程，可以用子程序及程序块进行编程，使加工零件的程序变得条理清晰、简洁明了。

## 6.1　子程序编程

### 6.1.1　子程序编程基础

**1. 子程序概念**

零件的加工程序可分为主程序和子程序。主程序是一个完整的加工程序，或零件加工程序的主体部分，与被加工零件有对应关系，有一个零件就有一个相应的主程序与之对应。

在编程中，有时一组程序段（称为程序块）在一个程序中会多次出现，或者在几个程序中都要使用，这个典型的程序块可以做成固定程序，并单独加以命名，供其他程序调用，这种程序称为子程序。

子程序一般不可以作为独立的加工程序使用，只能通过调用才能被执行，以实现加工过程中的局部动作。子程序执行结束后，能自动返回到调用的程序中。

**2. 子程序格式**

子程序与主程序在程序内容方面基本相同，但海德汉系统的子程序开始与结束有特殊的标记，以“LBL＋正整数 ”标记子程序开始，并代表子程序名称，以“LBL　0”标记子程序结束；子程序一般紧接在主程序 M02 或 M30 程序段后，主程序结束的说明前。子程序格式如下：

```
LBL＋正整数 （子程序开始，子程序名）
...
LBL　0（子程序结束）
```

“LBL”是英文中 LABEL（标记）的缩略写。

**3. 子程序输入**

海德汉 TNC 系统中子程序输入过程如下：

1）在路径功能区按【LBL SET】键（LBL SET），弹出图6-1所示编程界面，编程区显示“LBL”，表示子程序编程开始。

2）输入子程序号（正整数）。

3）输入其他程序段。

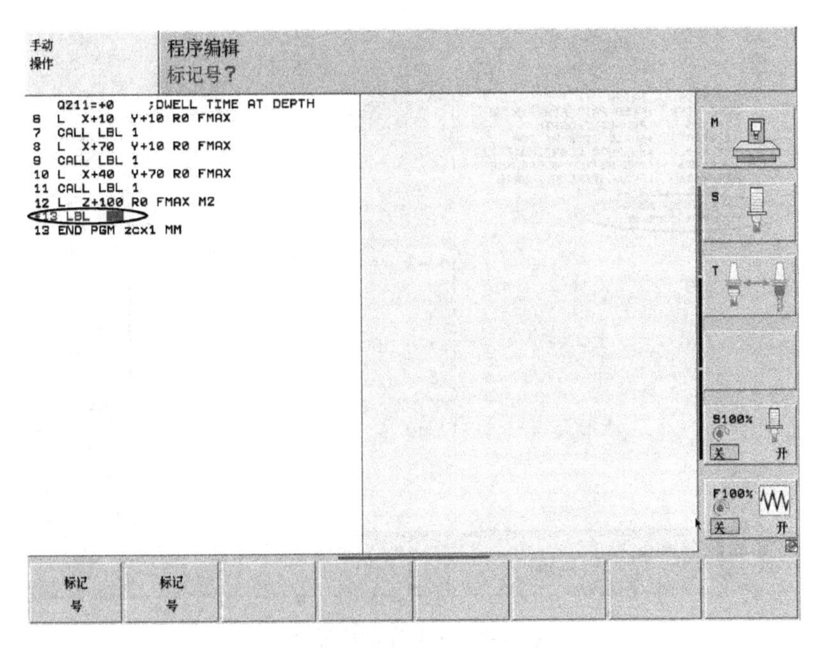


图 6-1　子程序编程开始界面

4）按【LBL SET】键并输入整数“0”，表示子程序结束，如图 6-2 所示。

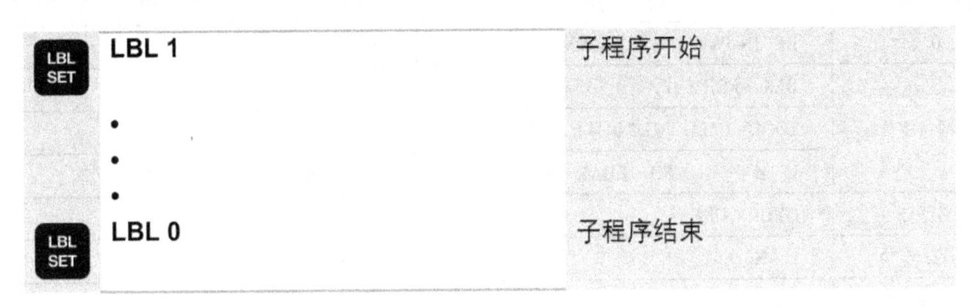


图 6-2　子程序输入

**4. 子程序调用**

海德汉 TNC 系统中子程序调用方法如下：

1）按子程序调用键【LBL CALL】（LBL CALL），屏幕显示“CALL LBL”，如图 6-3 所示。

2）输入要调用的子程序标记编号。

☞ 调用子程序的顺序没有限制，调用次数也没有限制。

☞如果子程序位于 M02 或 M30 所在程序段之前，那么即使没有调用它也会被执行。

**5. 子程序嵌套**

为了进一步简化编程，可以用子程序调用另一个子程序，这一功能称为子程序嵌套。当主程序调用子程序时，该子程序称为一级子程序，一级子程序调用的子程序称为二级子程序，依次可以有多级子程序嵌套。

**6. 有子程序的零件程序格式**

有子程序的零件程序的基本格式见表 6-1。

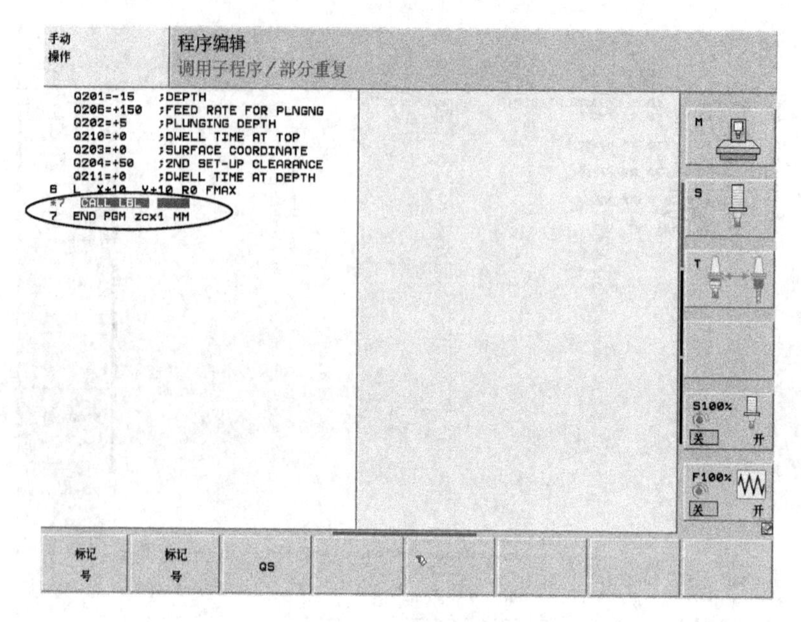


图 6-3　子程序调用界面

**表 6-1　有子程序的零件程序基本格式**

| 步　骤 | 程　序 | 说　明 |
| --- | --- | --- |
| 0 | BEGIN PGM（文件名）MM | 程序开始 |
| 常规准备工作 | BLK　FORM ... | 定义毛坯 |
| | TOOL　CALL（刀具编号）（刀轴）S__ | 调用刀具 |
| | L　Z+__　R0　FMAX　M__ | 刀具移至第二安全高度或初始平面 |
| 定义循环 | CYCL　DEF ... | |
| 子程序 1 定位 | L　X__　Y__ | 子程序执行起点 |
| 子程序调用 | CALL　LBL　1 | |
| 子程序 2 定位 | L　X__　Y__ | |
| | ... | |
| | L　Z+100　R0　FMAX　M30 | 退刀，程序结束 |
| 子程序 1 | LBL　1<br>...<br>LBL　0 | 紧接 M30 程序段后 |
| 子程序 2 | LBL　2<br>...<br>LBL　0 | 接第一个子程序后 |
| 子程序 3 | ... | |
| | END　PGM　（文件名）MM | 程序结束说明 |

## 6.1.2　有子程序的零件程序运行

有子程序的零件程序按以下过程运行：先执行主程序到 CALL LBL 调用子程序的程序

段，接着执行子程序，再从子程序调用之后的程序段开始继续执行零件程序。具体过程如图 6-4 所示。

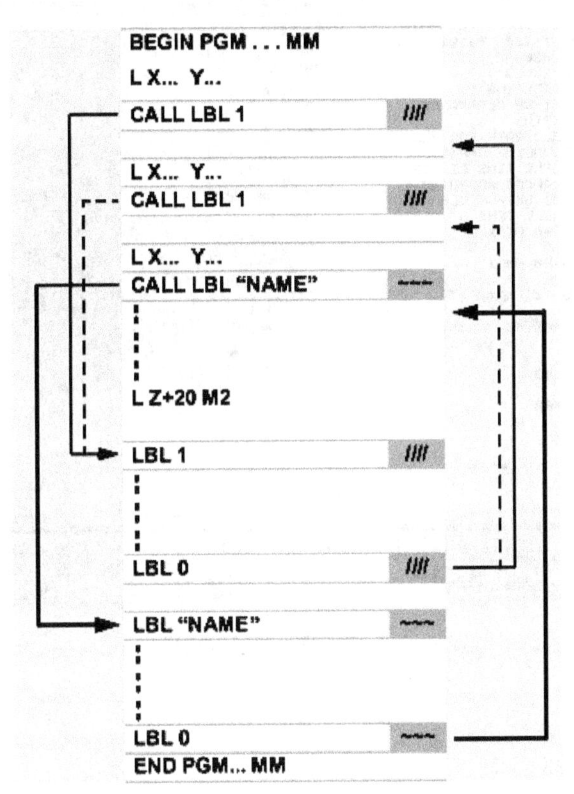


图 6-4　有子程序的零件程序运行过程

【训练】如图 6-5 所示，用子程序编制钻群孔程序。

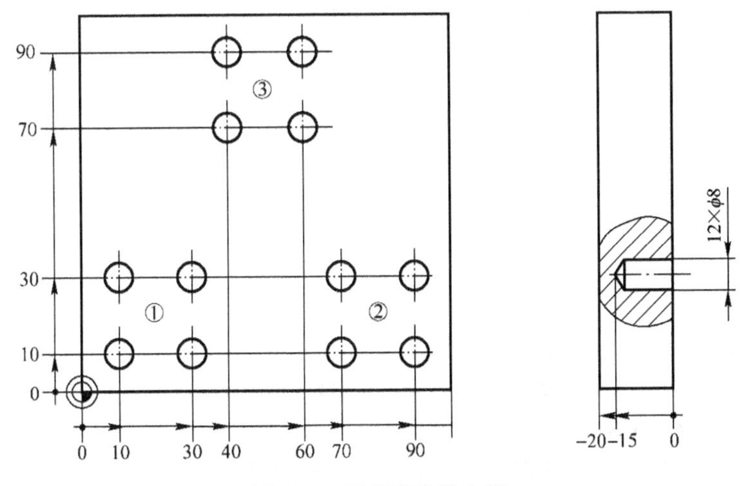


图 6-5　子程序编程实例

把方形布置的 4 个孔作为加工单元，每个单元的 4 个孔之间有相同的位置关系，编为子程序。程序试运行结果如图 6-6 所示。

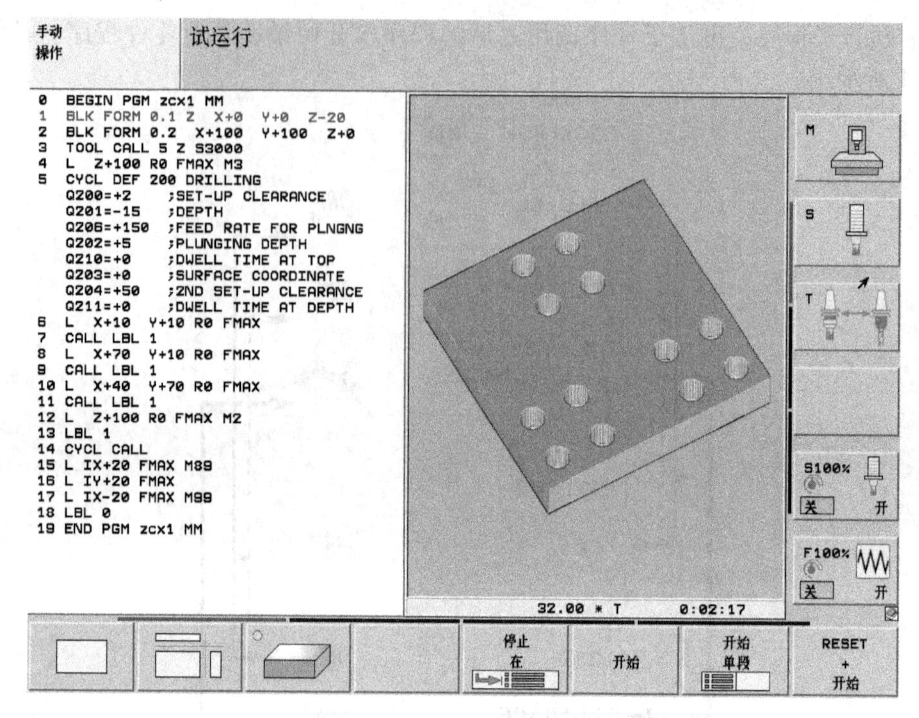


图 6-6 程序试运行结果

## 参考程序：

```
0  BEGIN  PGM  ZCX  MM
1  BLK  FORM  0.1  Z  X+0  Y0  Z-20
2  BLK  FORM  0.2  X+100  Y+100  Z+0
3  TOOL  CALL  4  Z  S3000（调用刀具）
4  CYCL  DEF  200  DRILLING（定义钻孔循环 200）
   Q200 = +2
   Q201 = -15
   Q206 = +200
   Q202 = +3
   Q210 = +0
   Q203 = +0
   Q204 = +50
   Q211 = +0
5  L  Z+100  R0  FMAX  M3
6  L  X+10  Y+10  R0  FMAX（加工群孔①时执行子程序的起始位置）
7  CALL  LBL 1（调用 SP）
8  L  X+70  Y+10  R0  FMAX  （加工群孔②时执行子程序的起始位置）
9  CALL  LBL 1（调用 SP）
10  L  X+40  Y+70  R0  FMAX  （加工群孔③时执行子程序 1 的起始位置）
11  CALL  LBL 1  （调用 SP）
12  L  Z+100  R0  FMAX  M2（退刀，主程序结束）
```

**SP（子程序）：**

13　LBL 1（子程序开始，子程序名）
14　CYCL　CALL（调用循环）
15　L　IX+20　FMAX　M89
16　L　IY+20　FMAX
17　L　IX-20　FMAX　M99
18　LBL+0　（子程序结束）
19　END　PGM　ZCX　MM

图 6-5 所示钻群孔如用平移循环应如何编程？

## 6.2　程序块重复编程

### 1. 程序块概念

在编程中，有时会遇到一组程序段在一个程序中连续多次出现，把这组程序段看作一个程序单元，这个单元即为程序块。程序块以“LBL+正整数”命名，并标记程序块开始。因此，程序块形式上可以看成是子程序去掉子程序结束标记“LBL　0”变成的。与子程序不同的是程序块在程序中能直接执行。要重复执行程序块，只要在程序块后直接调用，再输入重复次数即可。其格式如图 6-7 所示。

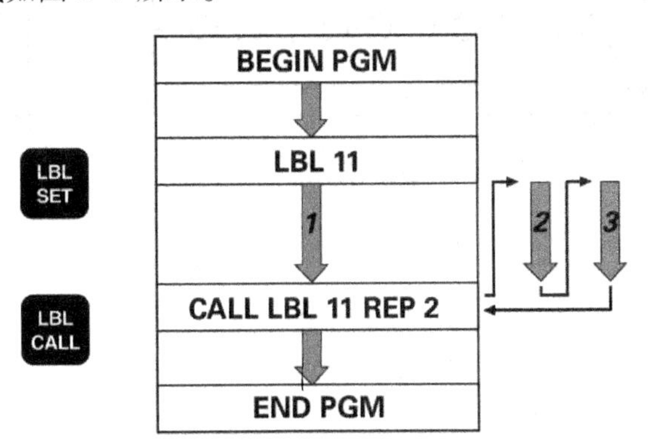


图 6-7　程序块程序格式及执行过程

REP 为英文 REPETITION（重复）缩略写。

### 2. 程序块编程方法与执行过程

与子程序标记相同，用 LBL 标记程序块，按【LBL SET】键输入标记符。用“CALL LBL__ REP”格式标记调用程序块次数，即重复运行程序块的次数。按【LBL CALL】键，在“CALL LEB”后输入块名称或编号，再在 REP 后输入重复运行次数。

有程序块的程序执行过程为：零件程序先执行到程序块结束处（“CALL LBL__ REP__”的前程序段），然后，重复运行“LBL”和“CALL LBL__ REP__”之间的程序块，重复运行的次数为 REP 之后的正整数。重复运行结束后，继续运行零件程序，如图 6-7 所示。

### 3. 有程序块的零件程序格式

有程序块的零件程序的基本格式见表 6-2。

表 6-2　有程序块的零件程序基本格式

| 步　骤 | 程　序 | 说　明 |
| --- | --- | --- |
| 0 | BEGIN　PGM（文件名）　MM | 程序开始 |
| 常规准备工作 | BLK　FORM ... | 定义毛坯 |
| | TOOL　CALL（刀具编号）（刀具轴）S_ | 调用刀具 |
| | L　Z+_　R0　FMAX　M_ | 刀具移至第二安全高度/初始平面 |
| 定义循环 | CYCL　DEF ... | |
| 定位 | L　X_　Y_ | *XOY* 平面定位 |
| 设置程序块标记 | LBL　1 | 程序块标记 |
| 程序块内容 | ... | 程序块加工的内容 |
| 调用程序块 | CALL　LBL　1　REP_ | 调用程序块，输入重复加工次数 |
| | ... | |
| | END　PGM（文件名）　MM | 程序结束说明 |

【训练】用程序块编制图 6-8 所示线性阵列孔的加工程序，毛坯尺寸为 114 mm × 24 mm × 20 mm。

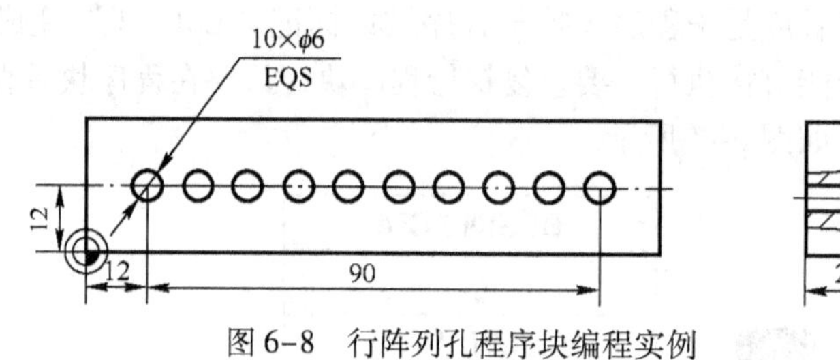


图 6-8　行阵列孔程序块编程实例

**参考程序：**

```
0  BEGIN  PGM  CXK  MM
1  BLK  FORM  0.1  Z  X+0  Y+0  Z-20
2  BLK  FORM  0.2  X+114  Y+24  Z+0
3  TOOL  CALL  3  Z  S3000
4  L  Z+100  R0  FMAX  M3
5  CYCL  DEF  200  DRILLING  （定义钻孔循环 200）
   Q200 = +2
   Q201 = -22
   Q206 = +150
   Q202 = +5
   Q210 = +0
   Q203 = +0
   Q204 = +100
   Q211 = +0
6  L  X+2  Y+12  R0  FMAX  （钻孔预备位置）
7  LBL  1  （设置程序块标记）
8  L  IX+10  R0  FMAX  M99（钻第一个孔）
```

9　CALL　LBL　1　REP 9（调用程序块及重复次数，钻其余九个孔）

10　L　Z+100　R0　FMAX　M2

11　END　PGM　CXK　MM

**4. 程序块嵌套**

类似子程序嵌套也有程序块嵌套，即程序块中含“子程序块”的形式。程序块嵌套程序块的编程格式见表6-3。

**表6-3　程序块嵌套的编程基本格式**

| 步　骤 | 程　序 | 说　明 |
| --- | --- | --- |
| 0 | BEGIN　PGM（文件名）MM | 程序开始 |
| 常规准备工作 | BLK　FORM... | 定义毛坯 |
| | TOOL　CALL（刀具编号）（刀轴）S_ | 调用刀具 |
| | L　Z+_　R0　FMAX　M_ | 刀具移至第二安全高度或初始平面 |
| 定义循环 | CYCL　DEF ... | |
| 定位 | L　X_　Y_ | *XOY* 平面定位 |
| 设置父程序块 | LBL　1 | 一级程序块 |
| | ... | |
| 设置子程序块 | LBL　2 | 子程序块（二级程序块） |
| | ... | |
| 调用子程序块 | CALL　LBL　2　REP_ | 重复子程序块 |
| | ... | |
| 调用父程序块 | CALL　LBL　1　REP_ | 整个程序块重复 |
| | ... | |
| | END　PGM（文件名）MM | 程序结束说明 |

【训练】采用程序块嵌套形式，编制图6-9所示线性阵列孔的加工程序。

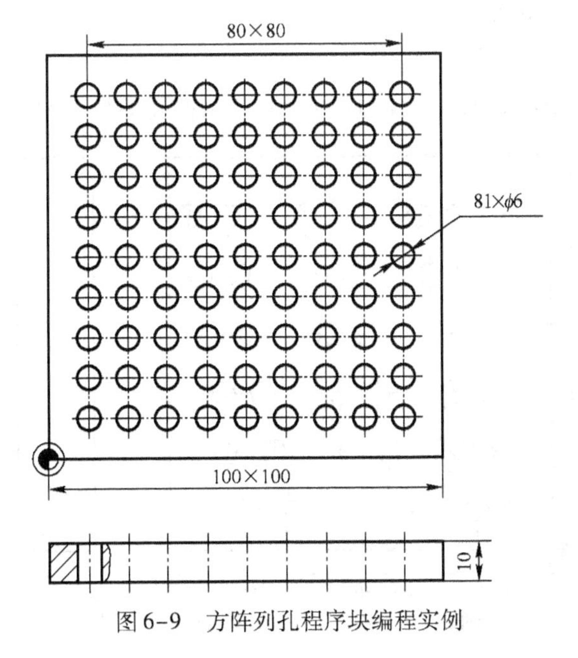


图6-9　方阵列孔程序块编程实例

- 每行组成一个加工单元，看作一个大程序块 LBL 1（一级程序块），每行每个孔作为加工小单元，看作一个小的程序块 LBL 2（二级程序块）。孔的加工顺序：一行一行从下往上加工，每行从左往右加工。

**参考程序：**

```
0  BEGIN  PGM  QKQT  MM
1  BLK  FORM  0.1  Z  X+0  Y+0  Z-10
2  BLK  FORM  0.2  X+100  Y+100  Z+0
3  TOOL  CALL  3  Z  S3000
4  L  Z+100  R0  FMAX  M3
5  CYCL  DEF  200  DRILLING（定义钻孔循环 200）
   Q200 = +2
   Q201 = -12
   Q206 = +250
   Q202 = +5
   Q210 = +0
   Q203 = +0
   Q204 = +50
   Q211 = +0
6  L  X+10  Y+0  R0  F+99999  M3（钻孔预备位置）
7  LBL 1
8  L  X+10  IY+10  M99（每行加工方向：向上）
9  LBL 2
10  L  IX+10  M99（同行孔的加工方向：向右）
11  CALL  LBL  2  REP 7（逐个往右加工）
16  CALL  LBL  1  REP 8（逐行往上加工）
17  L  Z+100  R0  FMAX  M30
18  END  PGM  QKQT  MM
```

【训练】采用程序块嵌套形式，编制图 6-10 所示群孔的加工程序。

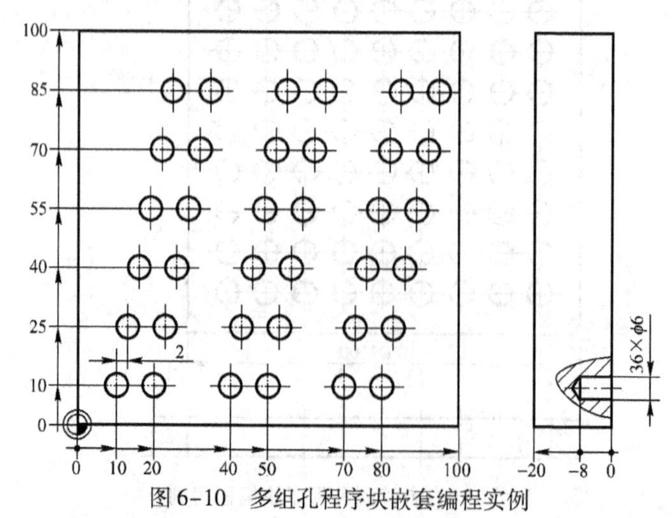


图 6-10　多组孔程序块嵌套编程实例

**分析**：如图 6-11 所示，把一组孔作为一个程序块 LBL　1（含 2 列孔），重复 2 次完成所有孔加工；LBL　1 由 2 列孔组成，每列作为一个程序块（LBL　2，LBL　3），构成块中含块的结构，即程序块嵌套。具体编程格式如图 6-12 所示。

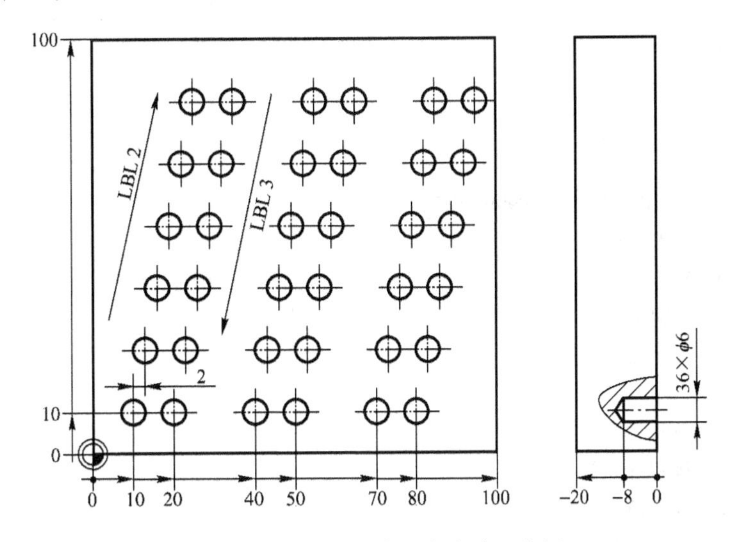


图 6-11　多组孔程序块嵌套编程分析

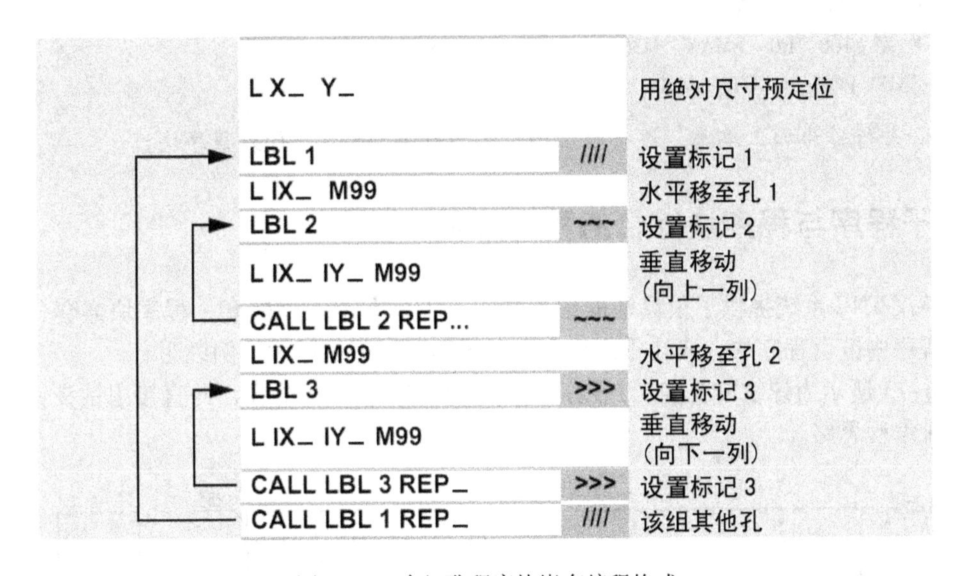


图 6-12　多组孔程序块嵌套编程格式

**参考程序：**

```
0  BEGIN  PGM  QKQT3  MM
1  BLK  FORM  0.1  Z  X+0  Y+0  Z-20
2  BLK  FORM  0.2  X+100  Y+100  Z+0
3  TOOL  CALL  3  Z  S3000
4  L  Z+100  R0  FMAX  M3
5  CYCL  DEF  200  DRILLING（定义钻孔循环 200）
```

```
     Q200 = +2
     Q201 = -10
     Q206 = +250
     Q202 = +5
     Q210 = +0
     Q203 = +0
     Q204 = +2
     Q211 = +0
6  L  X-10  Y+10  R0  F+9999  M3
7  LBL  1（一级程序块）
8  L  IX+20  M99
9  LBL  2（二级程序块）
10  L  IX+2  IY+15  M99
11  CALL  LBL  2  REP 4
12  L  IX+10  M99
13  LBL  3（二级程序块）
14  L  IX-2  IY-15  M99
15  CALL  LBL  3  REP 4
16  CALL  LBL  1  REP 2
17  L  Z+100  R0  FMAX  M30
18  END  PGM  QKQT3  MM
```

如每行作为加工单元，逐行往上加工，应如何编程？（行为程序块）

## 6.3 子程序与程序块综合编程与应用

海德汉 TNC 系统提供了很灵活的编程方式，不仅有子程序嵌套、程序块嵌套，而且可以在子程序中嵌套程序块，或在程序块中嵌套子程序。下面通过实例说明。

图 6-13 所示为螺纹群孔加工，先把案例简化为钻 $\phi$6 mm 群孔，并直接用钻头钻孔。下面是几种编程思路。

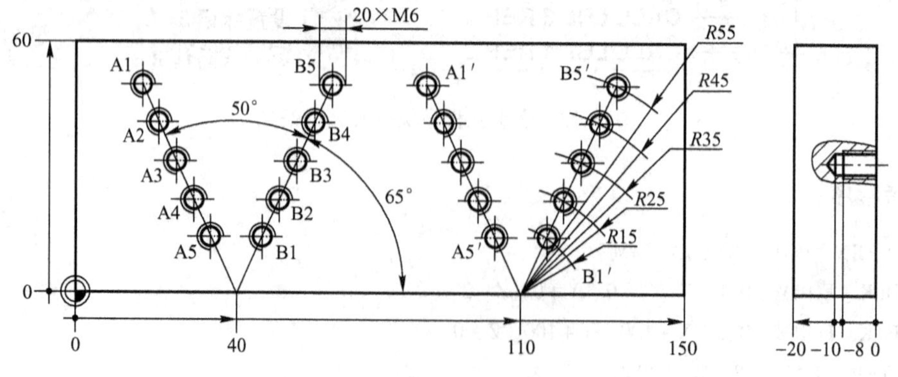


图 6-13 螺纹群孔加工综合编程

**思路一：**

V 形分布的孔作为一个加工单元组成 LBL　1 块，全部孔由 2 组 V 形分布的孔组成。每组 V 形分布的孔又由 2 列孔组成，每列孔有规律分布，左列孔作为一个加工小单元组成 LBL　22 块，右列孔作为一个加工小单元组成 LBL　33 块，LBL　1 与 LBL　22 和 LBL　33 构成块嵌套关系。

**参考程序：**

```
0  BEGIN  PGM  QKZH  MM
1  BLK  FORM  0.1  Z  X+0  Y+0  Z-20
2  BLK  FORM  0.2  X+150  Y+60  Z+0
3  TOOL  CALL  3  Z  S1000
4  L  Z+100  R0  FMAX  M3
5  CYCL  DEF  200  DRILLING（定义钻孔循环 200）
   Q200 = +2
   Q201 = -12
   Q206 = +250
   Q202 = +5
   Q210 = +0
   Q203 = +0
   Q204 = +2
   Q211 = +0
6  L  X-(30-55×COS65)  Y+55×SIN65  R0  F+99999  M3
7  LBL  1
9  L  IX+(165×COS65-70)  M99（钻 A1 孔）
66  LBL  22
10  L  IX+10×SIN25  IY-10×COS25  M99（钻 A2 孔）
11  CALL  LBL  22  REP  3（钻 A3/A4/A5 孔）
12  L  IX+30×SIN25  M99（钻 B1 孔）
13  LBL  33
14L  IX+10×SIN25  IY+10×COS25  M99（钻 B2 孔）
15  CALL  LBL  33  REP  3  （钻 B3/B4/B5 孔）
16  CALL  LBL  1  REP  1
17  L  Z+100  R0  FMAX  M30
18  END  PGM  QKZH  MM
```

程序段 6*X* 坐标由 B5A1′距离及 A1 坐标确定。

结合极坐标应如何编程？

**思路二：子程序嵌套程序块**

把 V 形分布的孔编为子程序 LBL　1，左、右列中每个孔的加工编成程序块 LBL　11 和 LBL　22，构成子程序中嵌套块的结构。

**参考程序：**

**主程序：**

```
0  BEGIN  PGM  QKZH  MM
```

```
1  BLK  FORM  0.1  Z  X+0  Y+0  Z-20
2  BLK  FORM  0.2  X+150  Y+60  Z+0
3  TOOL  CALL  3  Z  S2000
4  L  Z+100  R0  FMAX  M3
5  CYCL  DEF  200  DRILLING（定义钻孔循环200）
   Q200 = +2
   Q201 = -12
   Q206 = +200
   Q202 = +5
   Q210 = +0
   Q203 = +0
   Q204 = +2
   Q211 = +0
6  CC  X+40  Y+0
7  CALL  LBL  1  （调用SP1）
8  CC  X+110  Y+0
9  CALL  LBL  1   （调用SP1）
13  L  Z+100  R0  FMAX  M30
20  LBL  1    （子程序名,钻左V形分布的孔）
21  LP  PR+55  PA+115  R0  FMAX  M99（钻A1）
22  LBL  11（程序块，钻A2～A5）
23  LP  IPR-10  FMAX  M99（钻A2）
24  CALL  LBL  11  REP  3   （钻A3～A5）
25  LP  PR+15  PA+65  R0  FMAX  M99（钻B1）
26  LBL  22（程序块，钻B2～B5）
27  LP  IPR+10  R0  FMAX  M99（钻B2）
28  CALL  LBL  22  REP  3（钻B3～B5）
LBL  0（子程序LBL  1结束）
30  END  PGM  QKZH  MM
```

**拓展思路：**

① 以一列为子程序，通过平移、旋转加工另外三列。

② 子程序为阵列一排水平孔，经平移、旋转加工四列孔。

③ 子程序嵌套：以V形分布的一列孔为子程序（2级），镜像加工V形分布的另一列孔；再以这组V形分布的孔为一个大子程序（1级），加工另一组V形分布的孔。

下面再来讨论本例的加工。M6螺纹孔的加工过程为：中心钻定位→麻花钻钻底孔→丝锥攻螺纹。中心钻定位用循环240编程，钻底孔用循环200编程，攻螺纹用循环209编程。把孔的定位编为子程序，供各孔的加工循环调用。本例属于典型的相同位置用多把刀加工的案例，详细格式如图6-14所示。

**参考程序：**

**主程序**

```
0  BEGIN  PGM  LWZH  MM
```

| | | | |
|---|---|---|---|
| 常规准备工作 | BLK FORM | | |
| 定中心 | TOOL CALL... | | |
| | CYCL DEF / L Z+100 | | |
| | CALL LBL 1 | //// | |
| 钻孔 | TOOL CALL... | | |
| | CYCL DEF... | | |
| | CALL LBL 1 | //// | |
| 攻螺纹 | TOOL CALL... | | |
| | CYCL DEF... | | |
| | CALL LBL 1 | //// | |
| 退刀，结束 | L Z+100 M30... | | |
| SP1 | LBL 1 | //// | |
| | CC X_ Y_ | | 左侧中心点 |
| | CALL LBL 2 | ~~~ | 调用阵列孔程序块 |
| | CC X_ Y_ | | 右侧中心点 |
| | CALL LBL 2 | ~~~ | 调用阵列孔程序块 |
| SP1 结束 | LBL 0 | //// | |
| SP2,<br>阵列孔程序块 | LBL 2 | ~~~ | |
| | LP PR_ PA_ M3 | | 起始位置 |
| | L Z+2 M99 | | |
| 重复运行的程序块 | LBL 3 | >>> | 钻其他孔 |
| | ⋮ | | |
| | CALL LBL 3 REP_ | >>> | |
| | LP PR_ PA_ | | |
| 重复运行的程序块 | LBL 4 | <<< | |
| | ⋮ | | |
| | CALL LBL 4 REP_ | <<< | |
| SP2 结束 | LBL 0 | ~~~ | |

图 6-14　多刀加工子程序和程序块编程格式

```
1  BLK  FORM  0.1  Z  X+0  Y+0  Z-20
2  BLK  FORM  0.2  X+150  Y+60  Z+0
3  TOOL  CALL  11  Z  S3000（调用中心钻）
4  L  Z+100  R0  FMAX  M3
5  CYCL  DEF  240  CENTERING（定义定位钻循环 240）
   Q200 = +2
   Q343 = +1
   Q201 = -2
   Q344 = -6.5
   Q206 = +150
```

```
   Q211 = +0
   Q203 = +0
   Q204 = +50
6  CALL  LBL  1
7  TOOL  CALL  22  Z  S2500     (调用钻头 R2.5 mm)
8  L  Z+100  R0  FMAX  M3
9  CYCL  DEF  200  DRILLING (定义钻孔循环 200)
   Q200 = +2
   Q201 = -12
   Q206 = +250
   Q202 = +5
   Q210 = +0
   Q203 = +0
   Q204 = +50
   Q211 = +0
10  CALL  LBL  1
11  CYCL  DEF  209  TAPPING  W/CHIP  BRKG (定义攻螺纹循环 209)
   Q200 = +2
   Q201 = -8
   Q239 = +1  (螺纹螺距)
   Q203 = +0
   Q204 = +20
   Q257 = +0
   Q256 = +1
   Q336 = +0
   Q403 = +1
12  CALL  LBL  1
13  L  Z+100  R0  FMAX  M30
```

**子程序**

```
14  LBL  1     (SP1)
15  CC  X+40  Y+0
16  CALL  LBL  2     (调用 SP2)
17  CC  X+110  Y+0
18  CALL  LBL  2
19  LBL  0  (SP1 结束)
20  LBL  2
21  LP  PR+55  PA+115  R0  M3  FMAX  M99
22  LBL  11        (程序块 11)
23  LP  IPR-10  FMAX  M99
24  CALL  LBL  11  REP  3
25  LP  PR+15  PA+65  R0  FMAX  M99
26  LBL  22        (程序块 22)
```

27　LP　IPR + 10　R0　FMAX　M99
28　CALL　LBL　22　REP　3
29　LBL　0　（SP2 结束）
30　END　PGM　LWZH　MM

【训练】编制图 6-15 所示凸台铣削程序，毛坯尺寸为 100 mm × 100 mm × 40 mm。

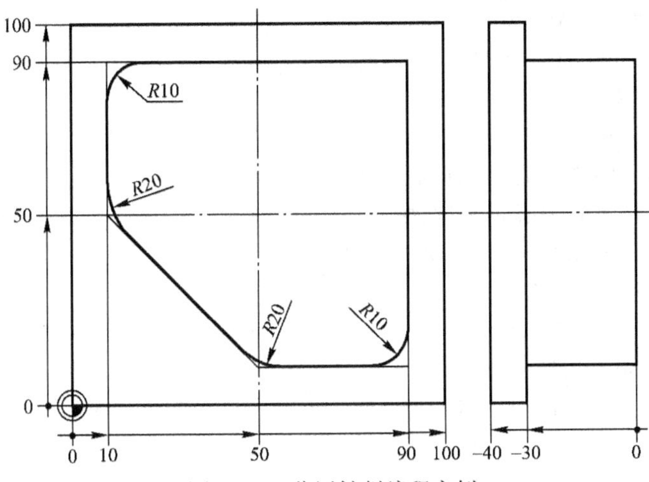


图 6-15　分层铣削编程实例

本例是应用子程序实现粗、精加工，应用程序块实现分层切削的典型实例，其编程格式如图 6-16 所示。

| | | | |
|---|---|---|---|
| 常规准备 | BLK FORM | | 工件毛坯 |
| 粗铣 | TOOL CALL... | | 刀具调用 |
| | L X_ Y_ R0 | | 起始位置 |
| | L Z+0 M3 | | |
| | LBL 2 | ~~~ | |
| | L IZ-5 | | |
| | CALL LBL 1 | //// | SP 调用 |
| | CALL LBL 2 REP_ | ~~~ | |
| | L Z+100 | | 换刀 |
| 精铣 | TOOL CALL... | | 刀具调用 |
| | L X_ Y_ R0 | | 起始位置 |
| | L Z-30 M3 | | |
| | CALL LBL 1 | //// | SP 调用 |
| 退刀，结束 | L Z+100 M30... | | |
| SP1 轮廓 | LBL 1 | //// | |
| | ⋮ | | |
| SP1 结束 | LBL 0 | //// | |

图 6-16　分层铣削程序格式

**参考程序：**

```
0 BEGIN PGM CJJG MM
1 BLK FORM 0.1 Z X+0 Y+0 Z-40
2 BLK FORM 0.2 X+100 Y+100 Z+0
3 TOOL CALL 20 Z S2500
4 L Z+100 R0 FMAX M3
5 L X-20 Y+70 R0 FMAX （下刀点）
6 L Z+0 FMAX
7 LBL 2 （程序块）
8 L IZ-5 R0 F300 （每次切削深度为5 mm）
9 CALL LBL 1 （第一次加工轮廓,深5 mm）
10 CALL LBL 2 REP 5 （分层加工轮廓）
11 L Z+100 R0 FMAX
12 TOOL CALL 14 Z S3000
13 L Z+100 R0 FMAX M3
14 L X-20 Y+70 R0 FMAX
15 L Z-30 F300
16 CALL LBL 1 （一次性精加工轮廓）
17 L Z+100 R0 FMAX M2
```

**子程序 SP1**

```
18 LBL 1
19 APPR LCT X+10 Y+70 R3 RL F2000
20 L X+10 Y+90
21 RND R10
22 L X+90 Y+90
22 L Y+10
23 RND R10
24 L X+50
25 RND R20
26 L X+10 Y+50
27 RND R20
28 L Y+70
29 DEP LCT X-20 R3 F2000
30 LBL 0 （子程序结束）
31 END PGM CJJG MM
```

## 6.4 任意程序作为子程序被调用

任意程序都可以作为子程序被调用，且被调用的程序无须任何标记。但是，被调用程序中不允许含有 M2 或 M30 程序结束指令，不允许包含用“CALL PGM”指令调用的程序，否则将导致死循环。如果在被调用程序中有定义子程序或程序块的标记，必须用“FN9:IF0 EQ0 GOTO LBL 99”跳转功能，强制跳过这部分程序块，如图6-17所示。

程序调用程序的编程的方法为：按程序调用键【PGM CALL】( PGM CALL )，在编程界面底部软键区单击［程序］软键，输入要调用程序的完整路径名，并用【END】键确认。

☞ 被调用的程序必须保存在TNC系统硬盘上。

☞ 如果被调用的程序和调用程序在相同目录下，只需输入程序名；如果被调用的程序不在同一目录下，必须输入完整路径和程序名，如“TNC:\XL\XH\PGM1.H”。

☞ 如果要调用ISO程序，在程序名后输入文件类型“.I”，如“XH1001.I”。

☞ 可以用M99或M89调用程序。

程序调用程序运行过程如图6-18所示，系统执行零件程序，直到用【CALL PGM】调用另一个程序的程序段；然后，系统从头到尾执行被调用的程序；之后，系统从程序调用之后的程序段开始继续执行零件程序（即调用程序）。

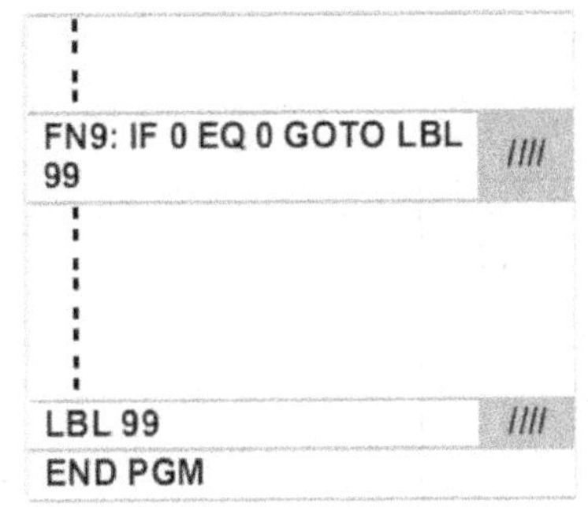


图6-17　强制跳过程序块

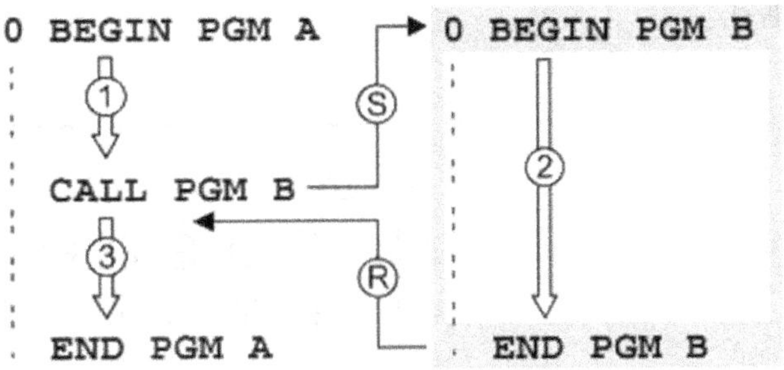

0 BEGIN PGM A
CALL PGM B
END PGM A
0 BEGIN PGM B
END PGM B

图6-18　程序调用程序运行过程

**练一练**

1. 编制图6-19所示零件的加工程序，毛坯尺寸为100 mm×100 mm×20 mm。要求用程序块编程。

2. 编制图6-20所示零件的加工程序，毛坯尺寸为$\phi$240 mm×60 mm。

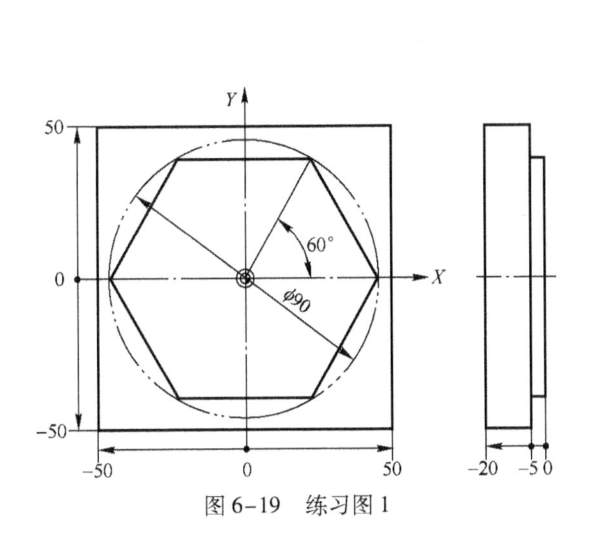


图6-19　练习图1

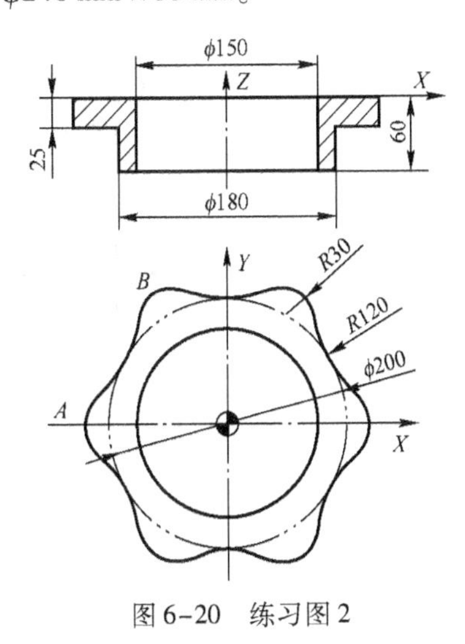


图6-20　练习图2

3. 编制图 6-21 所示零件的加工程序，毛坯尺寸为 100 mm × 80 mm × 10 mm。

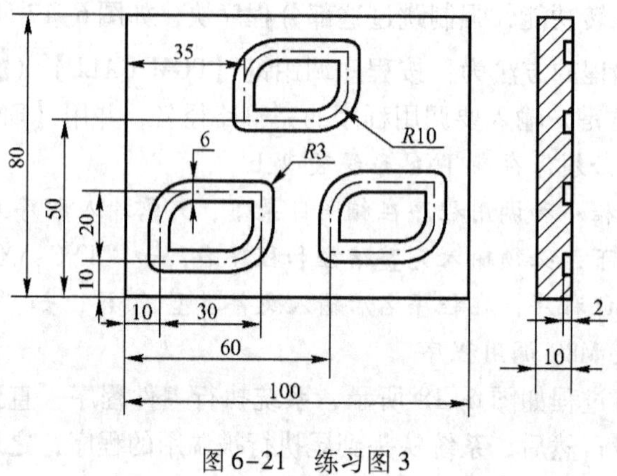


图 6-21　练习图 3

4. 编制图 6-22 所示工件的加工程序，毛坯尺寸为 140 mm × 100 mm × 20 mm，所有孔均为通孔。

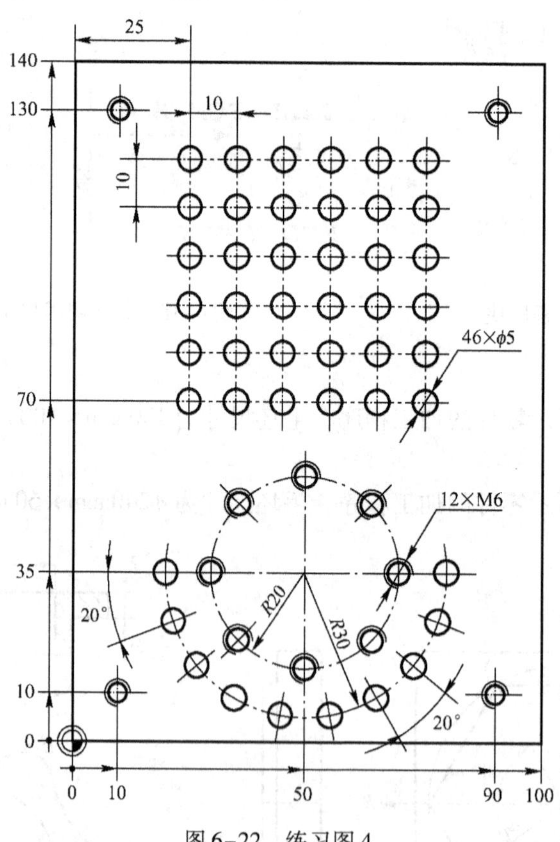


图 6-22　练习图 4

# 第7章　FK自由轮廓编程

在轮廓编程时，经常会出现轮廓的基点坐标计算较难、但轮廓容易通过几何画图方法得到的情况。如图7-1所示倒圆角的三角形，因基点坐标计算较难，直接按轮廓编程困难，但轮廓线可以较方便地通过作图绘出。从该零件图可以看出，零件图尺寸标注方式不符合数控编程要求，利用所给尺寸难以直接创建零件程序，因此可以用FK自由轮廓编程（以下简称“FK编程”）功能进行编程。

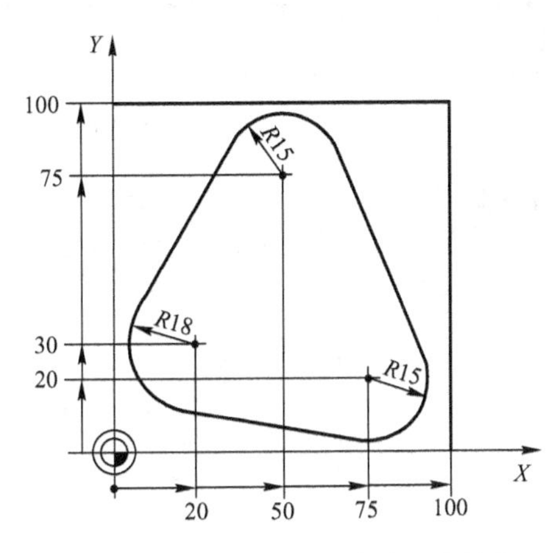


图7-1　适合FK自由轮廓编程的轮廓

## 7.1　FK编程基础

FK编程是根据零件图形轮廓，运用系统的“作图”指令，直接绘出零件轮廓的对话式编程。因此，FK编程时，一般都使用系统的交互编程图形支持功能，选择“程序+图形”（PROGRAM+GRAPHICS）编程界面，左侧窗口显示程序，右侧窗口显示编程轨迹或试运行图像，如图7-2所示。要及时显示FK编程轨迹，需要做如下设置：单击图7-2中第4软键行（软键上方第四根横线），弹出图7-3所示屏幕界面，[自动画图]软键设置为“开”状态，[程序段NR.]软键设置为“显示”，这样就能及时观察编程的走刀轨迹了。

当输入的参数无法完整地确定工件的轮廓时，系统会在FK编辑图形上显示各种可能的情况，要求操作人员根据显示结果继续操作。FK编辑图形用不同的颜色来表达工件轮廓元素的含义，具体见表7-1。

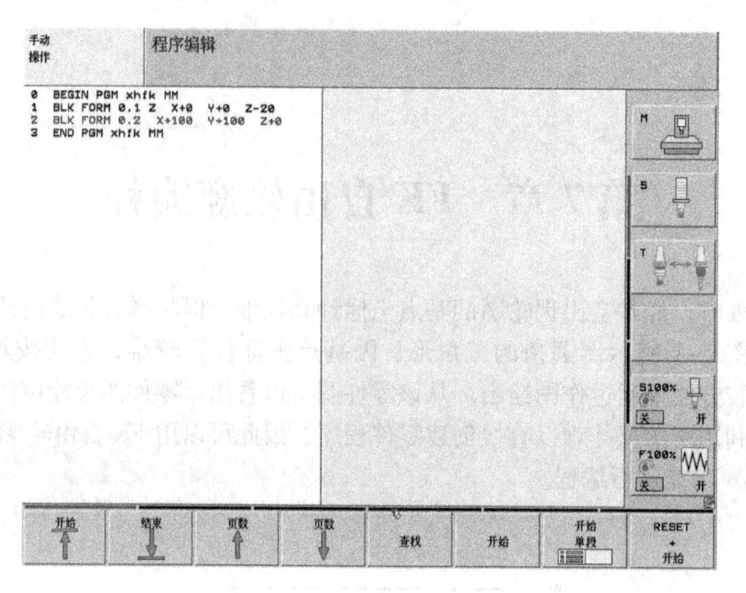


图 7-2 “程序 + 图形”编程界面

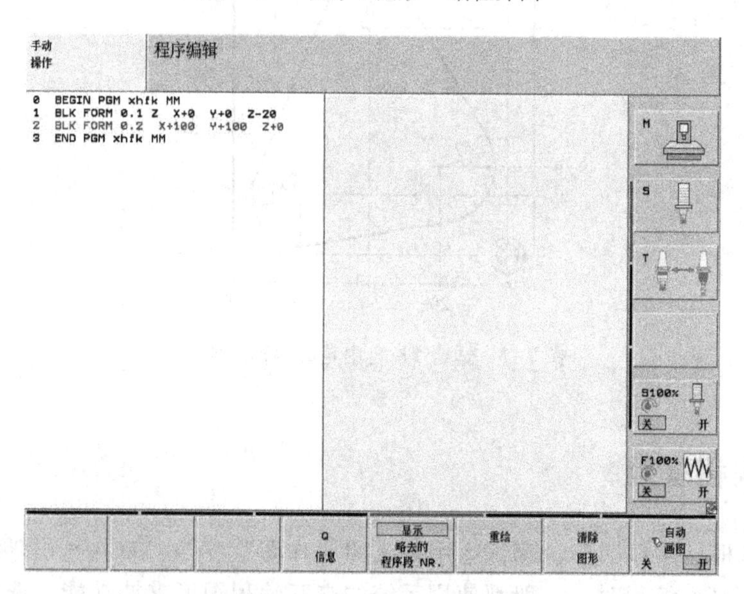


图 7-3 显示走刀轨迹的设置

**表 7-1 FK 编辑图形显示颜色与轮廓含义**

| 显示颜色 | 轮廓含义 | 注　释 |
|---|---|---|
| 黑色 | 已完整定义的轮廓 | 不需要再输入此轮廓参数 |
| 蓝色 | 按输入参数有几个可能的轮廓 | 通过选择来确定需要的轮廓 |
| 红色 | 需要输入更多参数才能确定的轮廓 | 需要再输入参数 |

如果输入参数确定的轮廓有几种可能性，且轮廓元素显示为蓝色，用以下方法选择正确的轮廓元素，具体见表 7-2。

① 反复单击［显示结果］软键（显示结果），直到显示正确轮廓元素。

② 单击［选择方案］软键（选择方案），选择该轮廓元素。

③ 如不想选择蓝色轮廓元素，可以单击［结束选择］软键（结束选择），继续 FK 编程对话。

**表 7-2　FK 编程可能的轮廓方案选取**

| 软　键 | WORD 表达 | 功　能 | 注　释 |
|---|---|---|---|
| 显示结果 | ［显示结果］ | 显示所输入参数的各种可能几何形状 | 绿色轮廓元素 |
| 选择方案 | ［选择方案］ | 选取符合要求的轮廓 | |
| 结束选择 | ［结束选择］ | 不选择“可能的轮廓” | 继续输入轮廓参数 |

☞ 应尽早用［选择方案］软键选择绿色轮廓元素。

## 7.2　FK 编程方法步骤

### 1. 启动 FK 对话

在编程指令区按【FK】键（FK），启动 FK 对话编程；底部软键区显示各种“绘制”轮廓用的主软键，如图 7-4 所示。使用这些软键启动 FK 编程对话时，系统将显示支软键，用于输入已知的终点坐标、长度及角度等，如图 7-5 所示。其中，图 7-5a 所示为单击第二个主软键［FLT］（ ）后弹出的支软键，图 7-5b 所示为单击第四个主软键［FCT］（ ）后弹出现的支软键。如要退出 FK 对话编程，再次按【FK】键。

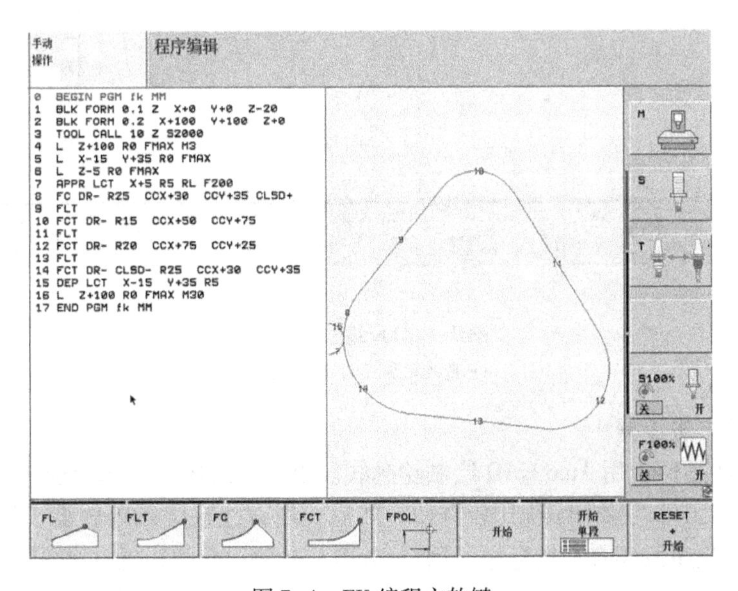


图 7-4　FK 编程主软键

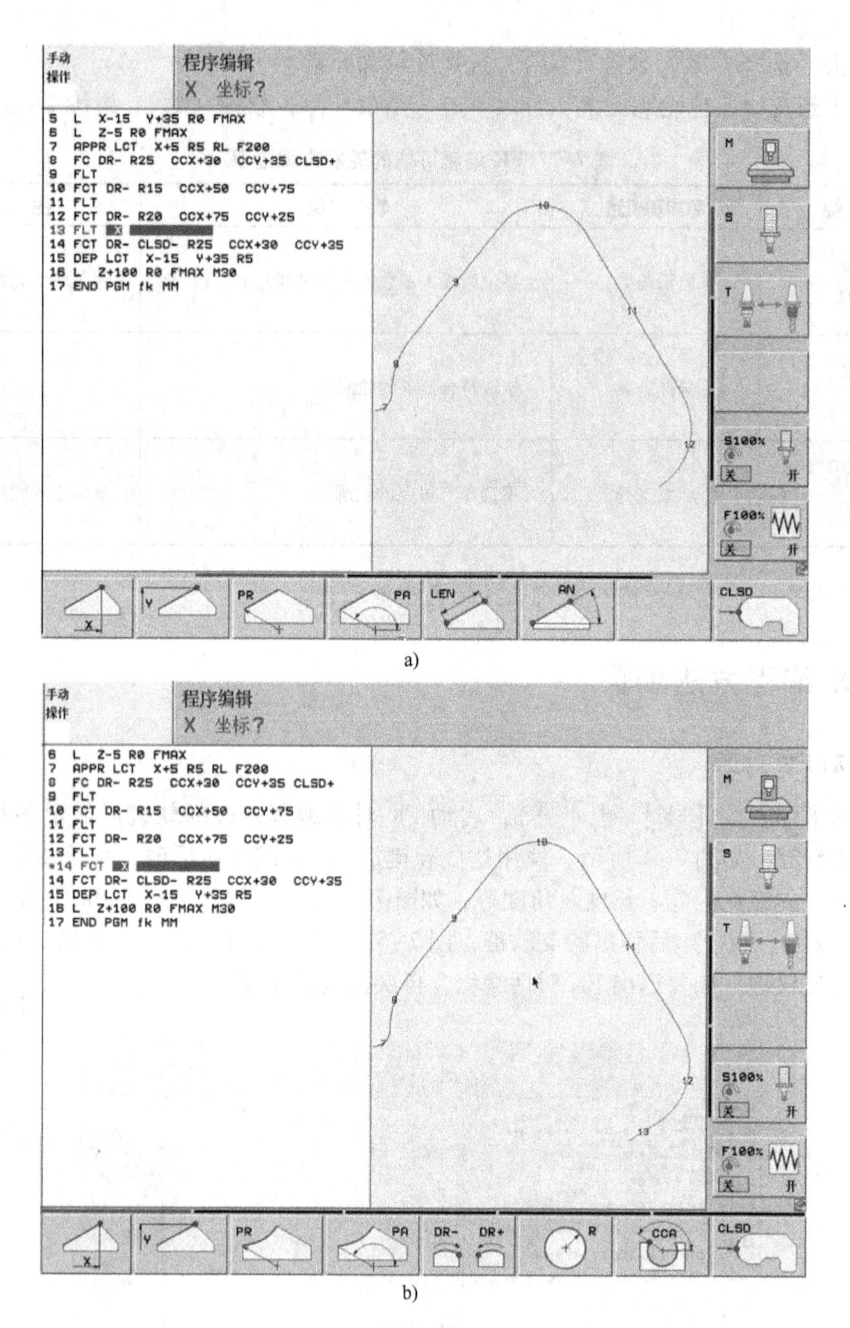


图 7-5　FK 编程支软键

a）直线轮廓　b）圆弧轮廓

**2. FK 编程方法步骤**

FK 编程方法类似于用 Auto CAD 绘制轮廓线。首先在封闭的轮廓上选一个合适的绘图起点，使切入/切出工件轮廓的编程比较方便。然后，用直线或圆弧等软键“绘制”轮廓。第一个轮廓元素的程序段要有开始标志，用［CLSD］软键（ ）的［CLSD+］标记，最后一个轮廓元素的程序段用［CLSD-］标记，表示轮廓闭合。也就是说，用［CLSD］软键标记封闭轮廓的起点和终点。“绘制”与前几何元素相切的直线用 软键，其他直线用软键，同时，一般要输入线的终点坐标或线长和直线倾斜角等。“绘制”圆弧时，一般要输入圆心坐标、圆弧半径、圆弧方向（顺时针 DR－，逆时针 DR＋）等；与前几何元素相切时用 FLT 软键，相交时用 FC 软键。用极坐标 FK 编程时，应先用 FPOL 软键定义极点。常用的 FK 编程软键见表 7-3。

表 7-3　FK 编程的软键及功能

| 软　键 | “绘”的轮廓（走刀轨迹） | 注　释 |
|---|---|---|
| CLSD | 轮廓的起点程序段及最终闭合程序段 | ［CLSD＋］开始，［CLSD－］闭合/结束 |
| FLT | “绘制”相切直线 | 与前几何元素相切 |
| FL | “绘制”直线 | 一般需输入终点 $X$、$Y$ 坐标或倾斜角度 |
| X　Y | 轮廓元素终点坐标 $X$、$Y$ | 输入终点坐标 $X$、$Y$ |
| LEN | 直线长度 | 输入线长 |
| AN | 直线倾斜角 | 输入倾斜角 |
| FPOL | 输入极点，建立极坐标 | 以便输入极坐标 |
| PR　PA | 轮廓元素终点的极坐标 PR/PA | 极径/极角（先用［FPOL］定义极点） |
| FCT | “绘制”相切圆弧 | 与前元素相切 |
| FC | “绘制”圆弧 | 一般需输入圆弧方向、圆心、半径 |
| DR－　DR＋ | 圆弧方向 | 顺时针 DR－，逆时针 DR＋ |
| CCX　CCY | 圆弧圆心 $X$、$Y$ | 输入圆心坐标 |
| CC PR　CC PA | 极坐标圆弧的圆心 | FK 中不能用 CC 定义圆心 |
| R | 圆弧半径 | 输入半径 |
| LEN | 圆弧弦长 | 输入弦长 |
| AN | 切入的倾斜角 | 输入倾斜角 |
| CCA | 圆弧圆心角 | 输入圆心角 |

### 3. FK 编程示例

图 7-6 所示定义极点的 FK 编程示例如下：

17 FPOL X+20 Y+30 （定义极点 *P*）
18 FLI X+10 Y+20 RR F200 （“绘制”直线 *AB*：输入终点坐标，*X* 为增量坐标）
19 FCT PR+15 IPA+30 R15 DR+ （“绘制”圆弧 *BC*：输入圆弧终点、半径和方向）

如图 7-7 所示，已知线段长度和倾斜角、圆弧弦长和倾斜角的 FK 编程示例如下：

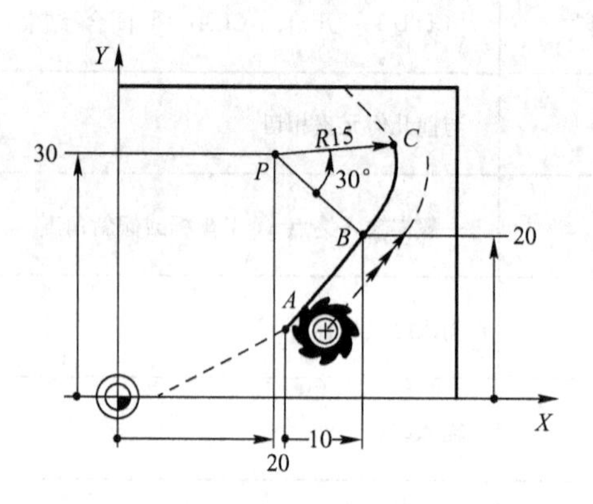


图 7-6 定义极点 FK 编程示例

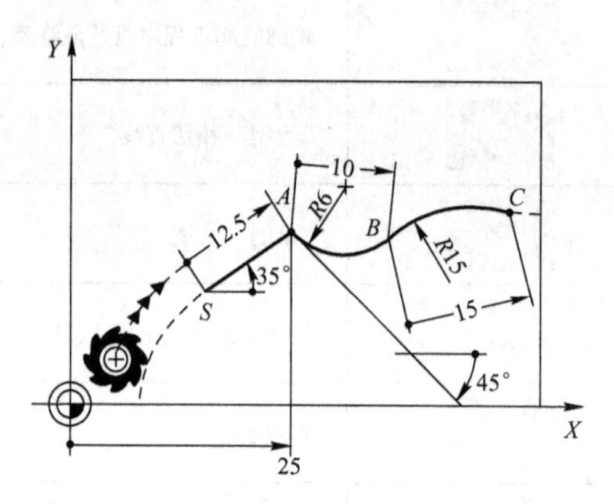


图 7-7 已知长度和倾斜角的 FK 编程示例

27 FLT X+25 LEN12.5 AN+35 RL F200 （“绘制”直线 *SA*：输入终点 *X* 坐标、线长和倾斜角）
28 FC R6 DR+ LEN10 AN-45 （“绘制”圆弧 *AB*：输入圆弧半径、方向、弦长和倾斜角）
29 FCT R15 DR- LEN15 （“绘制”圆弧 *BC*：输入圆弧半径、方向和弦长）

图 7-8 所示已知圆心、半径和圆弧方向的 FK 编程示例如下：

10 FC CCX+20 CCY+15 DR+ R15 （“绘制”圆弧 *SA*：输入圆弧圆心、方向和半径）
11 FPOL X+20 Y+15 （定义极点 *P*）
12 FL AN+40 （“绘制”直线 *AB*：输入倾斜角）
13 FC CCPA+40 CCPR35 DR+ R15 （“绘制”圆弧 *BC*：输入圆弧极坐标圆心、方向和半径）

图 7-9 所示轮廓起点和终点的 FK 编程示例如下：

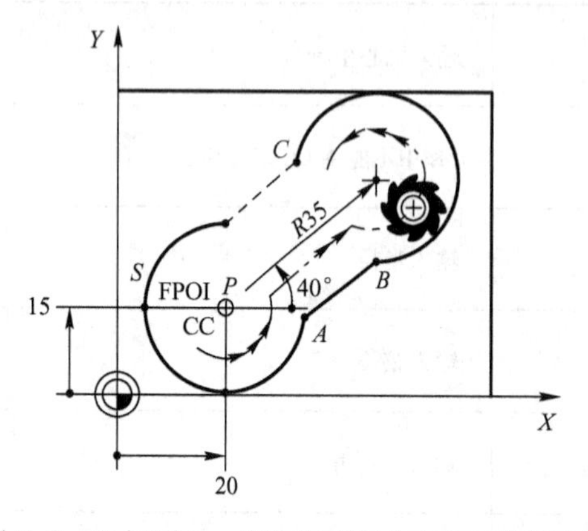


图 7-8 已知圆心、半径和圆弧方向 FK 编程示例

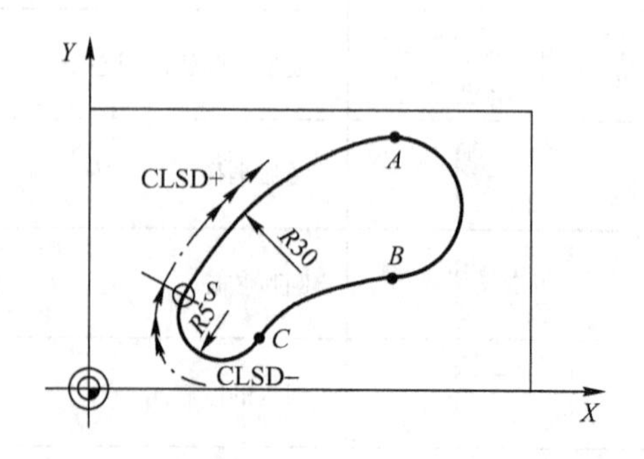


图 7-9 轮廓起点和终点的 FK 编程示例

…

13　FC　R30　DR－　CLSD＋　（轮廓起点 *A*，“绘制”*SA* 圆弧：输入圆弧半径、方向和起始标志）

…

17　FCT　R5　DR－　CLSD－　（“绘制”*CS* 闭合圆弧：输入圆弧半径、方向和闭合标志）

**4. FK 编程注意事项**

FK 编程与常规编程在使用场合、范围及形式等方面都是不同的，使用时应特别注意以下几个方面：

① FK 编程仅适用于加工面上的平面轮廓编程，不适用于型腔等。加工面通过刀轴定义，在定义毛坯的程序段完成。

② FK 编程不允许使用省略形式，即使数据在各程序段中没有变化也必须输入，但 FK 定义的极点，直到再次定义新极点前一直保持有效。

③ 一个程序中可以同时输入 FK 程序段和常规程序段，但在返回常规编程前必须先完整地定义 FK 轮廓。

④ 倒角、倒圆角指令可直接用于 FK 编程。

⑤ 在 LBL 标记之后第一个程序段禁止用 FK 编程。

⑥ 用极坐标定义圆心，必须先用［FPOL］软键定义极点，不能用 CC 功能。如果输入相对已定义 CC 程序段中极点的常规极坐标，必须在 FK 轮廓之后再次输入 CC 程序段中的极点。

【训练】采用 FK 编程方法，编制铣削图 7-10 所示倒圆角三角形轮廓的程序。

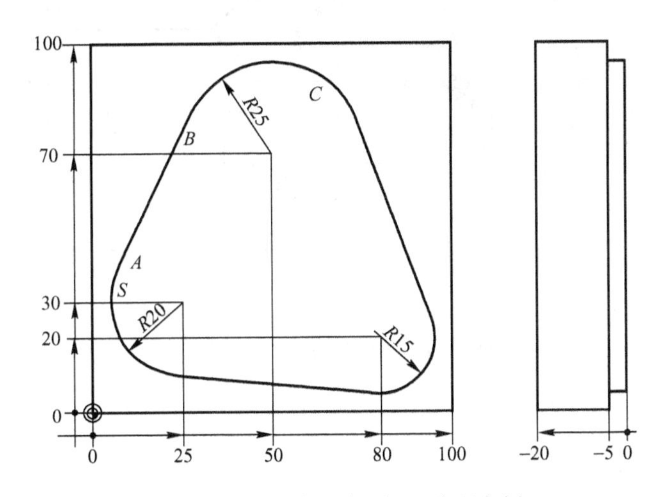


图 7-10　倒圆角三角形 FK 编程实例

**参考程序：**

0　BEGIN　PGM　FK1　MM

1　BLK　FORM　0.1　Z　X＋0　Y＋0　Z－20

2　BLK　FORM　0.2　X＋100　Y＋100　Z＋0

3　TOOL　CALL　8　Z　S3000

4　L　Z＋100　R0　FMAX　M3

5 L X-15 Y+30 R0 FMAX
6 L Z+2 R0 FMAX
6 L Z-5 R0 F500
7 APPR LCT X+5 R3 RL F200 （切入轮廓起点 *S*）
8 FC CCX+25 CCY+30 R20 DR-CLSD+ （FK 轮廓起始程序段:“绘制”起始圆弧 *SA*）
9 FLT （“绘制”相切直线 *AB*）
10 FCT CCX+50 CCY+70 R25 DR- （“绘制”相切圆弧 *BC*）
11 FLT
12 FCT CCX+80 CCY+20 R15 DR-
13 FLT
14 FCT CCX+25 CCY+30 R20 DR- CLSD- （“绘制”闭合圆弧）
15 DEP LCT X-15 Y+30 R3
16 L Z+100 R0 FMAX M2
17 END PGM FK1 MM

【训练】采用 FK 编程方法，编制铣削图 7-11 所示吊钩平面轮廓的程序，凸台高为 2 mm。

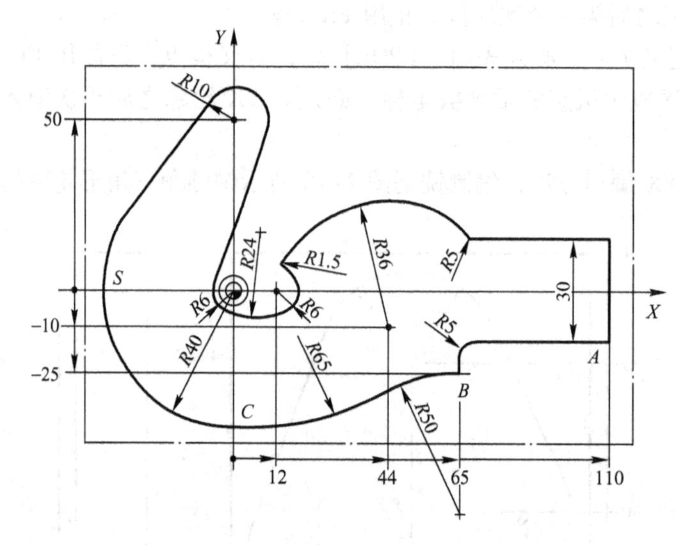


图 7-11 吊钩轮廓 FK 编程实例

**参考程序：**

0 BEGIN PGM FK3 MM
1 BLK FORM 0.1 Z X-45 Y-45 Z-20
2 BLK FORM 0.2 X+120 Y+70 Z+0
3 TOOL CALL 4 Z S4000
4 L Z+100 R0 FMAX
5 L X-70 Y+0 R0 FMAX M3
6 L Z+2 R0 FMAX
7 L Z-2 R0 F100
8 APPR LCT X-40 Y+0 R5 RL F200
9 FC DR- R40 CCX+0 CCY+0 CLSD+

```
10  FLT
11  FCT  DR-  R10  CCX+0  CCY+50
12  FLT
13  FCT  DR+  R6  CCX+0  CCY+0
14  FCT  DR+  R24
15  FCT  DR+  R6  CCX+12  CCY+0
16  FCT  DR-  R1.5
17  FSELECT  2 (选取符合要求的轮廓)
18  FCT  DR-  R36  CCX+44  CCY-10
19  FSELECT  2
20  FCT  DR+  R5
21  FLT  X+110  Y+15  AN+0
22  FSELECT  1
23  FL  Y-15  AN-90
24  FL  X+65  Y-15
25  RND  R5
26  FL  X+65  Y-25
27  FL  AN+180
28  FCT  DR+  R50  CCX+65
29  FCL  DR-  R65
30  FCT  CCX+0  CCY+0  R40  DR-  CLSD-
31  FSELECT  2
32  DEP  LCT  X-60  Y+0  R5
33  L  Z+100  R0  FMAX  M2
34  END  PGM  FK3  MM
```

## 7.3 FK 程序转换为常规程序格式

系统提供了 FK 程序转换为常规程序的功能，方法步骤如下：

1）在编程界面按【PGM MGT】文件管理键（），进入文件名界面，选择要转换的程序文件名。

2）切换软键行，直到显示［转换程序］软键（）。

3）单击转换程序功能软键［转换程序］，系统将所有 FK 程序段转换为直线程序段（L）和圆弧程序段（CC，C）。

☞ 系统创建的文件名为原文件名加上__NC。例如，FK 程序文件名为“XHFK. H”，系统转换后的程序文件名为“XHFK __NC. H”。

**练一练**

1. 采用 FK 编程方法，编制铣削图 7-12 所示凸台轮廓的程序，毛坯尺寸为 104 mm × 80 mm × 15 mm。

2. 采用 FK 编程方法，编制铣削图 7-13 所示轮廓的程序，毛坯尺寸自定。

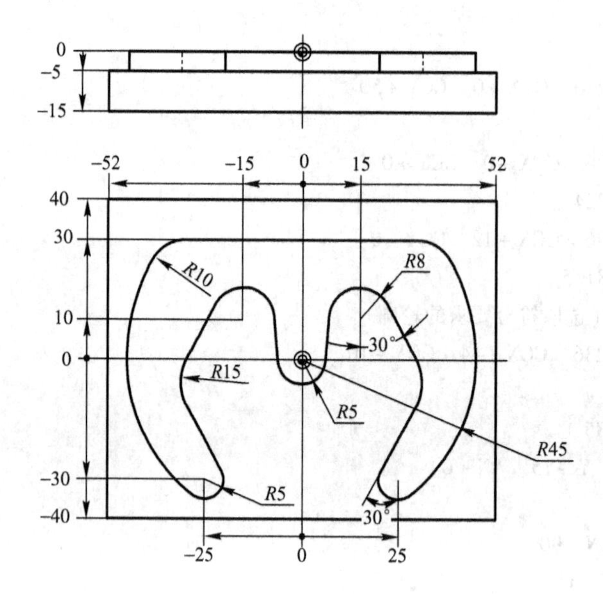


图 7−12　练习图 1

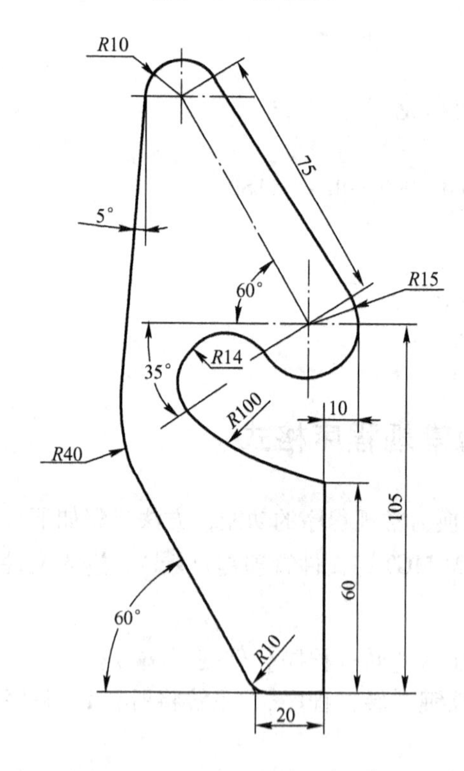


图 7−13　练习图 2

# 第 8 章　倾斜面加工编程

## 8.1　倾斜面加工基础

倾斜面加工，又称五轴定位加工或“3 +2”定位加工，是指机床的三个线性轴联动，两个旋转轴摆过一定角度后再进行加工的方式。在数控加工中，经常有倾斜面加工情况。如图 8-1 所示，在倾斜面上加工一个圆环凸台，并在圆环凸台上钻孔，就是倾斜面加工的实例。如用三轴机床加工凸台或孔，工艺复杂，效率低下，且质量难以保证，这时就应该用多轴机床倾斜面加工技术。

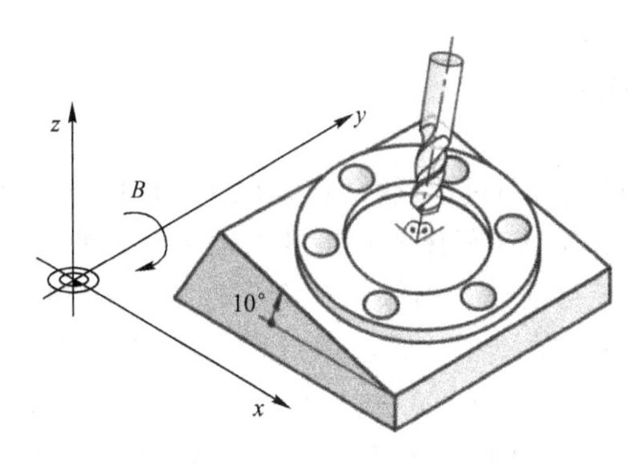


图 8-1　倾斜面加工示例

多轴数控系统一般通过手动倾斜或程序控制倾斜实现倾斜面加工。手动倾斜是指在手动操作模式或电子手轮操作模式中用 3D ROT 功能实现倾斜面加工；程序控制倾斜是指用零件程序中的 CYCLE 19 或 PLANE 功能实现倾斜面加工。表 8-1 为倾斜面加工的三种倾斜功能。

**表 8-1　多轴加工的倾斜功能**

| 倾斜功能 | 操作控制方式 | 实现方式 |
| --- | --- | --- |
| 3D ROT 功能 | 手动操作/电子手轮 | 定义刀轴倾斜角 |
| CYCLE19 | 程序控制 | 定义刀轴倾斜角 |
| PLANE 功能 | 程序控制 | 定义空间角 |

## 8.2　3D ROT 功能

海德汉 iTNC530 系统中，可以在手动操作或电子手轮操作模式下使用 3D ROT 功能实现倾斜面加工。具体操作步骤如下：

1）进入手动操作模式，在 TNC 主操作界面底部软键区按［3D ROT］软键，选择手动倾斜方式。

2）输入倾斜角度。

3）在“倾斜工作平面”的菜单选项中激活所需的操作模式，用【ENT】键确认。

4）按【END □】键结束输入。

若倾斜工作平面功能被激活，而且系统按照倾斜的轴移动机床轴，则状态显示出现 符号。若在程序运行前已经激活了“倾斜工作平面”功能，那么输入到菜单中的倾斜角度在此工件程序中是持续有效的，直到被激活的程序中旋转功能定义的角度值被覆盖。例如，工件程序中使用了循环 19 功能（CYCLE19 功能），在运行 CYCLE19 功能前的程序块中，输入到菜单中的倾斜角度是被激活的，而运行了 CYCLE19 功能后，CYCLE19 功能中所定义的角度值（在循环定义开始处）将被激活，此时，输入到菜单中的角度值被覆盖。

加工结束后，需要对机床进行复位。复位倾斜功能的方法是在“倾斜工作平面”菜单中将所需的操作模式关闭。

需要注意的是，3D ROT 功能不能和 M114、M128 功能一起使用。

## 8.3　CYCLE 19 功能

机床可以在程序控制模式下通过运行循环 19（CYCLE 19）功能实现倾斜面加工。循环 19 功能通过输入刀轴倾斜角（参考机床坐标系的刀轴位置）来定义工作平面的位置。一旦确定刀轴倾斜角，TNC 系统自动计算出倾斜轴所需的角度，并将它们存储在参数 Q120（*A* 轴）、Q121（*B* 轴）、Q122（*C* 轴）中，通过运行程序段“L　B + Q121 C + Q122　FMAX”（摆头式机床，如图 8-2 所示）或“L　A + Q120　C + Q122　FMAX”（摇篮式机床，如图 8-3 所示）执行旋转。执行过程中，*A* 轴先转动，然后 *B* 轴，最后 *C* 轴。

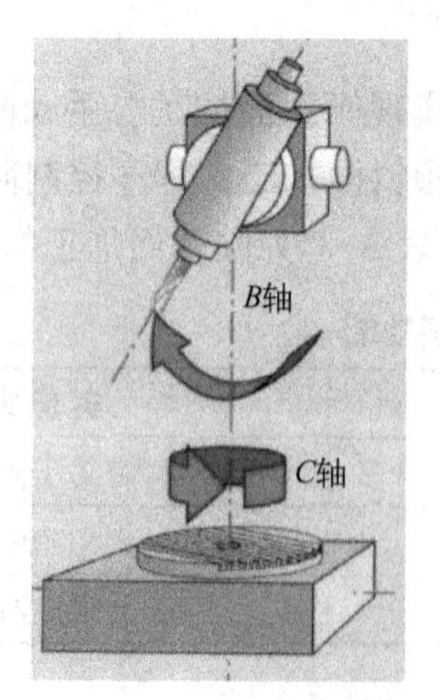


图 8-2　摆头式机床

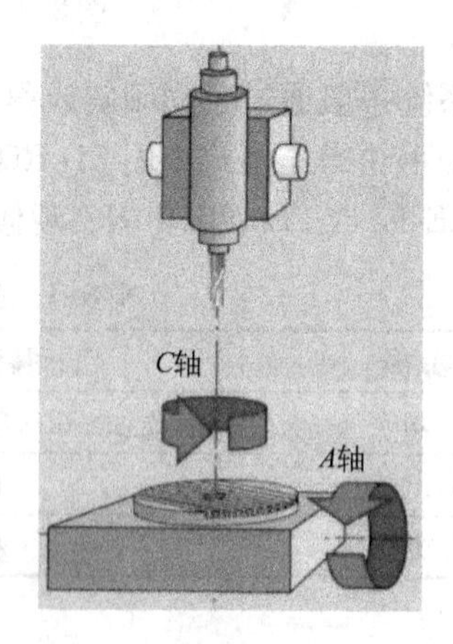


图 8-3　摇篮式机床

运行循环 19 功能后，工件坐标系随之倾斜，使刀轴垂直于工作平面。TNC 系统总是基于当前原点倾斜加工，为了方便定义工作平面，循环 19 功能通常与原点平移循环（CYCLE 7）结合使用。当把循环 19 功能与原点平移循环结合之后，总能确保工作平面绕有效原点旋转。编程时，可以在激活循环 19 功能之前，先编制一个原点平移循环。加工结束后，先取消倾斜，再取消原点平移，即采用与定义循环相反的顺序。其实现的步骤如下：

第一步：激活原点平移，如图 8-4 所示。

第二步：激活倾斜功能，如图 8-5 所示。

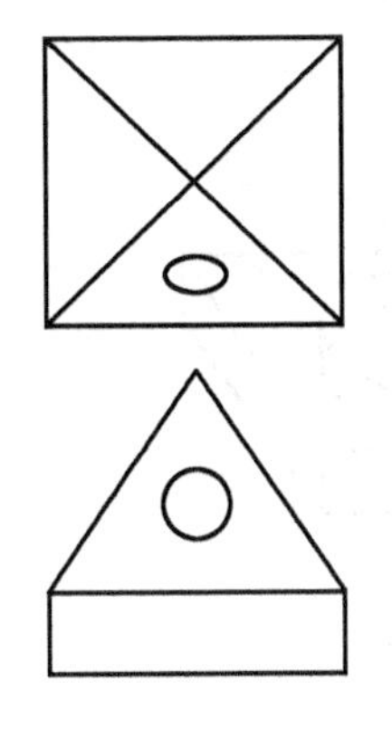

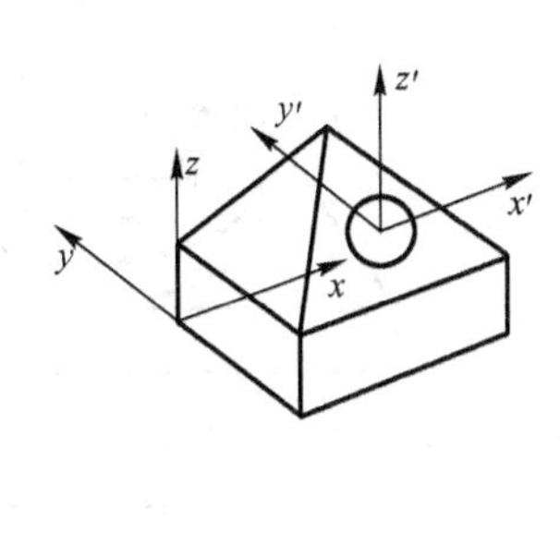


图 8-4　平移工件坐标系

图 8-5　旋转工件坐标系

第三步：执行倾斜。

第四步：加工。

第五步：复位旋转。

第六步：取消倾斜功能。

第七步：取消原点平移。

取消倾斜时，重新定义工作平面循环，并对所有的旋转轴角度值输入 0°。此时，用【NO ENT】键来回答对话问题，再编制一个工作平面循环来关闭此项功能。

运用循环 19 功能定义工作平面的关键是定义旋转角度。以摆头式机床为例，用摆头式机床进行“3 +2”加工，先把工件坐标系原点平移到旋转中心，如图 8-6 所示。再根据摆头摆动的行程范围，确定摆头与回转工作台最适合加工的回转角度，以避免干涉。大致方位确定后，先确定回转工作台需转过的角度，再确定主轴需摆过的角度，即先确定 *C* 值，再确定 *B* 值。从上往下看，工作台顺时针旋转时，*C* 值为正（因为刀具相对于工件是逆时针转的），由于用到 CYCLE 19 坐标系旋转功能，顺着机床坐标系 *Z* 轴负向看，工件坐标系 *X* 轴和 *Y* 轴同时逆时针旋转给定的 *C* 值。若 *C* 值为负，则相反。例如 *C* 值为 -90，则顺着机床坐标系 *Z* 轴负向看，工件坐标系 *X* 轴和 *Y* 轴顺时针旋转了 90°，如图 8-7 所示。再看摆头转过的角度，如 *B* 值为60，主轴始终绕着机床坐标系 *Y* 轴转动，则沿着机床坐标系 *Y* 轴正向看，主轴顺时针转过 60°，而坐标系中的 *Z* 轴和 *X* 轴是绕着变化后的 *Y* 轴转动，同样也是沿着 *Y* 轴负向看，*Z* 轴顺时针转过 60°，如图 8-8 所示。以上是在编程时按此顺序考虑，而在实际运行程序时，工作台和摆头是联动的。

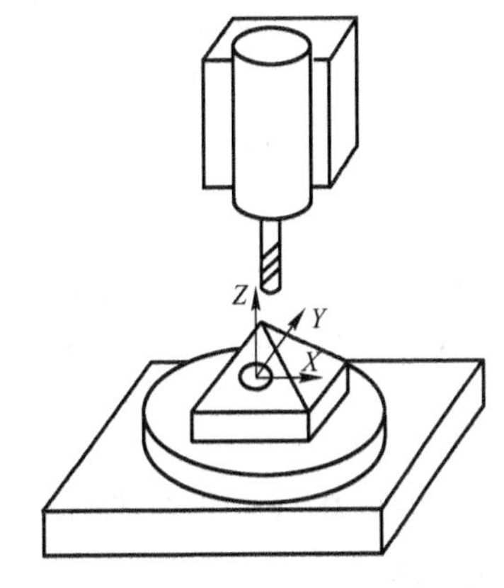


图 8-6　平移后的工件坐标系状态

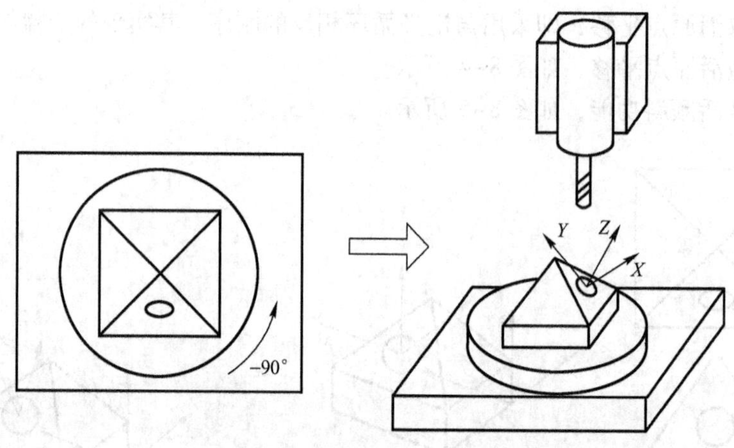

图 8-7　C 轴转过 -90°后的状态

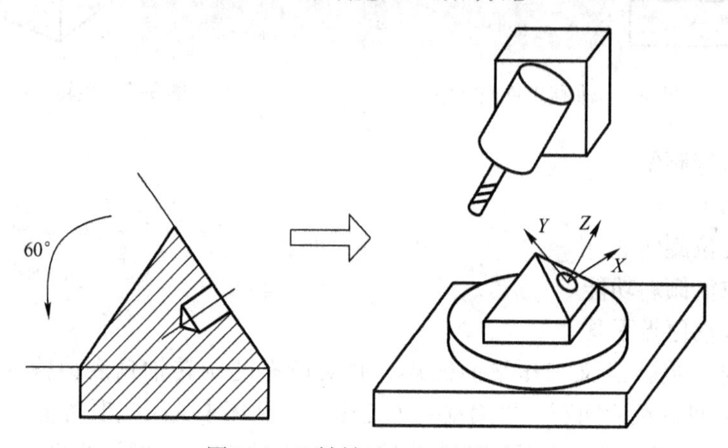

图 8-8　B 轴转过 60°后的状态

以上过程参考程序：

第一步：

```
CYCL  DEF  7.0  DATUM  SHIFT
CYCL  DEF  7.1  X+0
CYCL  DEF  7.2  Y-15.5
CYCL  DEF  7.3  Z+30.5
```

第二步：

```
CYCL  DEF  19.0  WORKING  PLANE
CYCL  DEF  19.1  B+60  C-90
```

第三步：

```
L  B+Q121  C+Q122  FMAX
```

第四步：

```
L  Z+100  FMAX
L  X+0  Y+0  FMAX
```

```
CYCL DEF 207 RIGID TAPPING NEW Q ≫
L X+0 Y+0 FMAX M99
M140 MB MAX
```

第五步：

```
CYCL DEF 19.0 WORKING PLANE
CYCL DEF 19.1 B+0 C+0
L B+Q121 C+Q122 FMAX
```

第六步：

```
CYCL DEF 19.0 WORKING PLANE
CYCL DEF 19.1
```

第七步：

```
CYCL DEF 7.0 DATUM SHIFT
CYCL DEF 7.1 X+0
CYCL DEF 7.2 Y+0
CYCL DEF 7.3 Z+0
```

下面以一个加工实例来说明在摇篮式多轴机床上的倾斜面加工。如图8-9所示，加工基座右前方斜面上的孔（图中箭头所指）。初始工件坐标系原点在零件最上面中心位置。编程思路：先将初始工件坐标系平移至孔端面孔中心位置，再根据斜面的角度将工作台转过-120°，$A$轴摆过75°。参考程序如下：

```
0 BEGIN PGM M16 MM
1 BLK FORM 0.1 Z X-80 Y-80 Z-80
2 BLK FORM 0.2 X+80 Y+80 Z+0
3 TOOL CALL 17 Z S2000
4 M3
5 M140 MB MAX
6 CYCL DEF 7.0 DATUM SHIFT  ┐
7 CYCL DEF 7.1 X+30         │
8 CYCL DEF 7.2 Y-15         ├ 激活系原点平移
9 CYCL DEF 7.3 Z-20         ┘
10 CYCL DEF 19.0 WORKING PLANE ┐
11 CYCL DEF 19.1 A+75 C-120    ┘ 激活倾斜功能
12 L A+Q120 C+Q122 FMAX ———— 执行倾斜
13 L Z+100 FMAX
14 L X+0 Y+0 FMAX
15 CYCL DEF 207 RIGID TAPPING NEW Q ≫
16 L X+0 Y+0 FMAX M99
17 M140 MB MAX
18 CYCL DEF19.0 WORKING PLANE ┐
19 CYCL DEF 19.1 A+0 C+0      ├ 复位倾斜
20 L A+Q120 C+Q122 FMAX       ┘
```

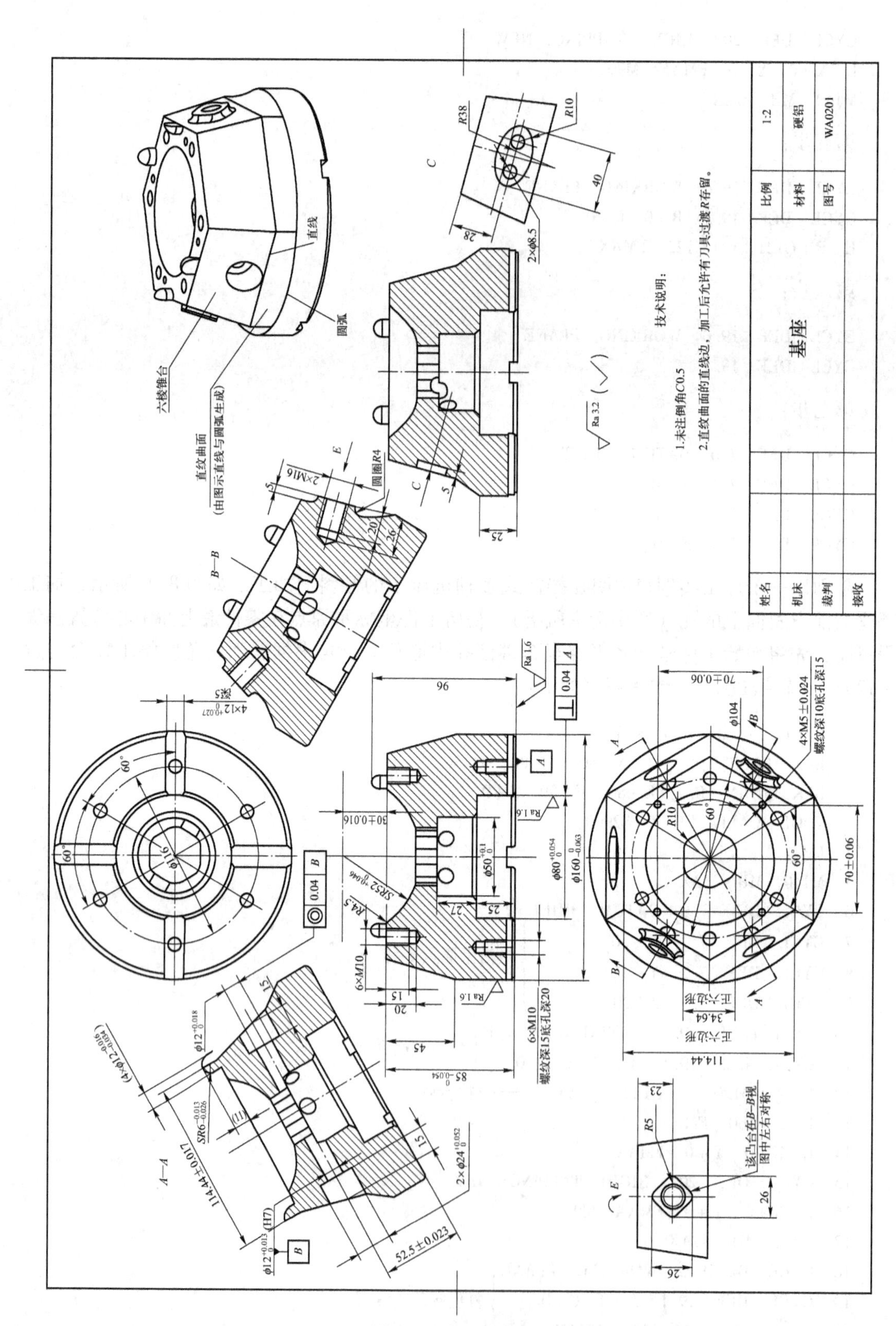
六棱锥台
直纹曲面
(由图示直线与圆弧生成)
直线
圆弧
B—B
A—A
C
E
圆圈R4
2×M16
6×M10
螺纹深15底孔深20
4×M5±0.024
螺纹深10底孔深15
正六边形
该凸台在B-B视图中左右对称
技术说明：
1.未注倒角C0.5
2.直纹曲面的直线边，加工后允许有刀具过渡R存留。
基座
比例
1:2
材料
硬铝
图号
WA0201
姓名
机床
裁判
接收

图 8-9　加工实例图

```
21  CYCL  DEF  19.0  WORKING  PLANE  } 取消倾斜功能
22  CYCL  DEF  19.1                  }
23  CYCL  DEF  7.0  DATUM  SHIFT  }
24  CYCL  DEF  7.1  X+0           } 取消原点平移
25  CYCL  DEF  7.2  Y+0           }
26  CYCL  DEF  7.3  Z+0           }
27  L  X+0  Y+0  FMAX
28  M30
29  END  PGM  M16  MM
```

## 8.4　PLANE 功能

程序控制中除了用循环 19 功能实现倾斜面加工外，也可以用 PLANE（空间角）功能来激活倾斜加工面。PLANE 功能适用于程序运行中的全自动、单程序段和手动输入数据定位（MDI）操作模式。

用最多可达 3 个参考机床坐标系的旋转空间角来确定工作平面的位置。所用的空间角可通过向倾斜工作面插入一条垂线，并考虑它与倾斜运动所绕的轴之间的关系来算出，如图 8-10 所示。每个刀轴空间位置可由两个空间角来精确定义。

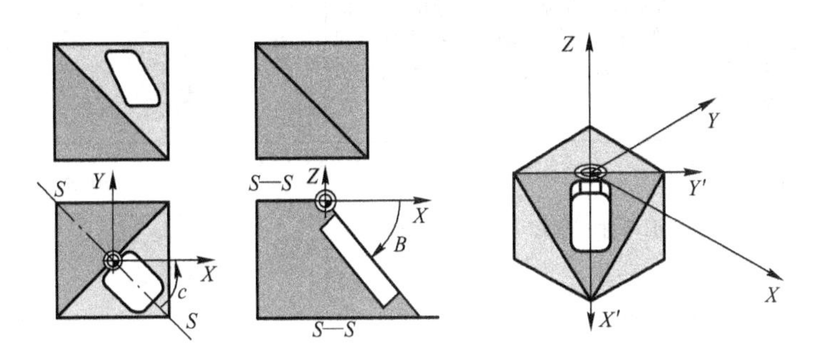


图 8-10　空间角计算方法

用 PLANE 空间角中的 STAY 功能输入所需空间角，TNC 系统自动计算机床实际存在的旋转轴所需角度位置并将结算结果保存在参数 Q120～Q122 中。表 8-2 为摆头式五轴机床可输入空间角。

**表 8-2　摆头式五轴机床可输入空间角**

| 可输入的空间角 | 参数中结果 | 轴角说明 |
|---|---|---|
| A þ | Q120 þ | 输出轴 *A* 被忽略，因为实际无此轴 |
| B þ | Q121 þ | *B* 轴的轴角 |
| C þ | Q122 þ | *C* 轴的轴角 |

PLANE 功能可通过 3 个围绕机床固定坐标系旋转的空间角定义一个加工面，见表 8-3。

表 8-3 PLANE 功能定义的空间角

| 英文缩写 | 英 文 | 中 文 | 含 义 |
|---|---|---|---|
| SPATIAL | SPATIAL | 三维空间 | 在三维空间中 |
| SPA | SP ATIAL A | 空间角 *A* | 围绕 *X* 轴旋转 |
| SPB | SP ATIAL B | 空间角 *B* | 围绕 *Y* 轴旋转 |
| SPC | SP ATIAL C | 空间角 *C* | 围绕 *Z* 轴旋转 |

☞ 必须定义三个空间角 SPA、SPB 和 SPC，即使它们其中之一为 0。

输入全部 PLANE 定义参数后，还必须指定如何将旋转轴定位到计算的轴位置值处。为此，系统设置 MOVE（移动）、TURN（旋转）和 STAY（固定）三项子功能，其各自代表的功能描述见表 8-4。

表 8-4 PLANE 子功能

| 子 功 能 | 功能描述 | 图 示 |
|---|---|---|
| MOVE（移动） | PLANE 功能自动将旋转轴定位到所计算的位置值处。刀具相对工件的位置保持不变，TNC 系统执行直线轴的补偿运动。此功能必须定义刀尖至旋转中心距离和进给速率 F | 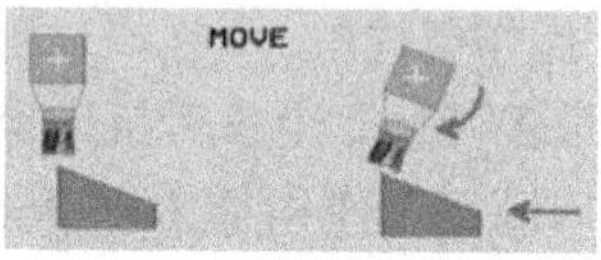 |
| TURN（旋转） | PLANE 功能自动将旋转轴定位到所计算的位置值处，但只定位旋转轴。TNC 系统不对直线轴执行补偿运动。此功能必须定义进给速度 F |  |
| STAY（不动） | 需要在后面单独程序段中定位旋转轴 |  |

具体操作过程如下：

1）进入 PLANE 功能（ ）。

① 在编程操作模式，按程序编辑键。

② 单击特殊功能软键。

③ 单击倾斜加工面软键。

④ 单击空间角软键。

数控程序段举例（用 *B* 轴铣头和 *C* 轴工作台加工，无自动定位）如下：

```
PLANE  SPATIAL  SPA +0  SPB +45  SPC +0  STAY  （定义 PLANE 功能）
L  B + Q121  C + Q122  R0  FMAX  （转动摆动铣头至倾斜加工面中位置）
```

2）PLANE 功能复位（ ）。

① 在编程操作模式，按程序编辑键。

② 单击特殊功能软键。

③ 单击倾斜加工平面软键。

④ 单击空间角复位软键。

⑤ 复位后指定 TNC 系统是否需将旋转轴移到默认设置，即 MOVE（移动）、TURN（转动）或 STAY（不动）。必须选择其一。

☞ 选择了 MOVE、TURN，复位后轴要动；选择 STAY，复位后轴不会旋转，但坐标系恢复。

⑥ 按【END □】键结束输入。

无旋转轴自动定位数控程序示例如下：

```
PLANE  RESET  STAY  （复位）
L  B+Q121  C+Q122  R0  FMAX  （转动摆动铣头至初始位置）
```

带旋转轴自动定位数控程序示例如下：

```
PLANE  RESET  （复位）
TURN  （自动转动旋转轴至初始位置）
F5000  （ 旋转轴转速,单位为°或″）
```

【训练】用 PLANE 功能编写图 8-9 中箭头指示的斜孔加工程序，参考程序如下：

```
0  BEGIN  PGM  M16  MM
1  BLK  FORM  0.1  Z  X-80  Y-80  Z-80
2  BLK  FORM  0.2  X+80  Y+80  Z+0
3  TOOL  CALL  17  Z  S2000
4  M3
5  M140  MB  MAX
6  CYCL  DEF  7.0  DATUM  SHIFT  ┐
7  CYCL  DEF  7.1  X+30          │
8  CYCL  DEF  7.2  Y-15          ├ 激活原点平移
9  CYCL  DEF  7.3  Z-20          ┘
10  PLANE  SPATIAL  SPA+0  SPB-75  SPC+150  ┐
    TURN  FMAX  SEQ-  TABLE  ROT            ┘ 激活并执行旋转
11  L  Z+100  FMAX
12  L  X+0  Y+0  FMAX
13  CYCL  DEF  207  RIGID  TAPPING  NEW  Q≫
14  L  X+0  Y+0  FMAX  M99
15  M140  MB  MAX
16  PLANE  RESET  TURN  FMAX ———— 取消倾斜并自动复位
17  CYCL  DEF  7.0  DATUM  SHIFT  ┐
18  CYCL  DEF  7.1  X+0           │
19  CYCL  DEF  7.2  Y+0           ├ 取消原点平移
20  CYCL  DEF  7.3  Z+0           ┘
21  L  X+0  Y+0  FMAX
22  M30
23  END  PGM  M16  MM
```

**练一练**

1. 用循环 19 功能加工图 8-11 所示斜面上的孔。

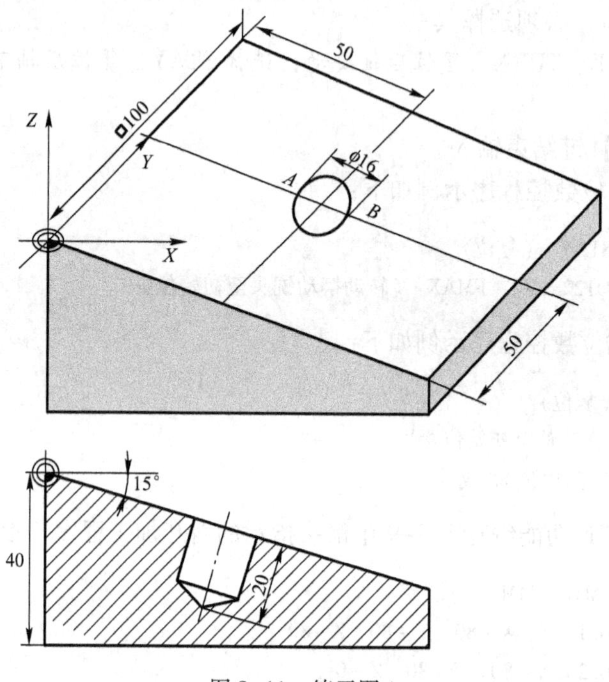


图 8-11　练习图 1

2. 用 PLANE 功能加工图 8-12 中 *B* 向和 *C* 向的槽或孔。

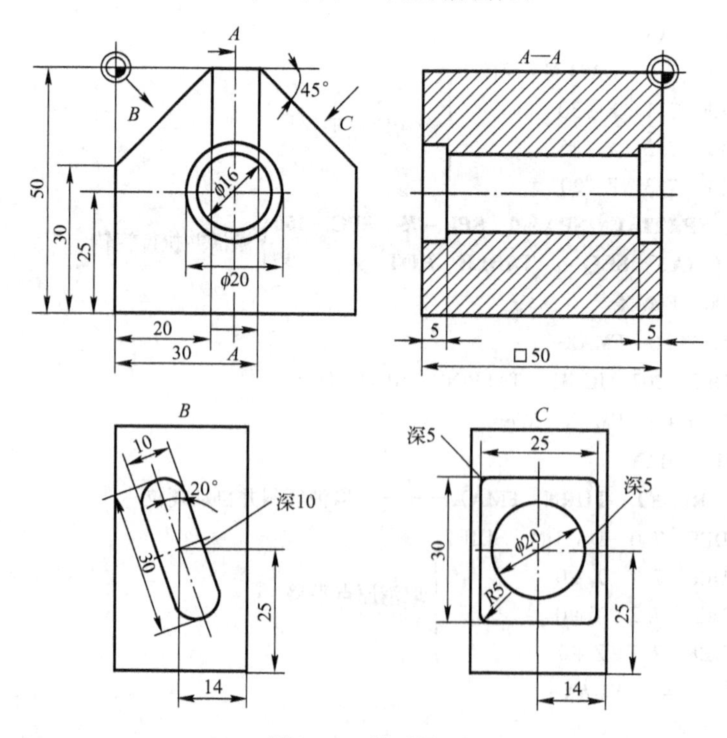


图 8-12　练习图 2

# 第 9 章　UG NX 8.5 五轴加工中心应用实例

## 9.1　UG NX 8.5 五轴加工基础

UG NX 8.5 五轴加工基本流程如图 9-1 所示。

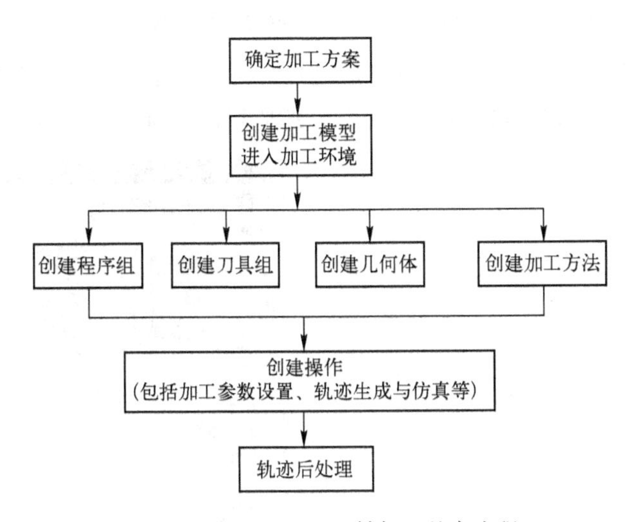


图 9-1　UG NX 8.5 五轴加工基本流程

UG NX 8.5 适用于各种类型的数控加工，下面主要介绍数控铣削加工、多轴加工方面的基础知识。

### 9.1.1　进入加工环境

在 UG NX 8.5 中打开需要加工的模型后，一般处于“建模”环境中 NX 8.5 - 建模 - [0102Ex2_start.prt]。单击“标准”工具条上的“开始”按钮 开始，在弹出的下拉菜单中选择“加工” 加工(N)... Ctrl+Alt+M，系统进入加工环境 NX 8.5 - 加工 - [0102Ex2_start.prt]。

### 9.1.2　父节点组创建

通过创建程序组、刀具组、几何体组和方法组，来定义后续各项工序或操作将要调用的公共参数。具体可以参见“导航器”工具条 和“插入”工具条 。

**1. 创建程序组**

程序组将各项工序或操作归组并排列，以此确定刀轨的顺序。“导航器”工具条的“程序顺序视图”显示各个操作所属的程序组，以及在机床上执行操作的顺序。只有在这个程序顺序视图中，所列操作的顺序才具有相关性和可比较性。

这里可以选用默认的“PROGRAM”程序组，也可以重新创建所需要的程序组。

重新创建程序组的方法如下：选择“导航器”工具条上的“程序顺序视图”，单击“插入”工具条上的“创建程序”按钮，弹出“创建程序”对话框，如图9-2所示，选择合适的“位置”，输入一个程序组“名称”，然后单击“确定”按钮。

**2. 创建刀具组**

刀具组可定义加工所需要的切削刀具。可以通过从模板创建刀具，或者通过从库中调用刀具来创建刀具。

选择“导航器”工具条上的“机床视图”，单击“插入”工具条上的“创建刀具”按钮，选择需要的刀具子类型，输入一个刀具名称，弹出“铣刀-5参数”对话框，如图9-3所示。这里可以指定必要的参数选项，如“直径”“下半径”“刀具号”“补偿寄存器”“刀具补偿寄存器”等，然后单击“确定”按钮。

图9-2 “创建程序”对话框

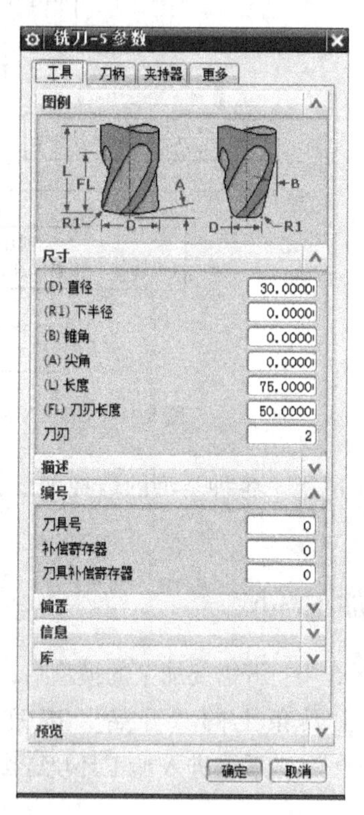


图9-3 “铣刀-5参数”对话框

**3. 创建几何体组**

几何体组可定义机床上加工几何体和部件方向。部件几何体、毛坯几何体、检查几何体、MCS方向和安全平面等参数都在此处定义。MCS加工坐标系、WORKPIECE工件（包括部件、毛坯等）参数指定非常重要，它们将直接决定刀轨生成、后处理数控程序的坐标值以及实际机床加工时的对刀设置等。

可以选用并设置默认的 MCS_MILL 几何体组、WORKPIECE 几何体组，也可以重新创建所需要的几何体组。

重新创建几何体组步骤如下：选择“导航器”工具条上的“几何视图”，单击“插入”工具条上的“创建几何体”按钮，弹出“创建几何体”对话框，如图 9-4 所示。选择不同的几何体子类型，一般只需创建 MCS 几何体和 WORKPIECE 几何体即可。这里需要重点关注“位置”选项的继承关系，不能出错。对于“名称”选项，用户可选择默认或自己设定，然后单击“确定”按钮。多个子类型应当创建多次。

选用默认的几何体组或创建新的几何体组后，都需要进行设置。双击“MCS_MILL”，弹出“MCS 铣削”对话框，如图 9-5 所示。在该对话框中主要确定“指定 MCS”和“安全距离”等参数。

图 9-4 “创建几何体”对话框

图 9-5 “MCS 铣削”对话框

在“几何视图”中单击“MCS_MILL”前的“+”号，双击“WORKPIECE”，弹出“工件”对话框，如图 9-6 所示。在该对话框中主要确定“指定部件”和“指定毛坯”等参数。

**4. 创建方法组**

方法组定义切削方法类型（粗加工、精加工、半精加工）。“内公差”“外公差”和“部件余量”等参数都在此处定义。

这里可以选用并设置默认的“MILL_ROUGH”（粗加工）、“MILL_SEMI_FINISH”（半精加工）和“MILL_FINISH”（精加工）等加工方法，也可以重新创建所需要的加工方法。

重新创建方法组步骤如下：选择“导航器”工具条上的“加工方法视图”，单击“插入”工具条上的“创建方法”按钮，弹出“创建方法”对话框，如图 9-7 所示。在该对话框中选择合适的“位置”，输入一个方法“名称”，单击“确定”按钮。

选用默认的方法组或创建新的加工方法组后，都需要进行设置。双击其中一个方法组，如“MILL_ROUGH”，弹出“铣削粗加工”对话框，如图 9-8 所示。在该对话框中主要确定“部件余量”和“内公差”“外公差”等参数。

图 9-6 “工件”对话框

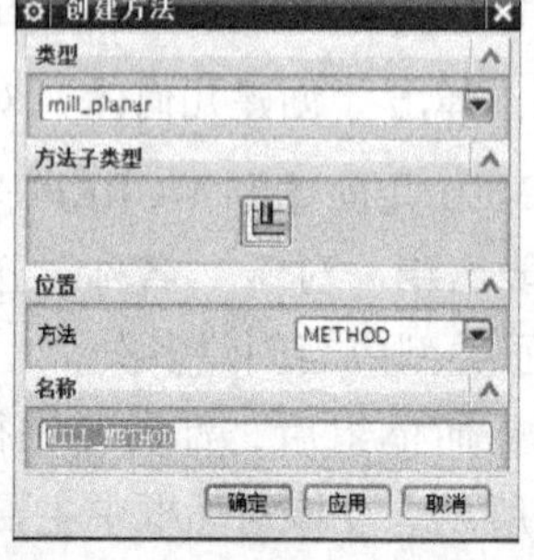

图 9-7 “创建方法”对话框

图 9-8 “铣削粗加工”对话框

## 9.1.3 工序或操作的创建

每一个刀具轨迹都需要通过创建一个工序或操作来生成。对于每一个工序或操作，除了要合理选用前面创建和确定的父节点组参数外，还需要设置若干其他参数。

创建工序或操作的步骤如下：在“导航器”工具条处于任意一个视图时，单击“插入”工具条上的“创建工序”按钮，弹出“创建工序”对话框，如图 9-9 所示。在五轴半精加工或精加工中，“类型”选项一般选择“mill_multi - axis”多轴铣削；“工序子类型”选项根据具体需要选择，使用最多的是“可变轴曲面轮廓铣”；“位置”选项下的“程序”“刀具”“几何体”和“方法”等父节点组，根据前面设定的参数合理选用；最后输入一个工序或操作“名称”，单击“确定”按钮。

图 9-9 “创建工序”对话框

## 9.1.4 可变轴曲面轮廓铣

可变轴曲面轮廓铣是五轴加工中最常见的操作子类型。对于复杂曲面的五轴加工，需要定义合适的驱动方法、投影矢量和刀轴，如图 9-10 所示。其中驱动方法是关键，一旦确定了驱动方法，就确定了可以选用的投影矢量、刀轴以及切削类型。

**1. 刀位点生成机理**

系统在所选驱动曲面上创建一个驱动点阵列，然后将此阵列沿指定的投影矢量投影到部件表面上，刀具定位到部件表面上的“切触点”或“接触点”（CC），刀轨是使用刀尖处的“输出刀位点”（CL）创建的，如图 9-11 所示。

**2. 驱动方法**

对于复杂曲面来说，假如没有选择合适的驱动方法和

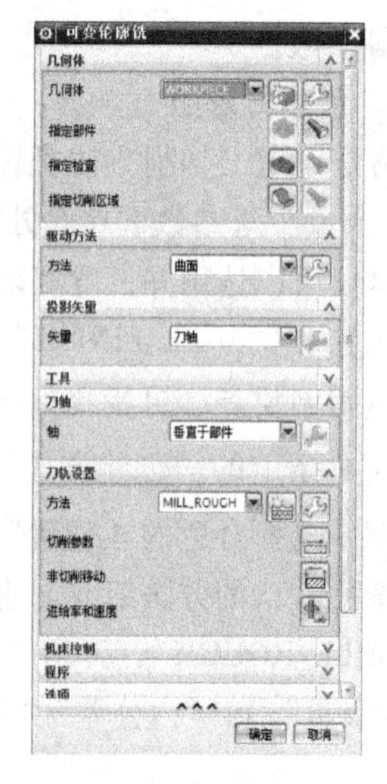


图 9-10 “可变轮廓铣”对话框

刀轴矢量，生成的刀轨会非常乱，甚至发生干涉，而且会产生大量多余刀轴运动，明显影响加工效率，如图 9-12 所示。

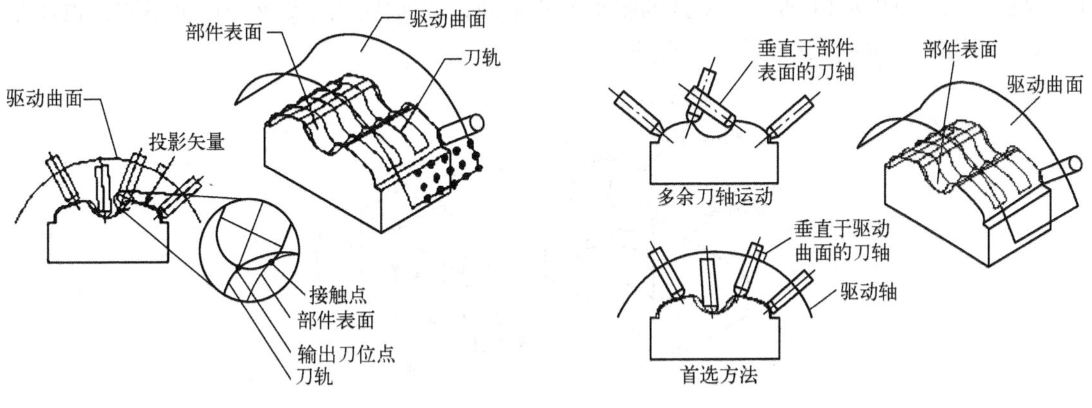


图 9-11　曲面驱动可变轴曲面轮廓铣

图 9-12　不同的刀轴控制方法

在 UG NX 8.5 中，可变轴加工，常见的驱动方法如图 9-13 所示。

（1）曲线/点驱动　通过指定点和选择曲线或面边缘定义驱动几何体。指定点后，沿着指定点之间的线段生成驱动点。指定曲线或面边缘时，沿着选定的曲线和边生成驱动点。

（2）螺旋式驱动　定义从指定的中心点向外螺旋的驱动点。驱动点在垂直于投影矢量并包含中心点的平面上被创建，然后驱动点沿着投影矢量投影到所选择的部件表面上。通过定义螺旋中心点、步距、最大螺旋半径等参数，可以得到光顺、逐步的向外驱动轨迹。

（3）边界驱动　通过指定边界和环定义切削区域，类似于曲面区域驱动方法，但是不能控制刀轴或相对于驱动曲面的投影矢量。这种驱动方法不能用于复杂曲面的五轴加工。

（4）曲面驱动　对于复杂曲面的加工最有效，所以也是最常用的一种驱动方法。通过指定切削区域、切削方向、材料侧矢量等，可以在驱动曲面栅格内生成行、列驱动点阵列。创建不同的驱动曲面、指定不同的刀轴矢量都会对加工精度和加工效率有直接影响，需要加强对比研究。

（5）流线驱动　根据选中的几何体来构建隐式驱动曲面，可以方便地创建刀轨。与曲面驱动相比，可以处理曲线、边、点和曲面，适用范围更广，更灵活。

（6）刀轨驱动　沿着刀位置源文件（CLSF）的刀轨定义驱动点，以在当前操作中创建一个类似的曲面轮廓铣刀轨。

（7）径向切削驱动　切削驱动方法，可以生成沿给定边界并垂直于给定边界的驱动轨迹。通过指定步距、带宽和切削类型等参数，生成不同的驱动轨迹。

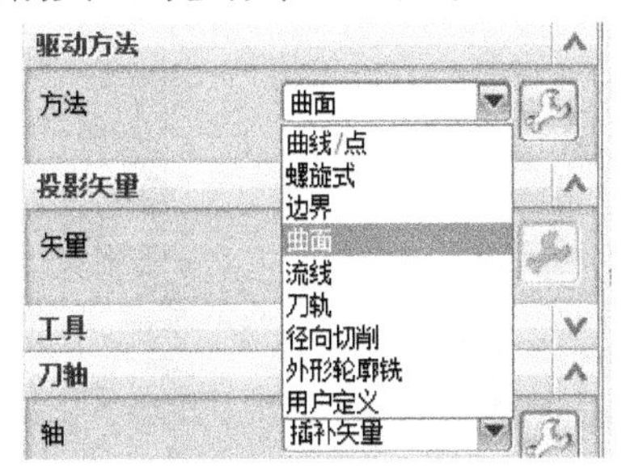


图 9-13　常见驱动方法

### 3. 投影矢量

投影矢量用来确定驱动点如何从驱动体投影到零件表面，同时决定刀具将接触到零件表面的哪一侧，如图 9-14 所示。所选的驱动方法不同，则所能用的投影矢量也不同，也就是说驱动方法决定哪些投影矢量是可选的。

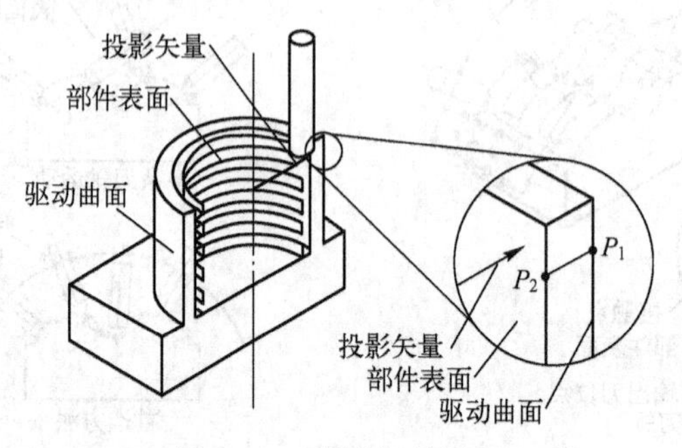


图 9-14　投影矢量原理

在 UG NX 8.5 中，可变轴加工，常见的投影矢量如图 9-15 所示。

（1）指定矢量　驱动刀路以指定的矢量方向投影到部件上。

（2）刀轴　投影矢量与刀轴方向保持一致。

（3）远离点　驱动刀路以远离点的方向附着到指定部件上。

（4）朝向点　驱动刀路以朝向点的方向附着到指定部件上。

（5）远离直线　驱动刀路以远离直线的方向附着到指定部件上。

（6）朝向直线　驱动刀路以朝向直线的方向附着到指定部件上。

（7）垂直于驱动体　创建相对于驱动曲面法线的投影矢量，投影从无限远处开始。

（8）朝向驱动体　该工作方法与“垂直于驱动体”投影方式类似，但有以下区别：该选项用于铣削型腔内部，驱动曲面位于部件内部；投影从距驱动曲面较近处开始，刀轨受到驱动曲面边界的限制。

### 4. 刀轴

刀轴有固定刀轴和可变刀轴之分。固定刀轴指在加工过程中刀具轴线保持与指定矢量平行，最常见的如三轴数控铣床加工，或者五轴机床的“3 +2”方式定轴加工。可变刀轴指在加工过程中刀具轴线沿刀轨移动时不断改变方向，五轴机床用于五轴联动加工时通常采用这种方式。

在 UG NX 8.5 中，可变轴加工，常见的刀轴控制方法如图 9-16 所示。

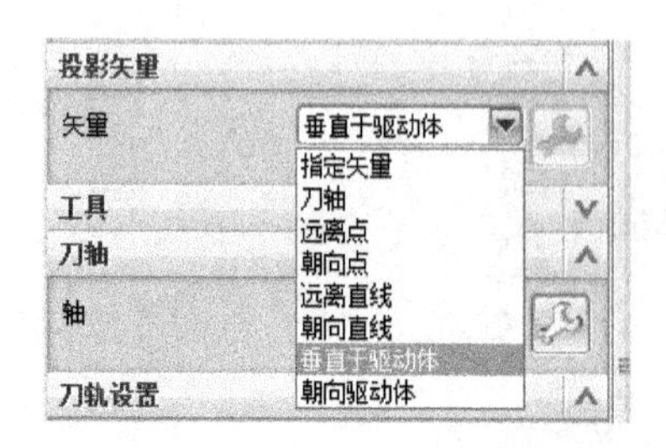


图 9-15　常见投影矢量

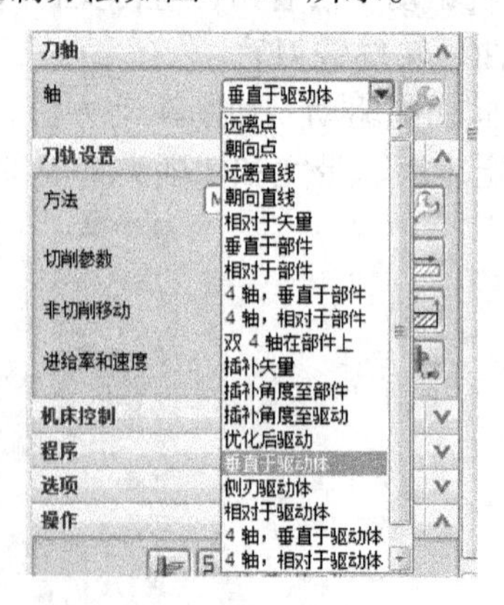


图 9-16　常见刀轴控制方法

（1）远离点、朝向点　刀轴保持远离点或者朝向点的方向。

（2）远离直线、朝向直线　刀轴保持远离直线或者朝向直线的方向。

（3）相对于矢量　先指定一个矢量，之后刀轴始终相对该矢量形成一个前倾角和侧倾角。

（4）垂直于部件　刀轴始终与部件保持垂直。

（5）相对于部件　刀轴相对部件形成前倾角和侧倾角。

（6）4 轴，垂直于部件　允许定义使用 4 轴旋转角度的刀轴。旋转角度使刀轴相对于部件表面的另一垂直轴向前或向后倾斜。

（7）4 轴，相对于部件　工作方式与“4 轴，垂直于部件”基本相同。但它还可以定义一个前倾角和一个侧倾角。

（8）双 4 轴在部件上　刀轴与“4 轴，相对于部件”的工作方式基本相同，但可以分别为单向运动和回转运动定义参数。

（9）插补矢量　在原有的矢量基础上改变矢量的方向，或添加新的矢量。

（10）垂直于驱动体　刀轴始终与驱动体保持垂直。

（11）侧刃驱动体　刀具侧刃始终与驱动体相切。

（12）相对于驱动体　刀轴相对驱动体形成前倾角和侧倾角。

（13）4 轴，垂直于驱动体　允许定义使用 4 轴旋转角度的刀轴。旋转角度使刀轴相对于驱动曲面的另一垂直轴向前倾斜。

（14）4 轴，相对于驱动体　工作方式与“4 轴，垂直于驱动体”基本相同。但它还可以定义一个前倾角和一个侧倾角。

（15）双 4 轴在驱动体上　与“双 4 轴在部件上”的工作方式相同。二者的区别是“双 4 轴在驱动体上”参考的是驱动曲面几何体，而不是部件表面几何体。

## 9.2　UG NX 8.5 五轴加工自动编程实例——奖杯加工

### 9.2.1　实例分析

奖杯是一个典型的立体复杂模型，适合用五轴机床加工。

### 9.2.2　工艺规划

奖杯采用直径为 60 mm 的铝合金棒料作为毛坯，分粗加工、半精加工和精加工三个工步。奖杯五轴加工工艺规划见表 9-1。

**表 9-1　奖杯五轴加工工艺规划**　　（单位：mm）

| 序　号 | 加工工步 | 操作子类型 | 加工刀具 | 公　差 | 余　量 |
|---|---|---|---|---|---|
| 1 | 粗加工 | 型腔铣 | T1D10 | 0.01 | 0.5 |
| 2 | 半精加工 | 可变轴曲面轮廓铣 | T2B6 | 0.005 | 0.3 |
| 3 | 精加工 | 可变轴曲面轮廓铣 | T3B2 | 0.001 | 0 |

### 9.2.3 具体步骤

**1. 进入加工环境**

启动 UG NX 8.5 后，打开奖杯模型文件“jiangbei. prt”，如图 9-17 所示。单击“标准”工具条上的“开始”按钮，在弹出的下拉菜单中选择“加工”，系统进入加工环境。

图 9-17 奖杯模型

**2. 创建父节点组**

（1）程序组 在后续创建工序或操作时，选用默认的“PROGRAM”程序组。

（2）刀具组 选择“导航器”工具条上的“机床视图”，单击“插入”工具条上的“创建刀具”按钮，弹出“创建刀具”对话框，如图 9-18所示。“类型”选择为“mill_multi - axis”，“刀具子类型”选择“MILL”，刀具名称输入“T1D10”，单击“确定”按钮，弹出“铣刀 -5 参数”对话框，如图 9-19 所示在“直径”文本框中输入“10”，在“刀具号”文本框中输入“1”，在“补偿寄存器”文本框中输入“1”，在“刀具补偿寄存器”文本框中输入“1”。单击“确定”按钮即完成刀具 T1D10 的创建。

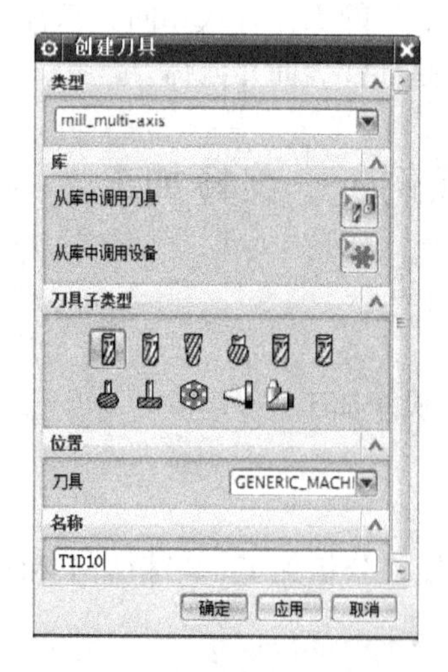


图 9-18 “创建刀具”对话框

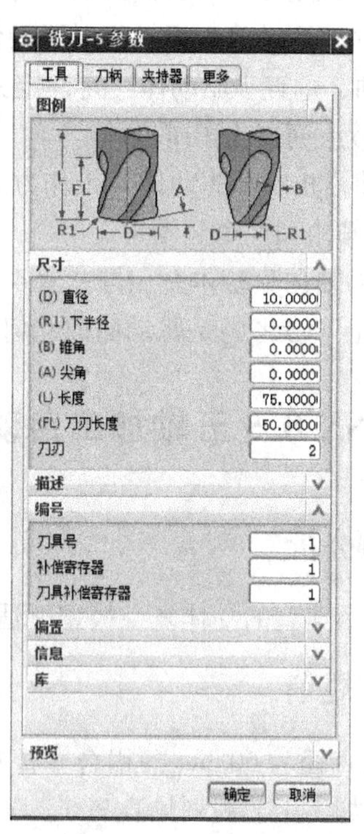


图 9-19 “铣刀 -5 参数”对话框

同理，完成刀具 T2B6、刀具 T3B2 的创建，这两把刀具都是球头铣刀，故创建时“刀具子类型”选择“BALL_MILL”。

（3）几何体组 选用默认的几何体组来进行设置。这里将直径为 60 mm 的圆柱棒料作为毛坯，原本是隐藏的，需要将它显示出来。单击菜单“编辑”→“显示和隐藏”→“显示”，用鼠标单击半透明显示的圆柱体，单击“确定”按钮，结果如图 9-20 所示。

选择“导航器”工具条上的“几何视图”，如前所述，双击“MCS_MILL”，弹出“MCS 铣削”对话框，用鼠标左键单击选中圆柱体上表面，MCS 原点即自动定位到上表面中心点，如图 9-21 所示。其余选项默认，单击“确定”按钮。

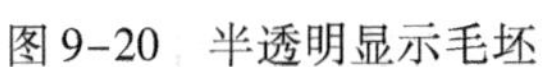

图 9-20　半透明显示毛坯

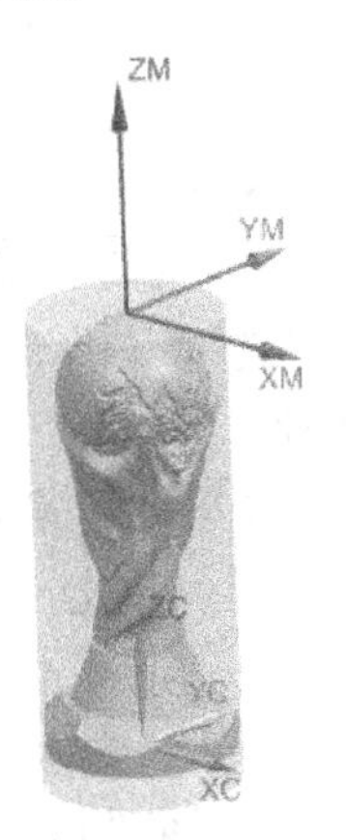


图 9-21　确定加工坐标系 MCS

再单击“MCS_MILL”前的“+”号 MCS_MILL，双击“WORKPIECE”，弹出“工件”对话框，如图 9-22 所示。单击“指定毛坯”，弹出“毛坯几何体”对话框，如图 9-23 所示，用鼠标左键单击选中圆柱体，单击“确定”按钮。使用快捷键〈Ctrl + B〉，选中毛坯圆柱体，单击“确定”按钮将它隐藏。返回“工件”对话框，再单击“指定部件”，弹出“部件几何体”对话框，选中奖杯，单击“确定”按钮，如图 9-24 所示。可以分别单击“指定部件”“指定毛坯”后面的“显示”按钮，检查选择是否正确。其余选项默认，单击“确定”按钮。

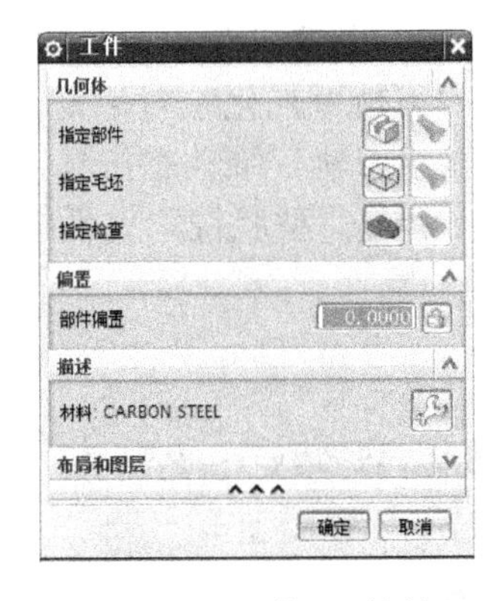


图 9-22　“工件”对话框

图 9-23　“毛坯几何体”对话框

(4) 方法组　选用默认的方法组来进行设置。选择“导航器”工具条上的“加工方法视图”，如前所述，双击其中一个方法组，如“MILL_ROUGH”（粗加工），弹出“铣削粗加工”对话框，如图 9-25 所示。参照表 9-1，在“部件余量”文本框中输入“0.5”，在“内公差”文本框中输入“0.01”，在“外公差”文本框中输入“0.01”，单击“确定”按钮。同理，参照表 9-1，确定“MILL_SEMI_FINISH”（半精加工）和“MILL_FINISH”（精加工）参数。

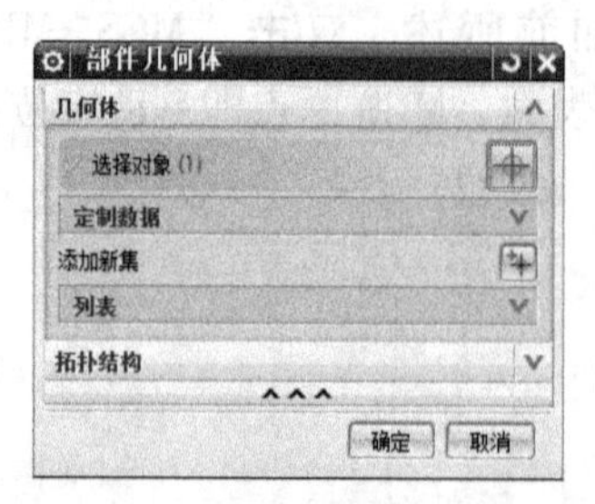


图 9-24 “部件几何体”对话框

图 9-25 “铣削粗加工”对话框

**3. 创建粗加工工序**

粗加工时，为了高效率地切除大部分材料，采用型腔铣。

（1）右半部分粗加工　单击“插入”工具条上的“创建工序”按钮，弹出“创建工序”对话框，如图 9-26 所示。“类型”选择“mill_contour”（轮廓铣削）；“工序子类型”选择“型腔铣”；“位置”选项中的各父节点组选用前面确定的各项参数，“程序”选择“PROGRAM”，“刀具”选择“T1D10（铣刀-5 参数）”，“几何体”选择“WORKPIECE”，“方法”选择“MILL_ROUGH”；输入工序“名称”为“CAVITY_MILL-RIGHT”。

单击“确定”按钮，弹出“型腔铣”对话框，“刀轴”选项中的“轴”选择“指定矢量”，单击下拉黑三角，选择“XC 轴”，如图 9-27 所示。“刀轨设置”选项中，“切削模式”选择“跟随周边”，“步距”选择“残余高度”，“最大残余高度”设置为“0.1”，“每刀的公共深度”选择“恒定”，“最大距离”设置为“1”，如图 9-28 所示。单击“切削层”按钮，弹出“切削层”对话框，在“范围定义”选项中，“范围深度”设置为“31”，如图 9-29 所示，单击“确定”按钮，返回到“型腔铣”对话框。单击“进给率和速度”按钮，弹出“进给率和速度”对话框，勾选“主轴速度（rpm）”复选框并设置为“8000”，“进给率”选项中的“切削”设置为“800”，如图 9-30 所示，单击“确定”按钮，返回到“型腔铣”对话框。单击“操作”选项中“生成”按钮，计算并生成刀具轨迹，如图 9-31 所示。单击“操作”选项中的“确认”按钮，弹出“刀轨可视化”对话框，如图 9-32 所示，单击“2D 动态”标签，单击“播放”按钮，显示刀轨三维动态仿真，如图 9-33 所示。单击“确定”按钮，返回到“型腔铣”对话框。单击“型腔铣”对话框中的“确定”按钮，即可完成奖杯右半部分的粗加工工序创建。

图 9-26 “创建工序”对话框

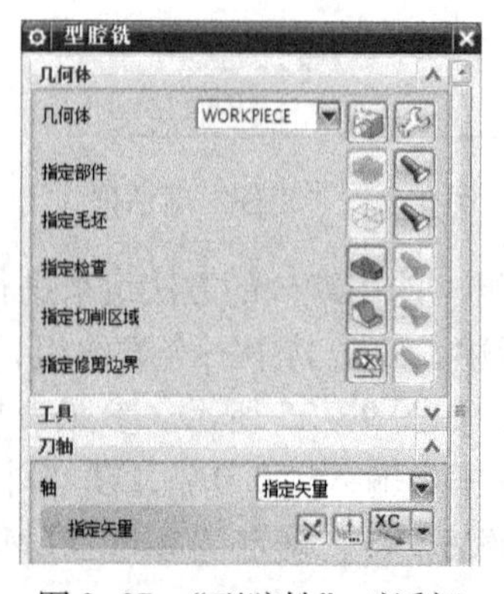


图 9-27 “型腔铣”对话框

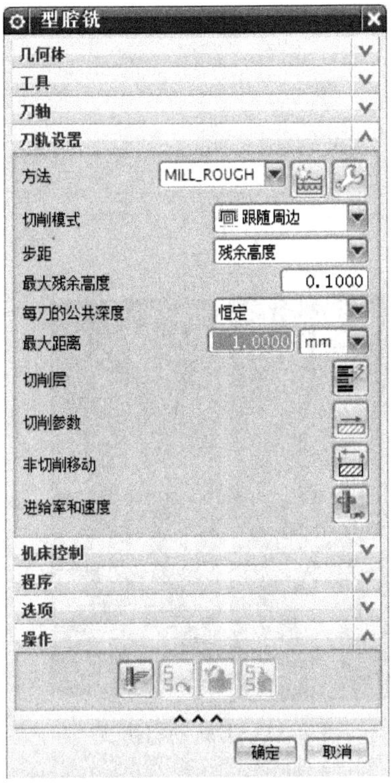

型腔铣
几何体
工具
刀轴
刀轨设置
方法
MILL_ROUGH
切削模式
跟随周边
步距
残余高度
最大残余高度
0.1000
每刀的公共深度
恒定
最大距离
1.0000
mm
切削层
切削参数
非切削移动
进给率和速度
机床控制
程序
选项
操作
确定
取消

图 9-28 “刀轨设置”选项

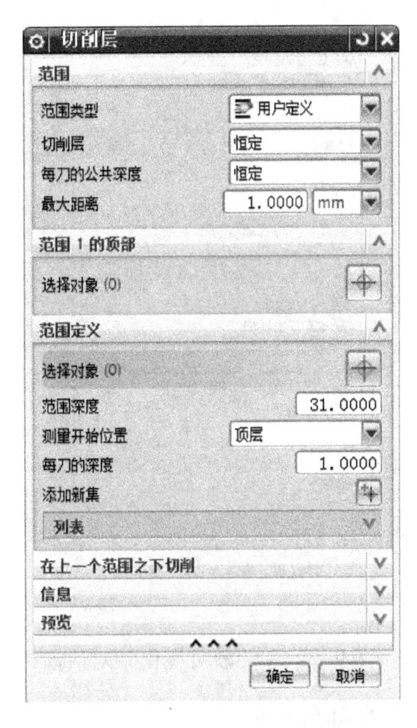

切削层
范围
范围类型
用户定义
切削层
恒定
每刀的公共深度
恒定
最大距离
1.0000
mm
范围 1 的顶部
选择对象 (0)
范围定义
选择对象 (0)
范围深度
31.0000
测量开始位置
顶层
每刀的深度
1.0000
添加新集
列表
在上一个范围之下切削
信息
预览
确定
取消

图 9-29 “切削层”对话框

进给率和速度
自动设置
设置加工数据
表面速度 (smm)
0.0000
每齿进给量
0.0000
更多
主轴速度
主轴速度 (rpm)
8000.000
更多
进给率
切削
800
mmpr
快速
更多
单位
在生成时优化进给率
确定
取消

图 9-30 “进给率和速度”对话框

ZM
XM
XC

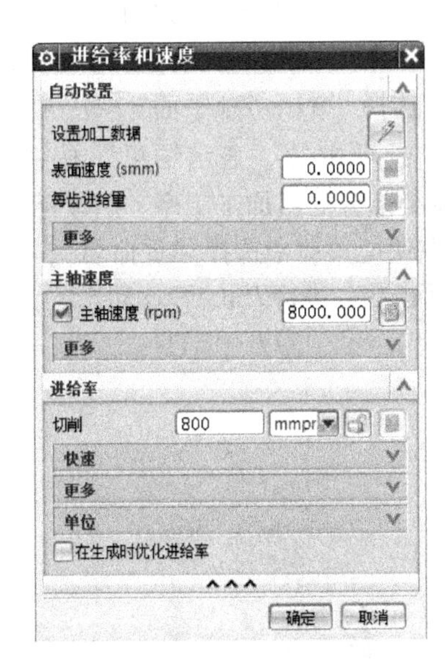

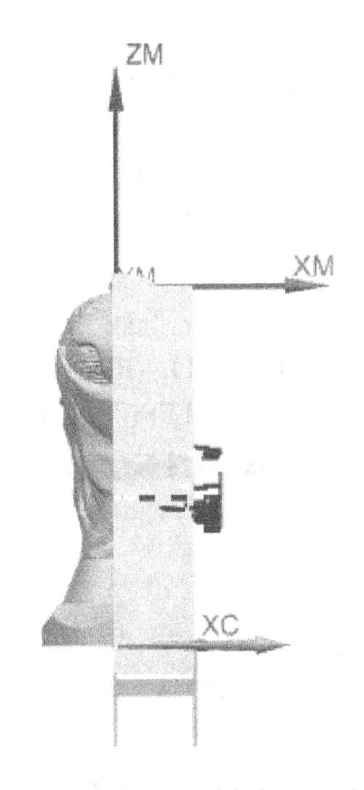

图 9-31 生成右半部分粗加工刀具轨迹

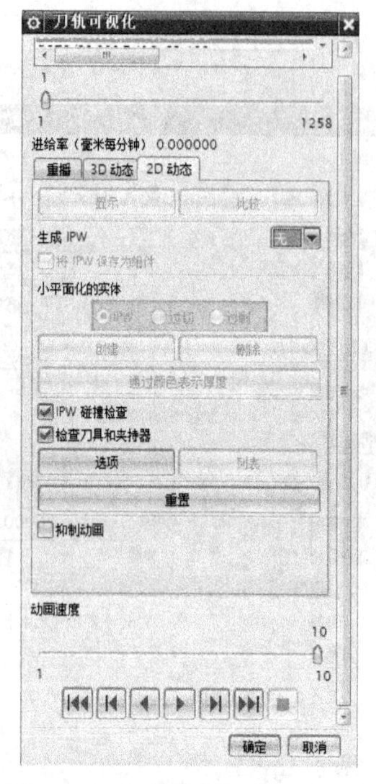


图 9-32 “刀轨可视化”对话框

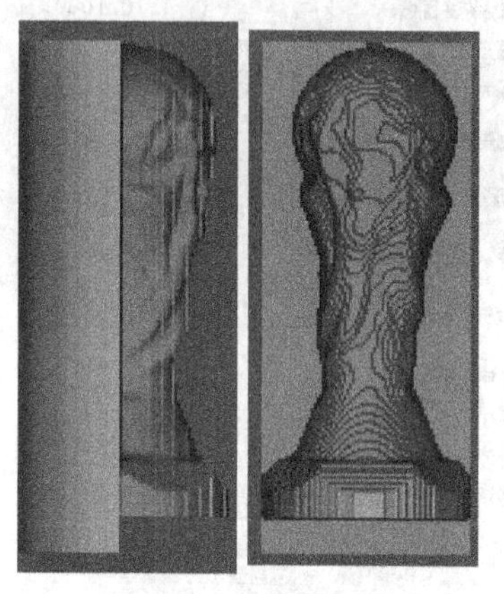

图 9-33 刀轨动态仿真

（2）左半部分粗加工

方法一：可以参照右半部分粗加工创建步骤，重新创建工序，完成奖杯左半部分粗加工工序。

方法二：采用刀轨变换的方法生成左半部分粗加工工序。这种方法效率更高，计算更快，步骤如下：用鼠标右键单击上面生成的“CAVITY_MILL-RIGHT”刀轨，选择“对象”→“变换”，弹出“变换”对话框，如图 9-34 所示，“类型”选择“通过—平面镜像”，单击“变换参数”中的“指定平面”右侧下拉黑三角，选择“YC-ZC 平面”，在“结果”选项中点选“复制”，其余默认，单击“预览”选项中的“显示结果”按钮，如图 9-35 所示，然后单击“确定”按钮，即可生成左半部分的粗加工工序。用鼠标右键单击刚刚生成的“CAVITY_MILL-RIGHT_COPY”刀轨，在快捷菜单中选择“重命名”，将刀轨名称改为“CAVITY_MILL-LEFT”。同样也可以参照上面步骤，进行刀轨“2D 动态”仿真。

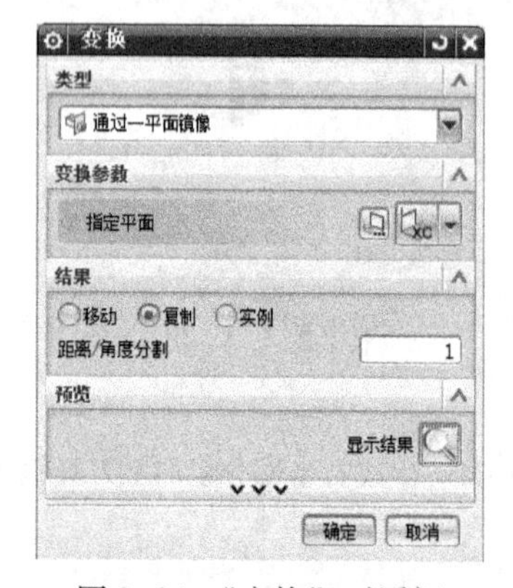


图 9-34 “变换”对话框

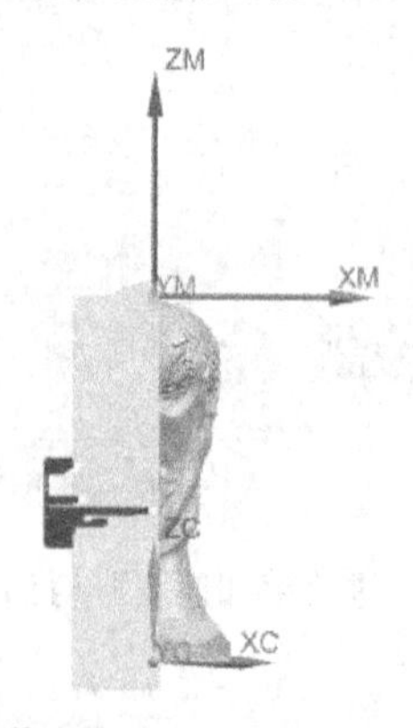


图 9-35 镜像复制的左半部分粗加工刀具轨迹

**4. 创建半精加工工序**

由于粗加工用的是平底刀，许多复杂的凹曲面处无法下刀，留下的余量比较大。半精加工的目的是给精加工留下较为均匀的余量，以提高精加工效率和精度。

半精加工和精加工都采用“可变轴曲面轮廓铣”，因此需要创建一个驱动体，注意采用不同的驱动方式会直接影响实际的加工效果。

方法一：沿奖杯外轮廓绘制艺术样条曲线，回转成曲面，利用它来作为驱动体。刀轴采用插补矢量，所有角度设为一致。

方法二：沿基本外圆柱表面加一个上半球面轮廓绘制艺术样条曲线，回转成曲面（形状类似于一个圆柱表面加一个上半球面）作为驱动体，使加工主体部分时刀具摆动角度（*B* 轴）基本不变，这样大大提高了加工效率，节约了加工时间。为了避免球头铣刀刀尖挤压加工，刀轴须设置一个前倾角。

下面用方法二举例。单击“标准”工具条上的“开始”按钮，在弹出的下拉菜单中选择“建模”，系统进入“建模”环境。选择菜单“插入”→“曲线”→“艺术样条”，绘制曲线，如图 9-36 所示。选择菜单“插入”→“设计特征”→“回转”，弹出“回转”对话框，如图 9-37 所示。单击“选择曲线”，选择刚才绘制的艺术样条曲线，在“轴”选项中单击“指定矢量”后的下拉黑三角，选择“ZC 轴”，单击“指定点”后的下拉黑三角，选择“自动判断的点”，选择坐标系原点，生成回转面预览，如图 9-38 所示。在“设置”选项中，“体类型”选择“片体”，其余参数默认，单击“确定”按钮即可。使用快捷键〈Ctrl + J〉，选中刚生成的片体，设置“透明度”为“50”，如图 9-39 所示。

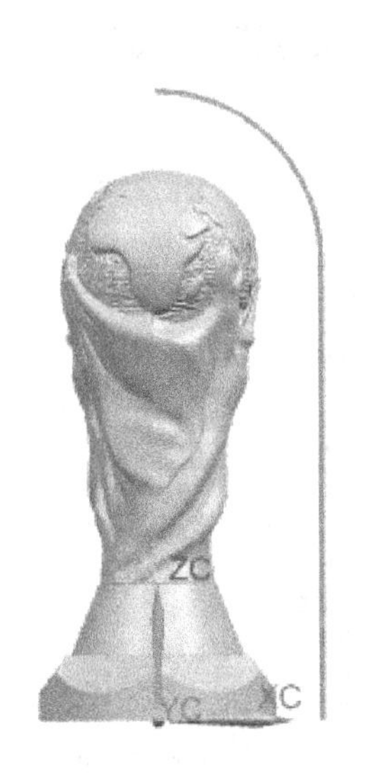


图 9-36　绘制样条曲线

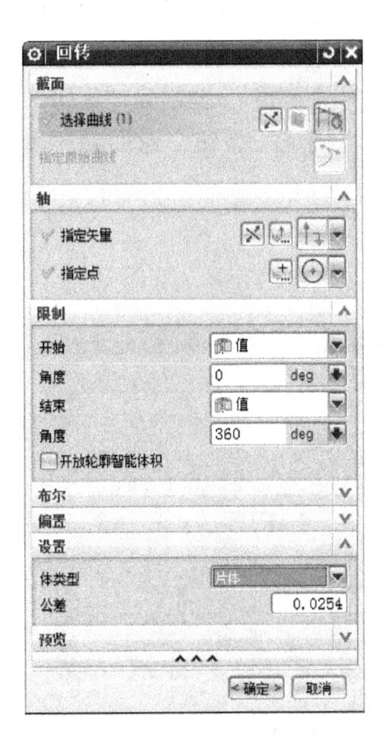


图 9-37　“回转”对话框

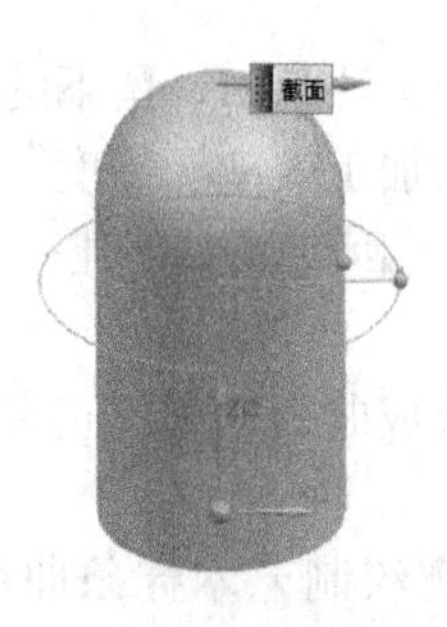

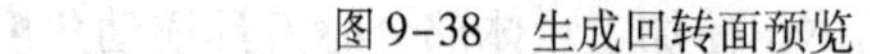

图 9-38　生成回转面预览　　　　图 9-39　生成回转驱动体

单击“标准”工具条上的“开始”按钮，在弹出的下拉菜单中选择“加工”，系统进入“加工”环境。单击“插入”工具条上的“创建工序”按钮，弹出“创建工序”对话框，“类型”选择“mill_multi - axis”（多轴铣削），“工序子类型”选择“可变轮廓铣”。“位置”选项下的各父节点组选用前面确定的各项参数，“程序”选择“PROGRAM”，“刀具”选择“T2B6”（铣刀 - 球头铣刀），“几何体”选择“WORKPIECE”，“方法”选择“MILL_SEMI_FINISH”，在“名称”文本框中输入工序名称为“VARIABLE_CONTOUR - SF”，如图 9-40 所示。

单击“确定”按钮，弹出“可变轮廓铣”对话框，如图 9-41 所示。“驱动方法”选项中“方法”选择“曲面”，弹出提示对话框，单击“确定”按钮，弹出“曲面区域驱动方法”对话框，如图 9-42 所示，单击“指定驱动几何体”后的按钮，单击前面创建的驱动体，单击“确定”按钮，返回到“曲面区域驱动方法”对话框。选择“切削方向”，检查“材料反向”；在“驱动设置”选项中，“切削模式”选择“往复”，“步距”选择“残余高度”，“最大残余高度”设置为“0.05”；单击“预览”选项中的“显示”按钮，查看刀轨；单击“确定”按钮，返回到“可变轮廓铣”对话框。

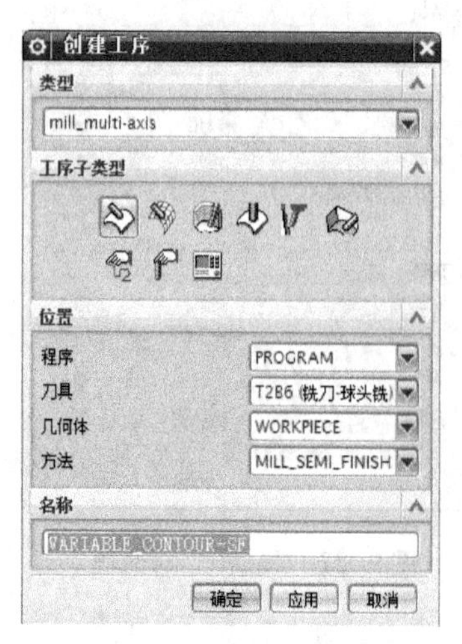


图 9-40　“创建工序”对话框

图 9-41　“可变轮廓铣”对话框

在“可变轮廓铣”对话框中，“投影矢量”选项中的“矢量”选择“垂直于驱动体”。

“刀轴”选项中的“轴”选择“相对于驱动体”。为了避免球头铣刀垂直于曲面时刀尖挤压加工，在“前倾角”文本框中输入“5”。

“刀轨设置”选项中，单击“进给率和速度”按钮，弹出“进给率和速度”对话框，勾选“主轴速度”复选框并设置为“12000”，“进给率”选项的“切削”设置为“800”，如图9-43所示，单击“确定”按钮，返回到“可变轮廓铣”对话框。单击“操作”选项中的“生成”按钮，计算并生成刀具轨迹，如图9-44所示。单击“操作”选项中的“确认”按钮，弹出“刀轨可视化”对话框，单击“2D动态”，单击“播放”按钮，显示刀轨三维动态仿真，如图9-45所示。单击“确定”按钮，返回到“可变轮廓铣”对话框，再次单击“确定”按钮即完成奖杯半精加工工序。

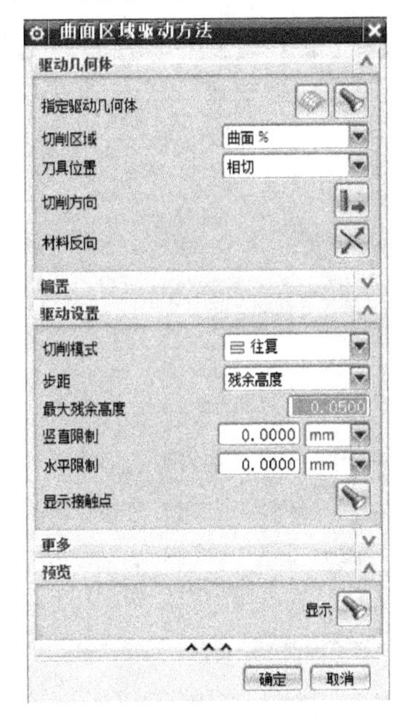


图9-42 “曲面区域驱动方法”对话框

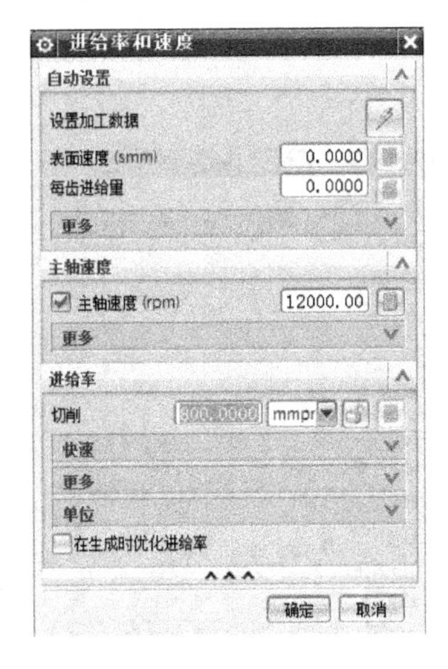


图9-43 “进给率和速度”对话框

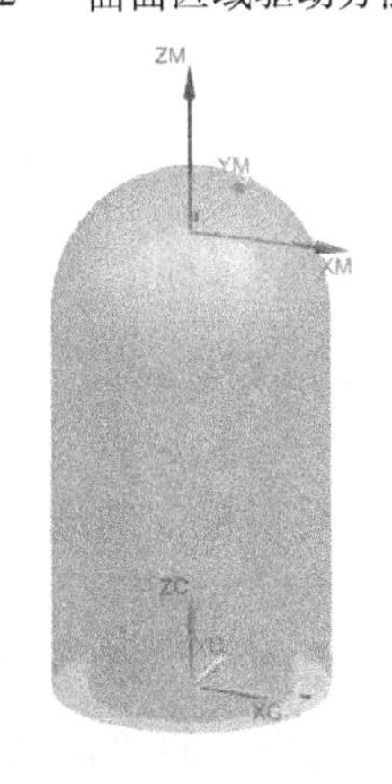


图9-44 生成半精加工刀具轨迹

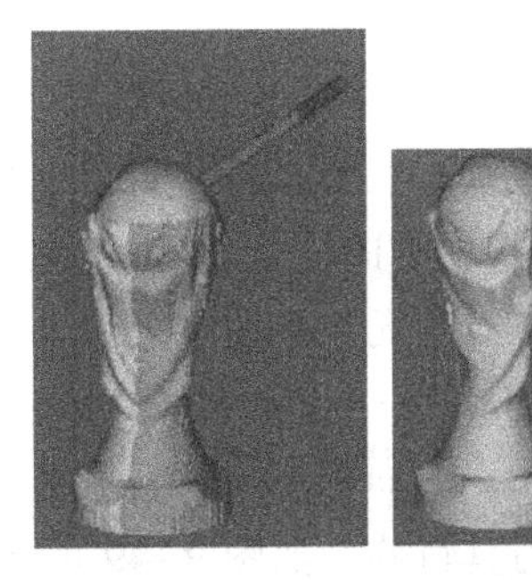

图9-45 刀轨动态仿真

**5. 创建精加工工序**

精加工采用B2球头铣刀，同样采用可变轴加工方式。

方法一：可以参照右半部分粗铣工序创建步骤，重新创建工序，完成桨杯精加工工序。

方法二：采用刀轨复制、粘贴的方法，再修改个别参数生成精加工工序，这样效率更高。步骤如下：用鼠标右键单击前面生成的“VARIABLE_CONTOUR - SF”半精加工刀轨，选择“复制”，再次单击鼠标右键，选择“粘贴”，多出一个“VARIABLE_CONTOUR - SF_COPY”刀轨，此时前面有个禁止符号⊘，提示须重新生成刀轨。用鼠标右键单击“VARIABLE_CONTOUR - SF_COPY”刀轨，将其重命名为“VARIABLE_CONTOUR - F”。然后双击该刀轨，弹出“可变轮廓铣”对话框，在“驱动方法”选项中，单击“方法”后的“编辑”按钮，弹出“曲面区域驱动方法”对话框，如图 9-46 所示，将“最大残余高度”设置为“0.005”，单击“预览”选项的“显示”按钮，查看刀轨。单击“确定”按钮，返回到“可变轮廓铣”对话框，如图 9-47 所示。

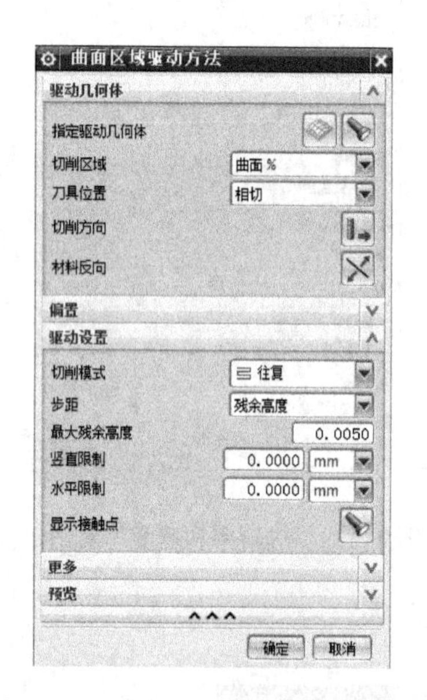


图 9-46 “曲面区域驱动方法”对话框

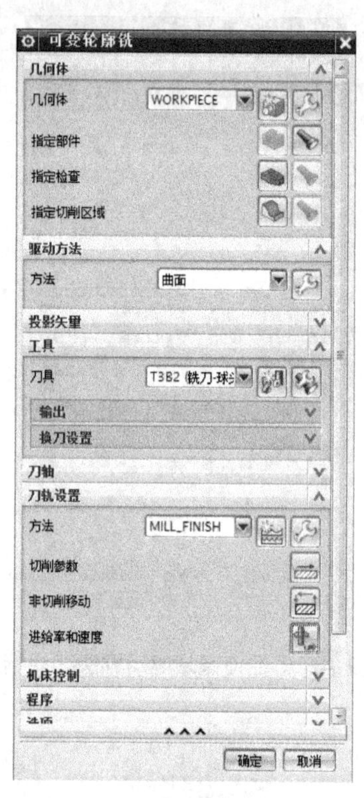


图 9-47 “可变轮廓铣”对话框

“工具”选项中的“刀具”选择“T3B2”（铣刀 - 球头刀）。

“刀轨设置”选项中的“方法”选择“MILL_FINISH”。

单击“进给率和速度”按钮，弹出“进给率和速度”对话框，勾选“主轴速度”复选框并设置为“15000”，“进给率”选项中的“切削”设置为“1000”，如图 9-48 所示，单击“确定”按钮，返回到“可变轮廓铣”对话框，单击“操作”选项中的“生成”按钮，计算并生成刀具轨迹，如图 9-49 所示。单击“操作”选项中的“确认”按钮，弹出“刀轨可视化”对话框，单击“2D 动态”，再单击“播放”按钮，显示刀轨三维动态仿真，如图 9-50 所示。单击“确定”按钮，返回到“可变轮廓铣”对话框，再次单击“确定”按钮即完成桨杯精加工工序。

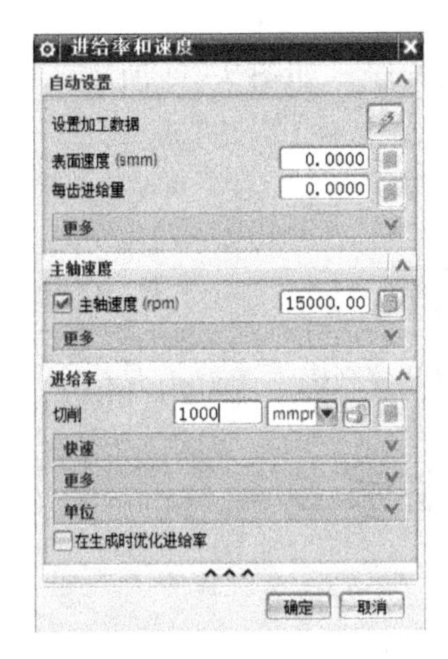


图 9-48 “进给率和速度”对话框

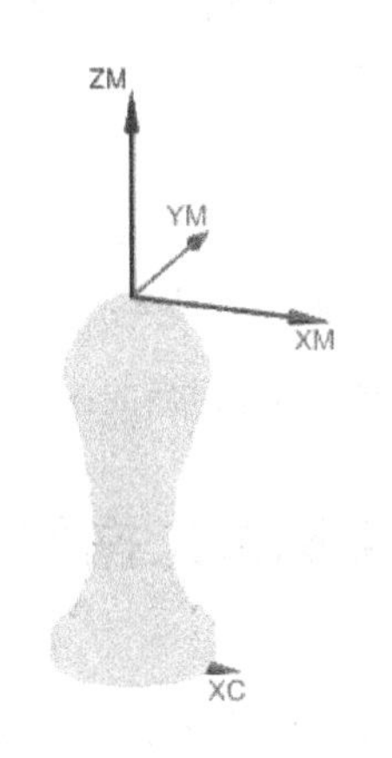


图 9-49 生成精加工刀具轨迹

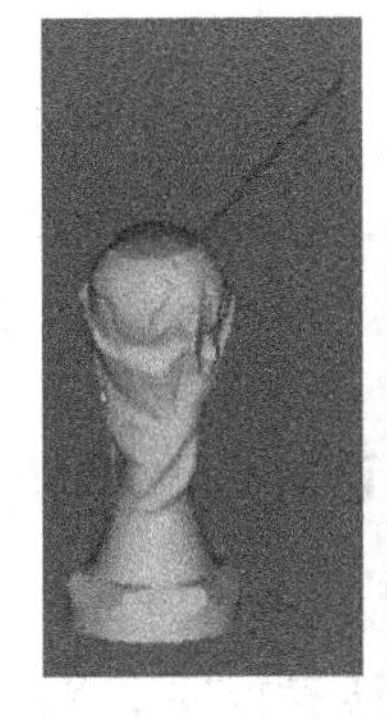

图 9-50 刀轨动态仿真

**6. 后处理**

将前面生成的刀具轨迹转换成五轴数控机床数控系统能够读取处理的数控程序代码，称为后处理。UG NX 8.5 中自带几个数控系统的五轴后处理器，但是未自带 HEIDENHAIN（海德汉）iTNC530 数控系统的后处理器，需要用户利用 UG NX 的 Post Builder 来自行构建或购买。

一般来说，对于单件或试加工，建议对每一个刀轨单独后处理生成一个数控程序，逐个输入到五轴机床进行调试加工以及参数修正。待各项参数验证优化后，对于批量生产的零件，再选中所有刀轨并一次性后处理为一整个数控程序。没有经过后处理的刀轨，前面有一个符号；经过后处理的刀轨，前面符号变为✔。

后处理具体步骤如下：用鼠标右键单击前面生成的“CAVITY_MILL－RIGHT”刀轨，选择“后处理”，弹出“后处理”对话框，如图 9-51 所示。“后处理器”选择“HEIDENHAIN iTNC530_M128”，“输出文件”下“文件名”可选择合适目录，这里选择模型文件默认位置，程序名称“jiangbei01”，其余都默认。单击“确定”按钮，后处理器生成数控程序并自动弹出，如图 9-52 所示。也可以找到对应文件目录，双击“jiangbei01. h”，用记事本打开，如图 9-53 所示。

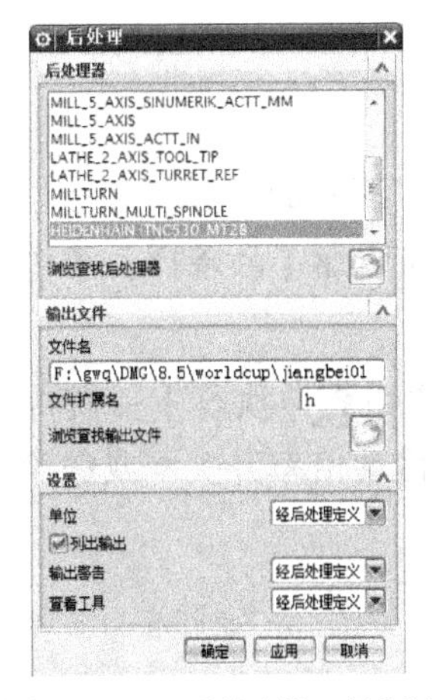


图 9-51 “后处理”对话框

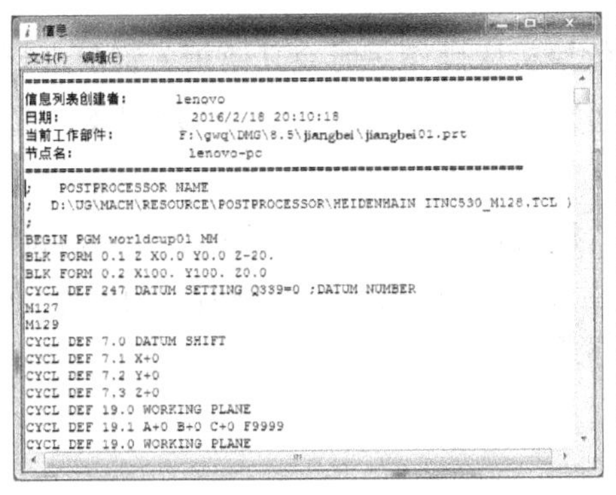

信息

文件(F) 编辑(E)

```
============================================================
信息列表创建者:        lenovo
日期:                  2016/2/18 20:10:18
当前工作部件:          F:\gwq\DMG\8.5\jiangbei\jiangbei01.prt
节点名:                lenovo-pc
============================================================
;    POSTPROCESSOR NAME
;  D:\UG\MACH\RESOURCE\POSTPROCESSOR\HEIDENHAIN ITNC530_M128.TCL )
;
BEGIN PGM worldcup01 MM
BLK FORM 0.1 Z X0.0 Y0.0 Z-20.
BLK FORM 0.2 X100. Y100. Z0.0
CYCL DEF 247 DATUM SETTING Q339=0 ;DATUM NUMBER
M127
M129
CYCL DEF 7.0 DATUM SHIFT
CYCL DEF 7.1 X+0
CYCL DEF 7.2 Y+0
CYCL DEF 7.3 Z+0
CYCL DEF 19.0 WORKING PLANE
CYCL DEF 19.1 A+0 B+0 C+0 F9999
CYCL DEF 19.0 WORKING PLANE
```

图 9-52 经后处理生成的数控程序

jiangbei01.h - 记事本

文件(F) 编辑(E) 格式(O) 查看(V) 帮助(H)

```
;   POSTPROCESSOR NAME
;  D:\UG\MACH\RESOURCE\POSTPROCESSOR\HEIDENHAIN
ITNC530_M128.TCL )
;
BEGIN PGM jiangbei01 MM
BLK FORM 0.1 Z X0.0 Y0.0 Z-20.
BLK FORM 0.2 X100. Y100. Z0.0
CYCL DEF 247 DATUM SETTING Q339=0 ;DATUM NUMBER
M127
M129
CYCL DEF 7.0 DATUM SHIFT
CYCL DEF 7.1 X+0
CYCL DEF 7.2 Y+0
CYCL DEF 7.3 Z+0
CYCL DEF 19.0 WORKING PLANE
CYCL DEF 19.1 A+0 B+0 C+0 F9999
CYCL DEF 19.0 WORKING PLANE
CYCL DEF 19.1
; CAVITY_MILL-RIGHT
TOOL CALL 1 Z S8000 DL+0 DR+0
;(ToolName=T1D10 DESCRIPTION=Milling Tool-5
Parameters)
;(D=10.00 R=0.00 F=50.00 L=75.00)
L X1 Y-1 Z-1 R0 FMAX M91
/LBL 101
L M126
L B-90. C-180. FMAX
L M128 ; TCPM ON
```

图 9-53 数控程序

同样地，参照上面步骤，将其余刀轨逐一后处理成数控程序，如图 9-54 所示。

PROGRAM
CAVITY_MILL-RIGHT　jiangbei01.h
CAVITY_MILL-LEFT　jiangbei02.h
VARIABLE_CONTOUR-SF　jiangbei03.h
VARIABLE_CONTOUR-F　jiangbei04.h

图 9-54　经后处理之后的各项“工序”和程序列表

## 9.3　DMU 60 数控机床实际加工操作——奖杯加工

### 9.3.1　刀具表设定、对刀仪对刀及刀库装刀

具体操作请参照 DMU 60 数控机床操作手册或或其他相关资料进行，注意刀具号必须与 UG NX 8.5 刀具组设定的保持一致。

### 9.3.2　试切法对刀和预设表验证

具体操作请参照 DMU 60 数控机床操作手册或其他相关资料进行，各刀轨后处理生成的数控程序中，“CYCL DEF 247 DATUM SETTING Q339 =0；DATUM NUMBER”默认调用的是 0 号预设表，所以对刀数据最好保存在 0 号预设表中。

假如将对刀数据复制保存在其他预设表号中，如保存在 1 号预设表中，那么各刀轨后处理生成的数控程序中“CYCL DEF 247 DATUM SETTING Q339 =0；DATUM NUMBER”的“Q339 =0”必须改成“Q339 =1”，两者必须一致，即此段程序改为“CYCL DEF 247 DATUM SETTING Q339 =1；DATUM NUMBER”。

### 9.3.3　程序复制

UG NX 8.5 后处理生成的数控程序，可以通过串行通信、网线或者直接利用 U 盘来复制到 DMU 60 数控机床内，具体操作请参照 DMU 60 数控机床操作手册或其他相关资料进行。

### 9.3.4　单段试切加工

具体操作请参照 DMU 60 数控机床操作手册或其他相关资料进行，简介如下：

1）单击“单段运行”按钮，单击“程序管理”按钮，选择要加工的程序，单击按钮。

2）单击循环启动按钮，执行第一程序段；再单击循环启动按钮，执行下一程序段，以此类推。注意检查状态栏 DIST 数据值，慢慢顺时针打开快速移动倍率开关或进给移动倍率开关，机床按照程序逐段运行。

### 9.3.5　连续自动加工

具体操作请参照 DMU 60 数控机床操作手册或其他相关资料进行，简介如下：

1）单击“连续加工”按钮，单击“程序管理”按钮，选择要加工的程序，单击按钮。

2）单击循环启动按钮，程序连续运行。注意调整快速移动倍率开关和进给移动倍率开关。

也可以一开始用“单段试切加工”方式逐段执行程序，直到刀具至进刀点开始正常切削，确认能正确加工后，再单击“连续加工”按钮，直接切换到“连续自动加工”方式，使数控程序的后面部分开始连续自动进行。

## 9.3.6 DMU 60 数控机床加工奖杯实景照片

机床加工奖杯实景照片如图 9-55 ~ 图 9-59 所示。

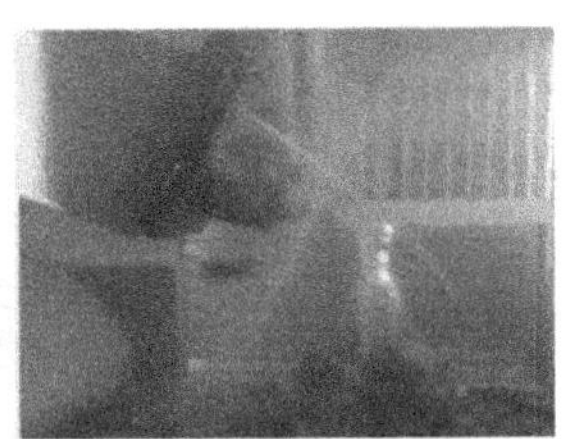

图 9-55　DMU 60 数控机床正在加工奖杯

图 9-56　右半部分粗加工后的奖杯

图 9-57　整个粗加工完成后的奖杯

图 9-58　半精加工后的奖杯

图 9-59　精加工完成后的奖杯

**练一练**

完成图 9-60 与图 9-61 所示模型的五轴加工自动编程。

图 9-60　小猪脑袋模型

图 9-61　人体头像模型

# 附　录

## 附录 A　循环一览表

| 循环编号 | 循 环 名 | 定义生效 | 调用生效 | 说　明 |
| --- | --- | --- | --- | --- |
| 7 | 原点平移 | √ | | |
| 8 | 镜像 | √ | | |
| 9 | 停顿时间 | √ | | |
| 10 | 旋转 | √ | | |
| 11 | 缩放 | √ | | |
| 12 | 程序调用 | √ | | |
| 13 | 定向主轴停转 | √ | | |
| 14 | 轮廓几何特征 | √ | | |
| 19 | 倾斜面加工 | √ | | |
| 20 | 轮廓数据 SL Ⅱ | √ | | |
| 21 | 定心钻 SL Ⅱ | | √ | |
| 22 | 粗铣 SL Ⅱ | | √ | |
| 23 | 精铣底面 SL Ⅱ | | √ | |
| 24 | 精铣侧面 SL Ⅱ | | √ | |
| 25 | 轮廓链 | | √ | |
| 26 | 特定轴缩放 | √ | | |
| 27 | 圆柱面 | | √ | |
| 28 | 圆柱面上槽 | | √ | |
| 29 | 圆柱面上凸台 | | √ | |
| 30 | 3D 数据 | | √ | |
| 32 | 公差 | √ | | |
| 39 | 圆柱面外轮廓 | | √ | |
| 200 | 钻孔 | | √ | |
| 201 | 铰孔 | | √ | |
| 202 | 镗孔 | | √ | |
| 203 | 万能钻 | | √ | 每次钻入深度相同 |
| 204 | 反向镗孔 | | √ | |
| 205 | 万能啄钻 | | √ | 每次钻入深度可递减 |
| 206 | 新浮动攻螺纹 | | √ | |
| 207 | 新刚性攻螺纹 | | √ | |
| 208 | 镗铣 | | √ | |
| 209 | 断屑攻螺纹 | | √ | |

（续）

| 循环编号 | 循 环 名 | 定义生效 | 调用生效 | 说 明 |
|---|---|---|---|---|
| 210 | 往复切入铣槽 | | √ | |
| 212 | 精铣矩形型腔 | | √ | |
| 213 | 精铣矩形凸台 | | √ | |
| 214 | 精铣圆孔 | | √ | 圆形型腔 |
| 215 | 精铣圆形凸台 | | √ | |
| 220 | 圆弧阵列 | √ | | |
| 221 | 线性阵列 | √ | | |
| 230 | 多道铣 | | √ | 用于平面铣削 |
| 231 | 规则表面 | | √ | |
| 232 | 端面铣 | | √ | |
| 240 | 定位钻 | | √ | |
| 247 | 原点设置 | √ | | |
| 251 | 铣矩形型腔 | | √ | 完整加工 |
| 252 | 铣圆孔/圆形腔 | | √ | 完整加工 |
| 253 | 铣直槽 | | √ | |
| 254 | 铣圆弧槽 | | √ | |
| 256 | 铣矩形凸台 | | √ | 完整加工 |
| 257 | 铣圆形凸台 | | √ | 完整加工 |
| 262 | 铣螺纹 | | √ | 螺旋铣削 |
| 263 | 铣螺纹并锪孔 | | √ | 铣螺纹并用锪孔进行倒角 |
| 264 | 钻铣螺纹 | | √ | 先钻孔再铣螺纹（360°铣削） |
| 265 | 攻螺纹 | | √ | |
| 267 | 螺旋钻铣螺纹 | | √ | 先钻孔再铣螺纹（螺旋铣削） |

# 附录 B 辅助功能一览表

| M指令 | 功 能 | 备 注 |
|---|---|---|
| M0 | 程序暂停、主轴停转、切削液关闭 | |
| M1 | 可选程序暂停 | |
| M2 | 程序结束、主轴停转、切削液关闭、复位 | |
| M3/M4/M5 | 主轴正转、反转、停转 | |
| M6 | 换刀、程序暂停、主轴停转 | |
| M8/M9 | 切削液开/关 | |
| M13/M14 | 主轴正转＋切削液开/主轴反转＋切削液关 | |
| M30 | 同 M2 | |
| M89 | 模态循环调用 | |
| M90 | 在角点处用恒定的加工速度 | |
| M91 | 在定位程序段内相对机床原点的坐标 | |
| M92 | 在定位程序段内相对机床制造商定义位置的坐标，如换刀位置 | |
| M94 | 将旋转轴的显示值减小到360°以下 | |

（续）

| M 指令 | 功　　能 | 备　注 |
| --- | --- | --- |
| M97 | 加工小台阶轮廓 | |
| M98 | 完整加工开放式轮廓 | |
| M99 | 循环调用 | |
| M101/M102 | 刀具使用寿命到期时自动用替换刀更换/取消 M101 | |
| M103 | 将切入时进给率降至系数 F | |
| M104 | 重新激活最后定义的原点 | |
| M105/M106 | 用第二个 $K_V$ 系数加工/用第一个 $K_V$ 系数加工 | |
| M107/M108 | 取消替换刀的出错信息/取消 M107 | |
| M109/M110/M111 | 切削刃处恒定轮廓加工速度（提高或降低进给率）/只限降低进给率/取消 M109、M110 | |
| M114/M115 | 用倾斜轴加工时自动补偿机床几何特征/复位 M114 | |
| M116/M117 | 角度轴进给率（mm/min）/取消 M116 | |
| M118 | 程序运行中用手轮叠加定位 | |
| M120 | 提前计算半径补偿轮廓 | |
| M124 | 执行无补偿的直线程序段时不包括的点 | |
| M126/M127 | 旋转轴上的最短路径移动/取消 M126 | |
| M128/M129 | 用倾斜轴定位时保持刀尖位置/复位 M128 | |
| M130 | 在倾斜加工面的条件下按非倾斜坐标系移至位置 | |
| M134/M135 | 用旋转轴定位时在非相切过渡处准确停止/复位 M134 | |
| M136/ M137 | 转进进给率/复位 M136 | |
| M138 | 选择倾斜轴 | |
| M140 | 沿刀轴退离轮廓 | |
| M141 | 取消测头监视功能 | |
| M142 | 删除模式程序信息 | |
| M143 | 删除基本旋转 | |
| M144/145 | 补偿机床运动特性配置用于程序段结束处的位置/复位 M144 | |
| M148/M149 | 在数据加工停止处刀具自动退离轮廓/取消 M148 | |
| M150 | 取消限位开关信息（非模态） | |

# 参考文献

[1] 石皋莲，季业益．多轴数控编程与加工案例教程［M］．北京：机械工业出版社，2013.
[2] 张喜江．多轴数控加工中心编程与加工技术［M］．北京：化学工业出版社，2014.
[3] 沈建峰，朱勤惠．数控加工生产实例［M］．北京：化学工业出版社，2007.
[4] 陈宏钧．典型零件机械加工生产实例［M］．北京：机械工业出版社，2009.
[5] 孙学强．机械加工技术［M］．北京：机械工业出版社，2007.
[6] 宋放之．数控工艺培训教程（数控车部分）［M］．北京：清华大学出版社，2003.
[7] 劳动和社会保障部．数控机床编程与操作［M］．北京：中国劳动社会保障出版社，2005.
[8] SMID Peter. CNC Programming Handbook：A Comprehensive Guilde to Practical CNC Programming［M］. 3nd Ed. New York：Industrial Press Inc.，2011.
[9] 张定华．数控加工手册（第3卷）［M］．北京：化学工业出版社，2013.
[10] 陈小红，等．刀具补偿与数控工艺分析［J］．组合机床与自动化加工技术，2008.
[11] 陈小红，等．刀具补偿应用研究［J］．现代制造工程，2009.
[12] 陈小红，等．子程序编程在数控铣削加工中的应用［J］．机床与液压，2014.
[13] 陈小红，等．基于工艺特征NC编程方法研究［J］．组合机床与自动化加工技术，2016.